JN239331

遺伝子科学

－ゲノム研究への扉－

赤坂 甲治 著

裳 華 房

Gene Sciences

by

KOJI AKASAKA

SHOKABO
TOKYO

はじめに

40年ほど前，遺伝子操作が普及し始めてから生物学の手法が激変した。この間，DNAの複製や細胞周期の調節を担うタンパク質の連鎖反応の一つ一つも詳細に明らかにされてきた。遺伝子調節ネットワークによって遺伝子の発現が調節され，細胞が分化して発生が進むことや，遺伝子調節ネットワークのつなぎ換えが進化をもたらすことも明らかになってきた。遺伝子操作技術も目覚ましい発展を遂げ，新しい技術が生まれるたびに，遺伝子の研究が大幅に進展した。近年ではゲノム編集技術や次世代シーケンサーが開発され，生物学の手法が再び激変している。遺伝子科学の進歩は，生物学ばかりでなく，医療への応用や，新しい食品の開発など，一般の方々の身近なことにも大きくかかわってきている。しかし，遺伝子科学を悪用すれば，取り返しのつかない事態が生じる可能性もある。一部の科学者の暴走を許さないためにも，市民一人ひとりが遺伝子科学を理解する必要がある。

本書では，本文は簡潔に，ストーリーを容易に理解できるように記述した。遺伝子科学の初学者は，まずは本文だけ読んでいただければ十分である。一方，遺伝子科学の目覚ましい進歩により，複雑な調節機構も明らかになっており，「参考」と図のキャプションに，長い連鎖反応の一つ一つを丹念に解説している。また，読んで楽しい話題を「コラム」として記述した。本書の内容は，周知の部分を除いて，大部分は原著論文にもとづいており，最新の文献も多く取り入れた。

本書をきっかけとして，多くの学生諸君が遺伝子の世界に踏み込み，遺伝子科学を開拓する一員となることを願っている。最後に，執筆が遅れがちになる小生を常に励まして下さり，出版までこぎ着けさせて下さった野田昌宏氏に感謝の意を表したい。

2019年9月

赤坂甲治

目　　次

1 章　遺伝子とは何か

2 章　情報の認識と伝達にかかわる立体構造と相補的結合

3章 遺伝情報の複製機構

４章 細胞周期

５章 遺伝子と遺伝情報の転写

6章　翻　訳

7章　タンパク質の折りたたみと細胞内輸送

8章　遺伝子の発現調節

9章　DNA 損傷の要因と修復機構

10章　発生における遺伝子発現調節

1章 遺伝子とは何か

私たちの体は，父親と母親から譲り受けた情報をもとにつくられている。私たちの祖先はヒトであり，子孫もヒトに違いない。生物は種によって特有の形や性質をもっている。生物がもつ形や性質などの特徴を**形質**といい，形質が子孫に伝えられる現象を**遺伝**という。また，遺伝する形質のもとになる要素を**遺伝子**といい，遺伝子がはたらくことを**発現**という。

多細胞生物の遺伝を担う細胞を**生殖細胞**といい，生殖細胞は，個体が性成熟すると卵や精子などの**配偶子**となる。生殖細胞以外の細胞を**体細胞**といい，体細胞はさまざまな細胞に分化して，個体の生命活動にかかわるが，遺伝にはかかわらない。この章では，「遺伝子とは何か」を遺伝子科学の歴史をたどりながらみていこう。

1.1 メンデルの法則

同じヒトでも，いくつもの形質に違いがあることに気がつく。たとえば，くせ毛の人と直毛の人がいる。また，耳たぶが垂れている人と垂れていない人がいる。「くせ毛」あるいは「耳たぶが垂れる」子供が生まれる確率は一般に高い。一方，「直毛」あるいは「耳たぶが垂れていない」子供が生まれるのは，両親とも「直毛」あるいは「耳たぶが垂れていない」場合が多い。

メンデルはエンドウを用いて，2つの個体間で交配を繰り返し，遺伝する形質を定量的に解析した。その結果，遺伝に法則性があることを発見した。交配実験では，親世代に**純系**を用いる必要がある。純系とは，自家受精を繰り返しても同じ形質しか現れない系統のことである。エンドウの種子の形は丸かしわのいずれかである。このように対になっている形質を**対立形質**といい，対立形質を担う遺伝子を**対立遺伝子**という。エンドウの丸としわの純系を交配すると，雑種第1代（F_1）には片方の形質（丸い種子）しか現れない。そこで，F_1 に現れる形質を**優性（顕性）形質**，現れない形質を**劣性（潜性）形質**とよぶことになった。対立形質をもつ両親から生じる F_1 に優性形質だけが現れることを，**優性の法則**という（図1·1）。ヒトの「くせ毛」と「耳たぶが垂れる」は優性形質である。

遺伝子は配偶子（卵と精子）によって親から子に伝えられる。したがって，子は両方の親由来の一対の遺伝子をもつ。エンドウの種子（豆）を丸にする遺伝子を *A*，しわにする遺伝子を *a* で表すと，丸豆の純系は *AA*，しわ豆の純系は *aa* と

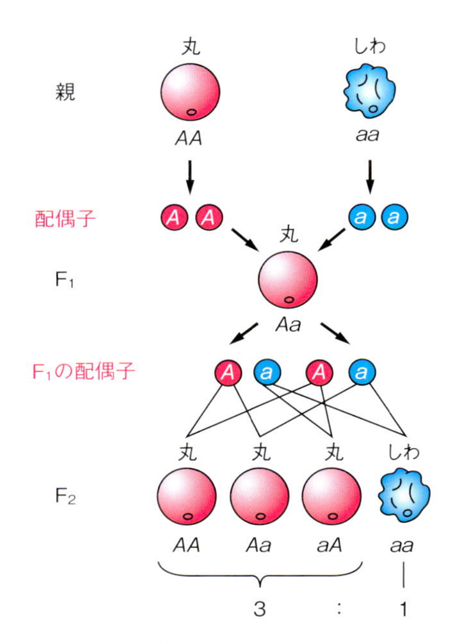

図 1･1　優性の法則と分離の法則

表すことができ，*AA* と *aa* を交配して得られる F_1 はすべて *Aa* と表せる。*A* は *a* に対して優性なので，F_1 はすべてが丸の形質をもつ。種子の丸としわのように実際に現れる形質を**表現型**といい，*Aa* のように遺伝子を表したものを**遺伝子型**という。また，遺伝子型で *Aa* のような対立遺伝子の組み合わせを**ヘテロ接合体**，*AA* や *aa* のように同じ遺伝子型の組み合わせを**ホモ接合体**という。なお，遺伝子を表す場合は *A* や *a* のように，斜体にする約束になっている。

F_1 どうしを交配して得られる個体を雑種第2代（F_2）という。エンドウ豆の F_2 の形質を調べてみると，優性形質（丸）と劣性形質（しわ）が3：1であった。F_1（*Aa*）どうしを交配してできる F_2 の遺伝子型の割合は *AA*：*Aa*：*aa* ＝ 1：2：1となり，表現型の割合は丸：しわ＝3：1となる。このように，F_1 では1つの細胞の中で対として存在していた対立遺伝子 *Aa* が，配偶子をつくる際に，性質を変えずに *A* と *a* として分離して分配される。このしくみを**分離の法則**という（図 1･1）。

1.2　染色体

メンデルが遺伝の法則を発表した1865年の時点では，遺伝子が細胞のどこにあるのかわからなかった。細胞学が進歩して細胞分裂に伴う染色体の動きが明らかになると，遺伝子は染色体に存在すると考えられるようになった。

1.2.1　細胞分裂と染色体

さかんに分裂している細胞を固定した後，塩基性色素で染めて顕微鏡で観察すると，色素によく染まる棒状の構造が見える（図 1･2）。よく染まるので**染色体**と名づけられた。分裂間期の細胞には染色体が見られないが，細胞の中央に球状の，よく染色される構造がある。細胞の中央にある構造なので**核**と名づけられた。核には染色体を構成する**クロマチン**が分散している。

細胞が分裂する直前の核では，クロマチンが集まり，光学顕微鏡で観察できるくらいの太さになる。さらに太くなって棒状の構造になると染色体とよばれる。次に染色体は赤道面に整列した後，細胞の両極に引き寄せられて二分する。やがて細胞質が分裂して2個の細胞に分かれ，クロマチンが分散し球状の核になる。

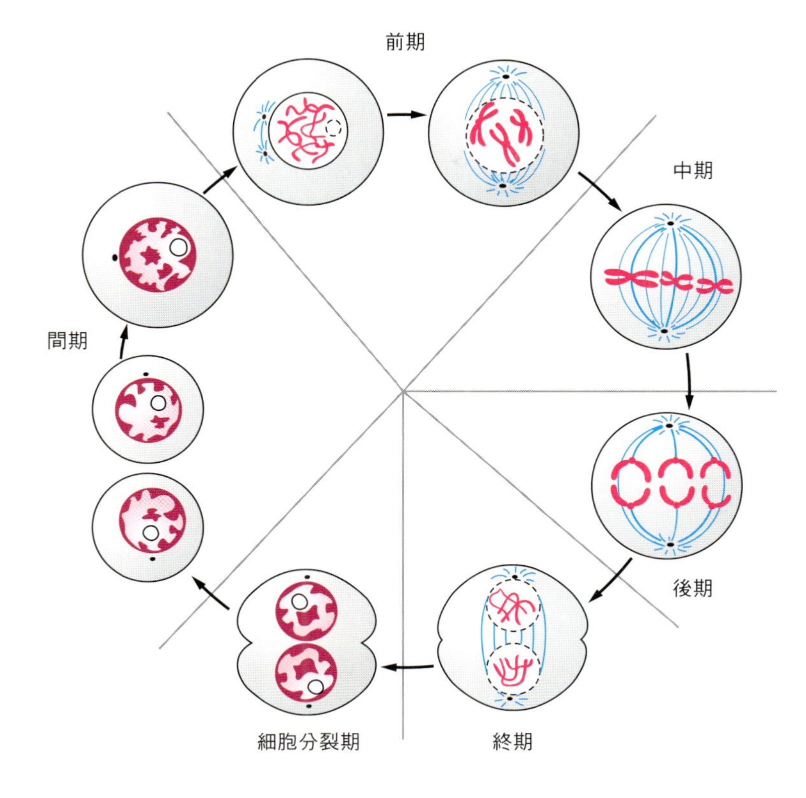

図 1･2　細胞分裂と染色体の動き

1.2.2　染色体数

生物の種によって1個の細胞がもつ染色体の数は決まっている（表1･1）。そのため，染色体が種の形質を担っていると考えられるようになった。染色体を詳しく観察すると，よく似た形の染色体が対になっているのがわかる。

体を構成する体細胞は，1個の受精卵が分裂を繰り返した結果生じる。体細胞の対になっている染色体の片方は父親由来であり，もう片方は母親由来である。1対の同じ染色体を**相同染色体**という。ヒトの場合，父親から1組23本，母親から1組23本の染色体を譲り受け，合計2組46本になる。体細胞では染色体を2組もつので**二倍体**（$2n$）とよばれる。

表 1･1　染色体数（$2n$）

生物名	染色体数
ヒト	46
イヌ	72
マウス	40
トノサマガエル	26
イモリ	24
バフンウニ	46
キイロショウジョウバエ	8
ムラサキツユクサ	24
ホウレンソウ	12

男性の場合，1組だけ対にならない染色体がある。これらは性の決定に関わる染色体で**性染色体**とよばれる。性染色体がXYでは男性になり，XXでは女性になる。これに対して，男女にかかわらず必ず対にな

る染色体のことを**常染色体**という。

細胞が分裂しても染色体数が減らないのは，体細胞が分裂する前に，各染色体が複製されているからである。複製されてできた2本の染色体は隣り合わせに並んでおり，それぞれを**染色分体**という。分裂中期になると2本の染色分体が赤道面に並ぶ。分裂後期では染色分体が分離し，それぞれ対極に引き寄せられ，染色体が2つの細胞に等分される。

コラム1.1　遺 伝 病

ヒトの遺伝子の数は約2万500個である[1-1]（☞参考5.1）。遺伝子は常に変異が入る危険にさらされているので，これらの遺伝子のすべてが正常な人はほとんどいない。しかし，それでも多くの人が問題なく生きていられるのは，変異した遺伝子の多くは劣性だからである。劣性の変異は機能低下・喪失の場合が多く，両親から譲り受けた遺伝子のうち，片方が正常であれば，正常な遺伝子が変異した遺伝子の機能を補うため，異常が現れることはほとんどない。親子から，いとこまで，近縁者間で子どもをつくらない約束になっているのは，近親結婚ではホモ接合体になる可能性が高く，その場合，遺伝子の異常が表現型として現れるからである。

また，男性が女性に比べて遺伝病が多いのは，性染色体の構成に原因がある。ヒトの性染色体は，女性はXX，男性はXYであり，X染色体の遺伝子数は約1100個あるが，Y染色体の遺伝子数は約80個しかなく，X染色体とY染色体の相同性はほとんどない。女性はY染色体がなくても生存に問題がないことからも，Y染色体の遺伝子は不可欠でないことがわかる。一方，X染色体上には生存にかかわる遺伝子が多くある。したがって，男性の場合，X染色体の遺伝子に異常があると，補う対立遺伝子がないので，表現型として現れる。代表的な性染色体遺伝病に血友病や，色覚異常，筋ジストロフィー，レッシュナイハン症候群がある。

ヘテロ接合体でも表現型として現れることがある。変異が機能獲得変異で，獲得した機能が障害を引き起こす場合，ヘテロ接合体でも表現型として現れる。

1.2.3　減数分裂と染色体のふるまい

1902年，アメリカのサットン（Walter Sutton）は**減数分裂**を発見し，染色体のふるまいと，遺伝の様式がよく似ていることから，染色体に遺伝子があると考えた（図1·3）。これを**染色体説**という。$2n$の生殖細胞は減数分裂によって染色体を半減させ，$1n$の配偶子となる。

遺伝子の性質

① 各個体は，1つの形質に関して，1対の遺伝子をもつ。
② 1対の遺伝子は，配偶子形成の際，別れて別々の配偶子に入る。
③ 受精によって，1つの形質の遺伝子は，新たな対をつくる。

染色体のふるまい

① 体細胞には，1対の相同染色体が含まれている。
② 1対の相同染色体は，減数分裂の際，別れて別々の細胞に入る。
③ 受精によって，相同染色体は新たな対を，受精卵の中でつくる。

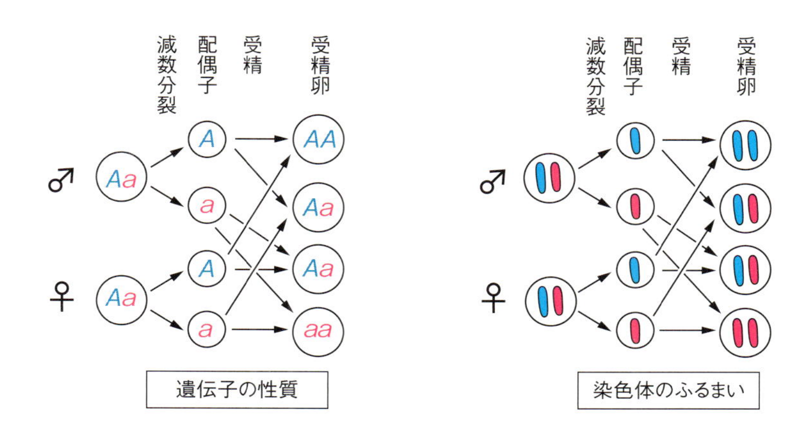

図 1·3 遺伝子の性質と染色体のふるまい

減数分裂は以下の過程を経て行われる。母細胞の染色体の複製が完了すると，複製して生じた 2 本の染色体は，並列して接着した状態にある。減数分裂では，第一減数分裂の前期に相同染色体同士が平行に並んだ状態になり，4 本の染色体が分離せずにまとまって行動する。減数分裂で相同染色体が平行に接着する現象を**対合**という。対合した相同染色体を**二価染色体**といい，分裂中期には相同染色

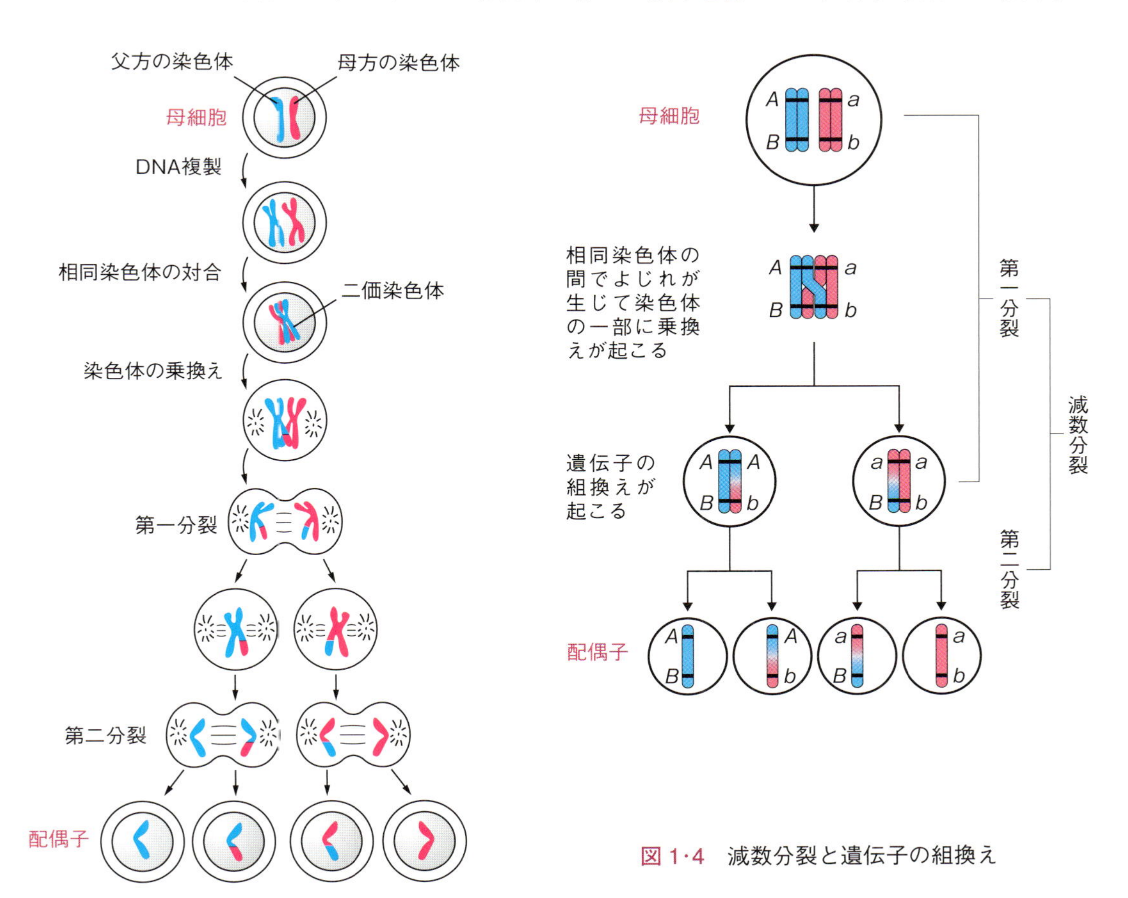

図 1·4 減数分裂と遺伝子の組換え

体が対合したまま赤道面に並ぶ。後期には相同染色体が対合面で分離し，両極に移動して，終期に細胞質が二分する。この過程で，細胞がもつそれぞれの相同染色体は，父親由来または母親由来のどちらか片方になる。

減数分裂前の母細胞は，父親由来と母親由来の両方の相同染色体をもつが，第一分裂を終えた細胞は，どちらか片方だけを受け取るため，相同染色体は半減する。受け取る相同染色体が父親由来か母親由来かは，ランダムである。続いて，染色体の複製が行われないまま第二減数分裂が開始され，第一減数分裂で生じた2個の細胞が，それぞれ体細胞分裂とほぼ同じ過程を経て分裂する（図1･4）。

受精の際には，父方の染色体と母方の染色体の両方が受精卵にもち込まれる。したがって，2個の配偶子の合体で生じた新しい個体の染色体数は，配偶子の染色体数の和になる。この数は，親の体細胞の染色体数と同じである。

コラム1.2　減数分裂は遺伝子の多様性をもたらす

父親由来と母親由来の1対の相同染色体は，減数分裂の第一分裂で，どちらの相同染色体が，2つの細胞のどちらに分配されるかは完全にランダムである。ヒトの配偶子の染色体数は23本なので，各染色体の組み合わせパターンは2^{23}（約800万）パターンになる。精子と卵がそれぞれ800万パターンの染色体の組み合わせをもっているので，受精卵が受け取る染色体のパターンは800万の2乗（約64兆）パターンとなり，2018年の地球上の総人口76億人の約1万倍となる。また，減数分裂の過程で起こる相同染色体間の乗換えによる遺伝子組換えにより，さらに遺伝子の混合が促進される。このように，父方の遺伝情報と母方の遺伝情報が，減数分裂と受精の過程で混ぜ合わされ，次の世代へ受け継がれていく。人が1人ひとり皆違うのは，この数字からもよく理解できる。遺伝子の混合により遺伝子型の多様性が生まれ，さまざまな環境に対する適応力をもつ子孫が生まれる可能性が生じる。染色体の乗換えが不正確な位置で起こることがある。その場合，片方の染色体は遺伝子が欠失するが，もう片方は遺伝子が重複する。進化の過程では，遺伝子重複により新たな遺伝子が生じ，より高度で複雑な形質が獲得されてきた。

参考1.1　性染色体の発見により染色体に遺伝子があることが明らかになった

X染色体は1891年にカメムシで発見された。カメムシの雄には，対になる常染色体以外に，対にならない染色体がある。この染色体の正体は謎だったためXと名づけられた。現在では，このX染色体は性染色体であり，カメムシの雄の性染色体はXO，雌はXXであることがわかっている[1-2]。性染色体は1905年にミルワーム（ゴミムシダマシ科の甲虫の幼虫）で発見された。ミルワームには対にならない大きな染色体と，小さな染色体があり，大きな染色体をもつ精子が受精した卵からは雌が生じ，小さな染色体をもつ精子が受精した卵からは雄が生じることが示された[1-3]。現在では，大きな染色体をX染色体，小さな染色体をY染色体という。性染色体によって雌雄の形質が決まることから，染色体に遺伝子が存在することが明らかになった。ヒトの性も，X染色体とY染色体の組み合わせで決まる。X染色体をもつ精子によって受精した卵は女の子に，Y染色体をもつ精子によって受精した卵は男の子になる（図1・5）。X染色体とY染色体は相同染色体ではないが，部分的に同じ配列があり，減数分裂ではその部分で対合する。

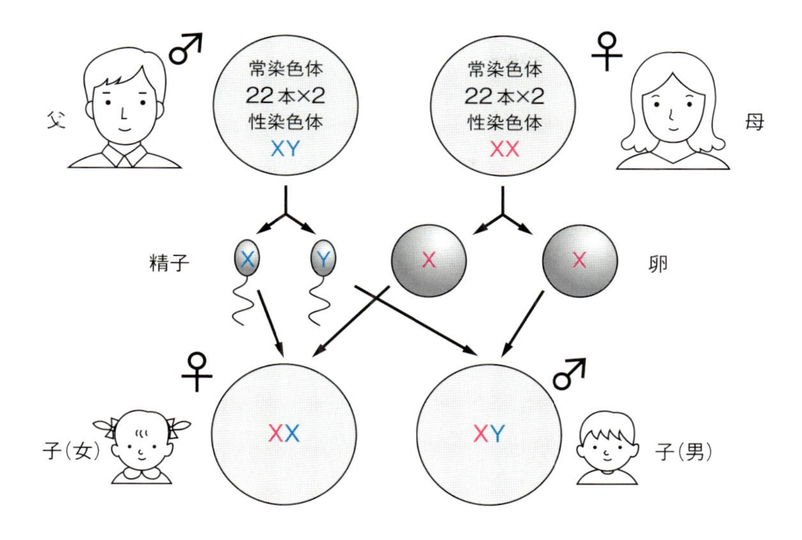

図1·5 ヒトの性の決定様式

参考 1.2 生殖腺に移動する始原生殖細胞と精子・卵の運命決定

多くの動物では，未受精卵に局在する生殖細胞決定因子を受け取った割球が生殖細胞になるが，哺乳類では，初期の胚の割球は分化全能性をもっており，生殖細胞となる細胞が決まっているわけではない。マウスでは，受精後6日で胚体外外胚葉の細胞が胚にBMPなどのシグナルを送り，シグナルを受け取った胚細胞は体細胞分化にかかわる遺伝子の発現が抑制されて，生殖細胞のもととなる約10個の**始原生殖細胞**になる。精巣や卵巣になる生殖腺は，始原生殖細胞が生じた場所とは異なる部位にある。後部胚盤葉上層に生じた始原生殖細胞は，アメーバ運動によって原条の後方領域から内胚葉の中に移動し，後腸を経由して11日〜12日目に生殖腺に入る。移動の間，始原生殖細胞は分裂して数を増やし，生殖腺に入る時点で約2500個になっている。

始原生殖細胞は，生殖腺が精巣に分化すると精原細胞となり，卵巣に分化すると卵母細胞となる[1-4]。哺乳類ではY染色体上にある*Sry*（Sex-determining region Y）が精巣の分化にかかわり，*Sry*が発現しないと卵巣になる。性染色体によって性決定されないワニは，孵化するときの温度が30℃以下の場合は生殖巣が卵巣になり，33℃以上で精巣になる。また，性転換するクロダイは若いときは雄で精巣をもつが，加齢に伴い雌になり，精巣が卵巣に変わって，配偶子は精子から卵に変わる。

参考 1.3　配偶子形成

雄の胚の生殖腺の中に入った始原生殖細胞は精原細胞となり，精原細胞は体細胞分裂を繰り返して増殖する。精原細胞は一時的に分裂を停止するが，個体が性的に成熟すると分裂を再開する。この分裂の結果できた娘細胞の片方は精原細胞の形質を保ち続けるが，もう片方は減数分裂を開始し，精子形成に向かう。これを一次精母細胞という。このような細胞分裂を繰り返すことにより精原細胞から次々と精母細胞が形成される。一次精母細胞は第一減数分裂によって 2 個の二次精母細胞となり，二次精母細胞は第二分裂により 4 個の精細胞になる。続いて，精細胞は核の凝縮，鞭毛の形成などの成熟過程を経て精子特有の形態になる（図 1·6 左）。

雌の胚の生殖腺の中に入った始原生殖細胞は卵原細胞となり，卵原細胞は体細胞分裂を繰り返して増殖し，受精後 6 か月で 700 万個になる。多くの卵原細胞は死滅するが，残った卵原細胞は胎児の間に減数分裂を開始し，一次卵母細胞となって第一減数分裂前期に留まる。一次卵母細胞は栄養分などを蓄えて大形になる。性的に成熟すると，脳下垂体前葉から分泌される黄体形成ホルモンと卵胞刺激ホルモンにより，一次卵母細胞は減数分裂を再開し，第一減数分裂を完了して二次卵母細胞になり，第二分裂を開始する。多くの脊椎動物の卵母細胞は，減数分裂の第二分裂で停止し，この状態で排卵される。二次卵母細胞が受精すると，第二分裂を完了する。卵母細胞の減数分裂では，不均等に分裂して大きな二次卵母細胞と小さな細胞の第一極体を生じる。続く二次分裂でも二次卵母細胞は不均等に分裂して，大きな受精卵と小さな第二極体になる。極体は後に消失する。卵として機能するには多量の物質を 1 個の細胞に詰め込む必要があり，減数分裂によって生じる 4 個の細胞のうち，1 個だけを卵にして他を極体として捨てている（図 1·6 右）。

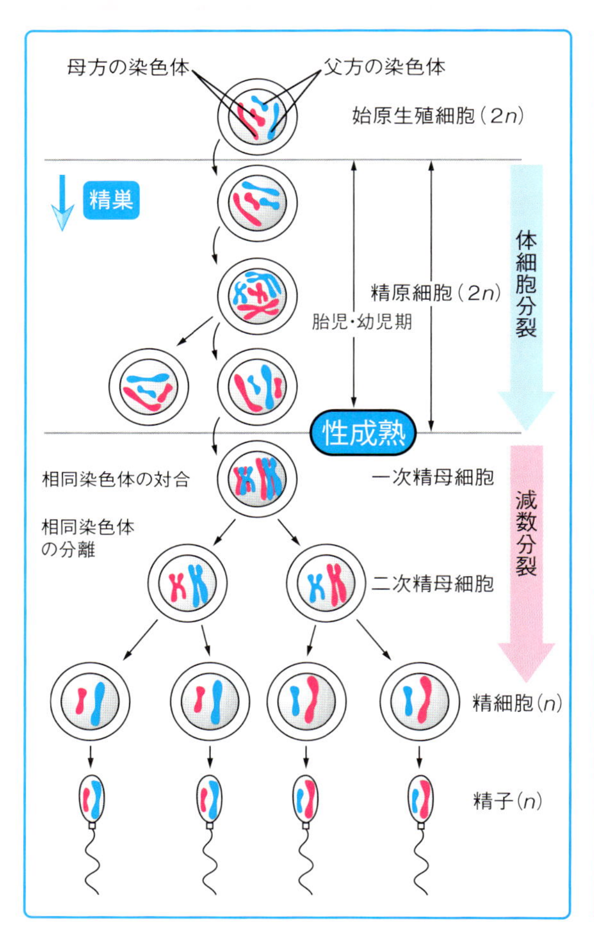

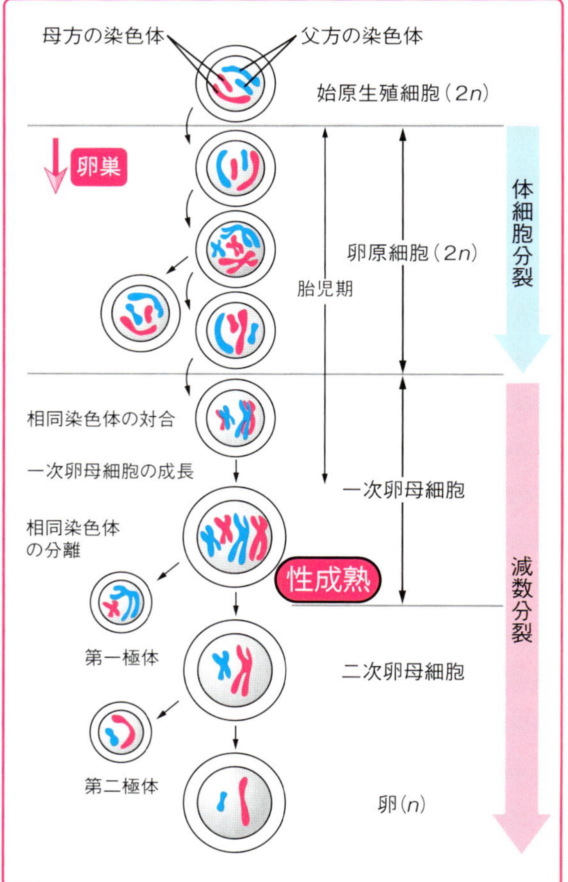

図 1·6　配偶子形成

1.2.4 遺伝子の連鎖と組換え

1本の染色体上に1つの遺伝子があるとすると，ヒトの場合23組の遺伝子しかないことになる。しかし，形質の種類は多く，実際の遺伝子の数も，はるかに多い。遺伝の研究が進むにつれ，複数の形質が常にいっしょに遺伝する例が見つかり，多くの遺伝子が1本の染色体に存在することがわかってきた。1本の染色体に複数の遺伝子が存在している状態を，遺伝子の**連鎖**という。

染色体上の遺伝子の位置は決まっており，相同染色体の同じ位置には同じ（**対立**）**遺伝子**が乗っている。染色体やゲノムにおける遺伝子の位置のことを**遺伝子座**という。減数分裂では，DNA複製が完了すると，体細胞分裂では独立にふるまっていた相同染色体が分裂の前に対合する。このとき，対合した相同染色体の間で染色体の一部が入れ替わる。これを**乗換え**といい（図1·4），遺伝子が組み換えられる。遺伝子の**組換え**が起こる割合を**組換え価**という。1本の染色体上に並んだ遺伝子間の距離が離れているほど，組換えの確率が高くなり，遺伝子の組換えは，それぞれの形質ごとに一定の割合で起こる。

アメリカのモーガン（Thomas Hunt Morgan）は，ショウジョウバエのさまざまな突然変異を集め，それを交配して組換え価を測定することで**染色体地図**を作製した（1913年）（図1·7）。

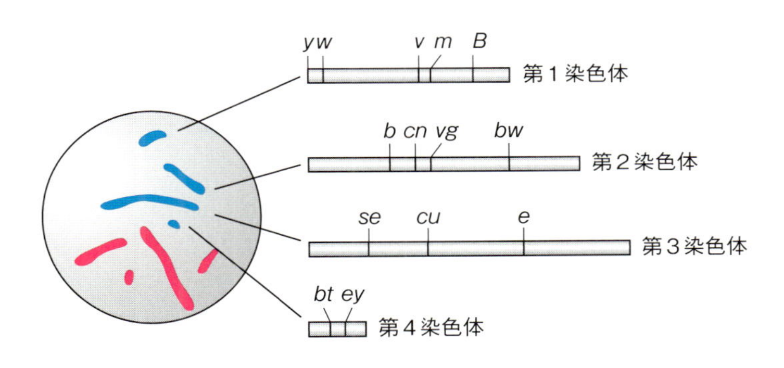

y：黄体色，w：白眼，v：朱色眼，m：小はね，B：棒眼
b：黒体色，cn：辰砂色眼，vg：痕跡はね，bw：褐色眼
se：セピア色眼，cu：そりはね，e：黒たん体色
bt：屈曲はね，ey：無眼

図1·7 ショウジョウバエの染色体地図

$$\text{組換え価}(\%) = \frac{\text{組換えの起こった配偶子の数}}{F_1\text{の全配偶子の数}} \times 100$$

参考1.4 三点交雑

染色体地図を作製する場合は，同じ染色体にある遺伝子（同じ連鎖群に属する遺伝子）をA，B，Cと3つ選び，同時に交配してその間の組換え価を調べる。その結果，AB間の組換え価が6%，AC間が2%，BC間が4%であれば，遺伝子はA－C－Bの順に配列していることを示している。この方法を三点交雑という（図1·8）。これに示される遺伝子の配列順序は，唾液腺染色体をもとにしてつくられた染色体地図のものと一致する。

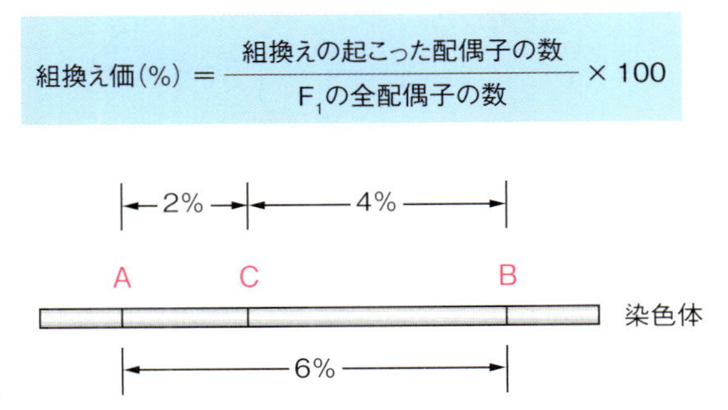

図1·8 三点交雑

参考 1.5　唾液腺染色体

ショウジョウバエやユスリカの幼虫の唾液腺染色体は 1000 本以上の染色体が並列に並んでおり，ふつうの染色体の約 200 倍の大きさがある。したがって，光学顕微鏡で染色体の様子を詳しく観察することができる（図 1·9）。唾液腺染色体には，色素によく染まる横しまが見られ，その数や場所は染色体によって決まっている。ある形質に異常がある個体の唾液腺染色体を調べると，形質の異常に対応して特定の位置の横しまのパターンが変化している。このことから，特定の横縞には特定の遺伝子が存在すると考えられるようになった。遺伝子の変異と唾液腺染色体上の変化とを対応させたものを，唾液腺染色体地図という。

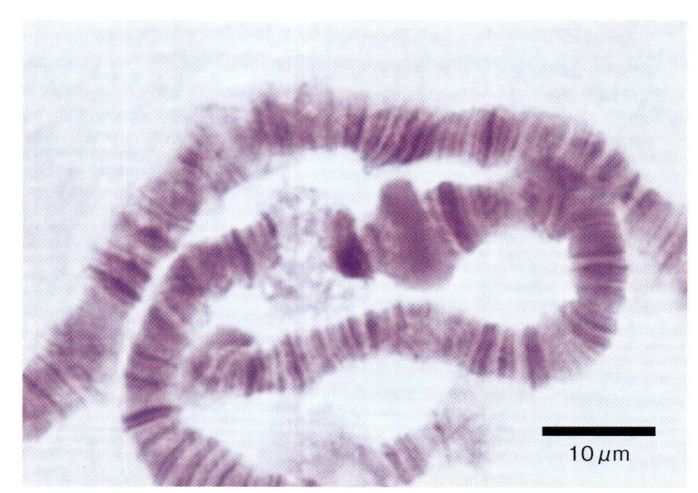

図 1·9　アカムシユスリカ *Spaniotoma akamusi* の唾液腺染色体としま模様
酢酸オルセイン染色。
ⓒコーベットフォトエージェンシー

コラム 1.3　有性生殖の利点

有性生殖は減数分裂を伴うため，遺伝子の混合が促進され，さまざまな環境変化に適応する形質を獲得できる可能性が高くなる。実際に，遺伝子操作により有性生殖をできなくした出芽酵母は，野生型に比べて，厳しい環境条件に不適応であることが知られている。動物の種類によっては，繁殖のパートナーになる雄を雌が選ぶ。この過程で，有利な形質をもたらす遺伝子が選別され，次世代に残る。現存する複雑で高等な生物は，有性生殖を行うことからも，有性生殖が進化を促進したことがうかがえる。

1.3　遺伝子の本体

染色体に遺伝を担う物質が存在すると仮定すると，体細胞分裂をしても染色体の数が変わらないのだから，分裂した後も，各細胞の遺伝物質の量は変わらないはずであり，同じ種の染色体の数は同じなので，同じ種の細胞がもつ遺伝物質の量は一定のはずである。染色体にある遺伝物質はどのように明らかにされたのだろうか。生物学者は形質の変化にかかわる物質を追い求めて，さまざまな実験系を開発した。

1.3.1　形質転換

1928年，イギリスのグリフィス（Frederick Griffith）は，非病原性のR型肺炎球菌と，加熱して死滅させた病原性のS型肺炎球菌を混ぜてネズミに注射すると，ネズミの血液中にS型菌が増殖するのを発見した。死滅させたS型菌を注射しただけでは，S型菌の増殖はなかった。この結果は，死んだはずのS型菌が生き返ったのではなく，死滅させたS型菌の中に，R型菌をS型菌に転換させる物質があることを意味している。

1944年，アメリカのエイブリー（Oswald Theodore Avery）らは，R型菌がS型菌に変化する現象は，ネズミに注射しなくても，培養した菌でも起こることを見つけた。そして，このような形質の変化は，細菌の遺伝的性質の変化によると考え，この現象を**形質転換**と名づけた。当時，遺伝情報を担える物質は，タンパク質かDNAのどちらかであると考えられていた。彼らは，タンパク質分解酵素で遺伝物質が消失することはなく，DNA分解酵素で消失することを示し，遺伝子の本体はDNAであることを突き止めた（図1･10）。この功績により，エイブリーは「最初の分子生物学者」とされている。

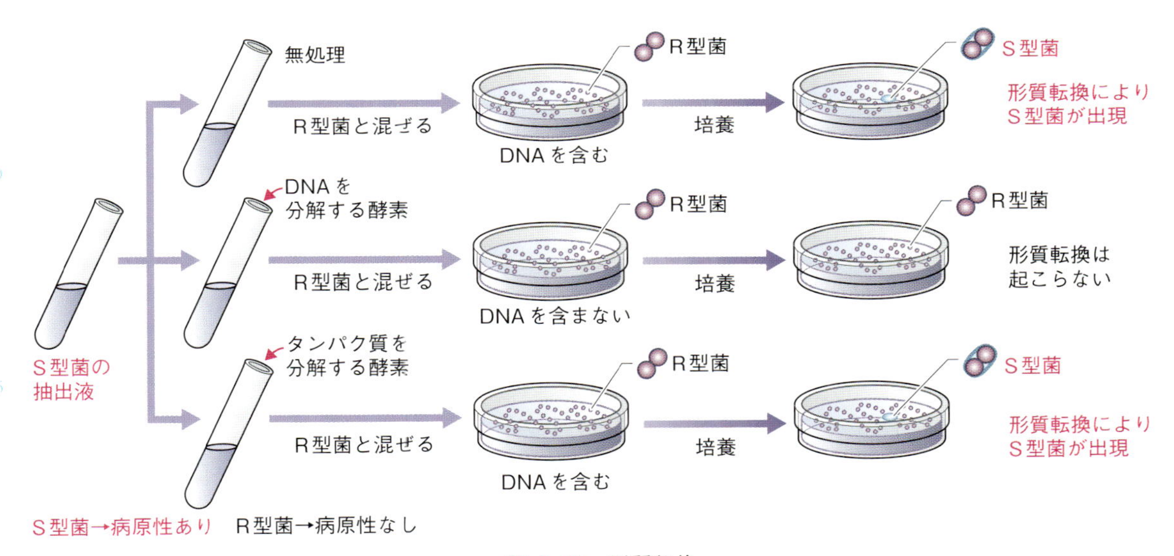

図1･10　形質転換

1950年ころまでに，ウイルスに関する研究が進み，ウイルスが細菌に感染すると細菌の形質が変わることや，ウイルスが細菌の中で増殖することから，ウイルスは遺伝子をもっていると考えられるようになった。

バクテリオファージは細菌を宿主とするウイルスであり，感染すると細菌の中で複製を繰り返し，最後に宿主の細菌を溶かして多数のウイルスとなって飛び出す。感染するときには，バクテリオファージの全体が細菌に入るのではなく，一部だけが入ることがわかっていたが，何が入るのかは明らかではなかった。細菌に入った物質からバクテリオファージの全体ができることから，その物質こそが遺伝子の本体と考えられた。

ウイルスはタンパク質とDNAからできている。アメリカのハーシー（Alfred Day Hershey）とチェイス（Martha Cowles Chase）は，タンパク質とDNAを構成する元素の違いに目をつけた。タンパク質を構成するアミノ酸にはメチオニンやシステインのように硫黄（S）を元素として含むものがあるが，DNAにはSは含まれない。一方，DNAにはリン（P）が含まれるが，タンパク質にはPが含まれない。そこでタンパク質を^{35}Sで標識し，DNAを^{32}Pで標識したバクテリオファージをつくり，これを細菌に感染させて，どちらの元素が細菌に注入されるかを調べた（図1·11）。その結果，Pだけが細菌に入ることがわかり，DNAが遺伝子の本体であることが確定した（1952年）。

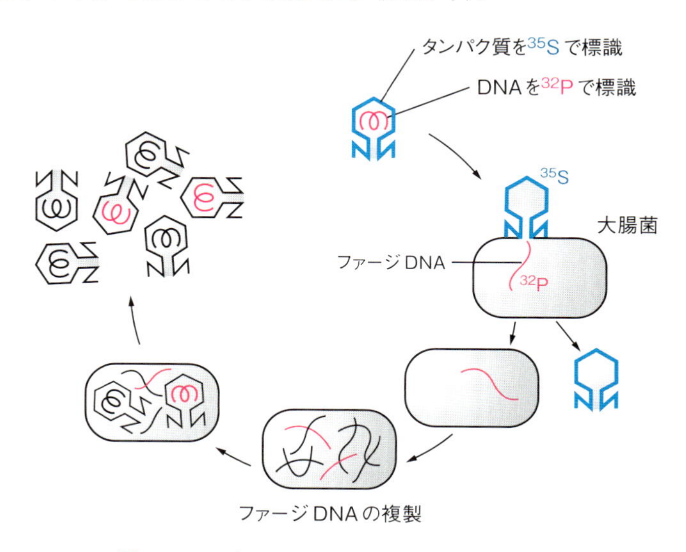

図1·11　バクテリオファージの感染と増殖

1.3.2　細胞あたりのDNA量

DNAは主として核に含まれる。その量は体細胞の種類にかかわらず一定であり，細胞分裂をしてもその量が一定に保たれている。減数分裂によって染色体が半数になった配偶子では，核内のDNA量も半減するが，卵と精子が合体する受精によってもとの量になる（図1·12，表1·2）。

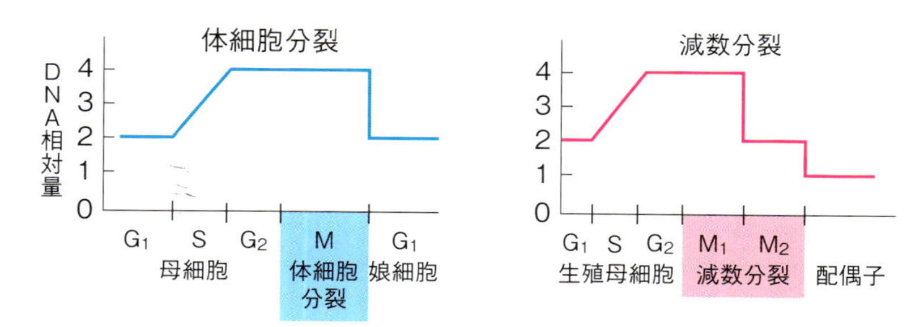

図1·12　細胞分裂と核のDNA量の変化

表 1・2　細胞あたりの DNA 量（ニワトリ）

組織	DNA 量（pg）
肝臓	2.7
心臓	2.5
脾臓	2.6
膵臓	2.6
赤血球	2.5
精子	1.3

1.3.3　DNA の構造

DNA はアデニン（A），グアニン（G），シトシン（C），チミン（T）の 4 種類の塩基をもつデオキシリボヌクレオチドを構成単位とするポリヌクレオチドであり，その並び順が遺伝情報を担っている。この並び順を塩基配列といい，人間が

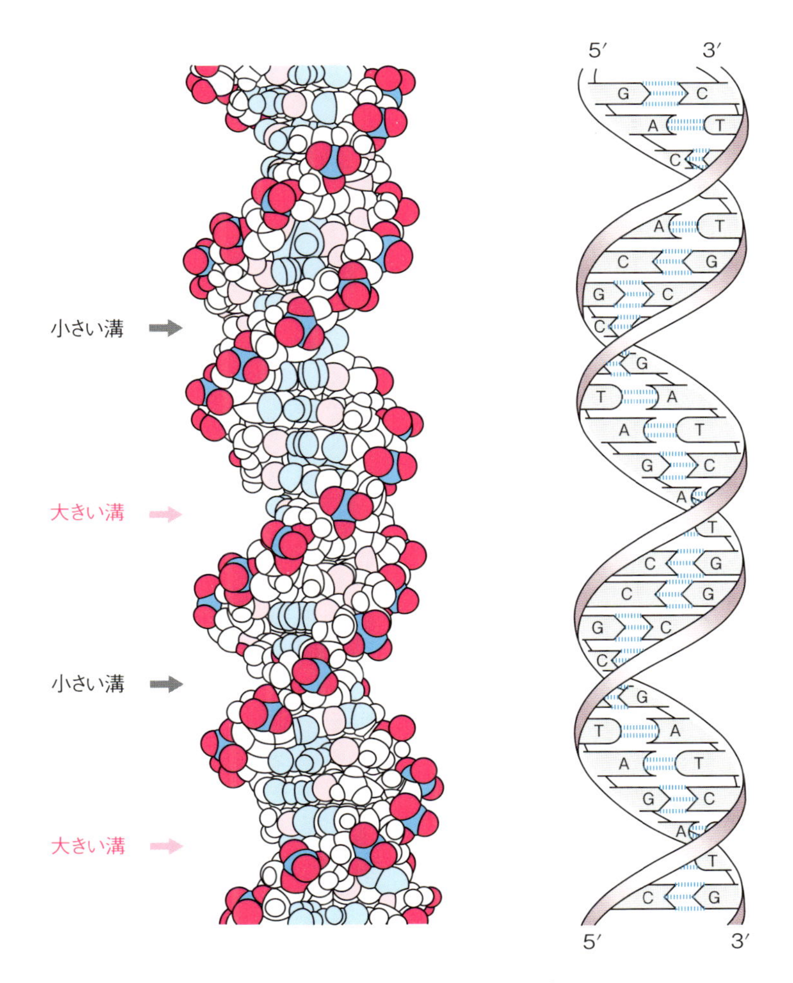

図 1・13　DNA の二重らせんモデル

使う文字になぞらえて「遺伝情報はA，G，C，Tの4文字で書かれている」と表現される。

オーストリアのシャルガフ（Erwin Chargaff）らは，1949年，DNAのヌクレオチドの定量分析によって，生物種によってA，G，C，Tの含量は異なるが，A:T，G:Cの比は常に1:1であることを発見した。

一方，DNAのヌクレオチドを連結するのは3′-5′ホスホジエステル結合であることや，X線回折により，らせん構造であることがわかってきた。アメリカのワトソン（James Dewey Watson）とイギリスのクリック（Francis Harry Compton Crick）は，これらの結果を考慮して，理論的に最も可能性のある分子モデルを組み立て，1953年，二重らせんモデルに到達した（図1·13）。すべての生物の遺伝情報はA，G，C，T（U）の4文字で書かれている。他の文字の遺伝情報を用いている生物はない。このことは，すべての生物がたった1つの祖先から出発していることを意味している。

情報の認識と伝達にかかわる立体構造と相補的結合

英語のアルファベットは26文字ある。1つ1つの文字にはそれほど意味があるわけではなく，意味があったとしても26とおりの意味しか表せない。しかし，ある特定の並べ方をすることで，ほとんど無限の意味をもたせることができる。

遺伝情報はA，G，C，Tの4文字で書かれている。文字の数が少ないので，情報量が限られるかもしれない。しかし，コンピューターの言語が0か1の，たった2文字で書かれているにもかかわらず，膨大な情報量を記録し，演算することができることを考えれば，4文字でも十分であると理解できる。

人間は情報を目で見て取り込み，神経を介して脳に伝え，理解する。生物はA，G，C，Tで書かれている遺伝情報をどのようにして読み，その情報をもとに，どのようにして体をつくっていくのだろうか。

2.1　分子の形を決める基本要素

生物は分子からできており，生命活動のすべては化学や物理の法則に従っている。細胞を構成する分子は大きさや形，化学的性質など，さまざまである。分子は原子が結合してできている。

化学結合とは原子を結びつける結合であり，化学結合により原子が一定の形に集合したものを**分子**という。分子は立体的な構造をしており，分子の情報はその立体構造にある。遺伝情報もDNAの分子の立体構造が担っており，特定の分子がその立体構造に相補的に結合することで情報を認識する。遺伝情報は点字，読みとる装置は指先にたとえられるかもしれない。分子の形と，その形の認識にかかわる化学結合についてみていこう。

2.1.1　共有結合

原子は，原子核とその周囲を回る電子からなる。水は水素2原子と酸素1原子からできており，1個の酸素原子が2個の水素原子と**共有結合**している（図2·1）。

共有結合とは，複数の原子核が電子を共有している状態を表す。共有結合は他の化学結合に比べ，結合力が非常に強く，結合する2つの原子の中心間距離も短い（表2·1）。結合の強さは，結合を切り離すのに必要なエネルギーとして表され，一般に1モル（6×10^{23} 分子）あたりの熱エネルギー（kJ）で表される。

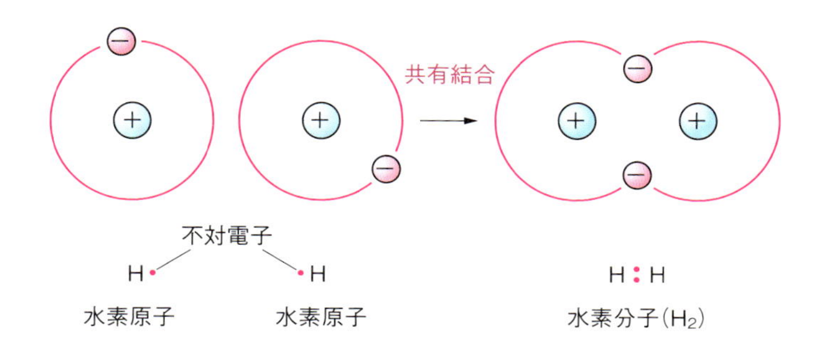

図2·1　水分子の共有結合

表2·1　化学結合

結合の種類	原子の平均中心間距離(nm)	生体内（水の中）での結合力(kJ/mol)
共有結合	0.15	377
イオン結合	0.25	13
水素結合	0.30	4
ファン・デル・ワールス結合	0.35	0.4

2.1.2　ファン・デル・ワールス結合

2個の原子が互いに近づいたときに生じる引力と反発力の相互作用によって，ファン・デル・ワールス（van der Waals）力が生じる。ファン・デル・ワールス力によって結合する様式を**ファン・デル・ワールス結合**という。この結合は非特異的で弱く，すべての原子間に生じる。結合の距離は原子によって異なり，厳密に決まっている。この距離を**ファン・デル・ワールス半径**という（図2·2）。

各原子間のファン・デル・ワールス結合は弱いが，複数の原子が分子間で結合すると，熱運動による解離エネルギー（平均2.5 kJ/mol）より結合力が強くなる。たとえば，抗体と抗原の間で生じるファン・デル・ワールス結合は200か所以上にもなるため，結合力は84 kJ/molに達し，強固である。ファン・デル・ワールス結合が分子間で安定的に成立するには，分子の形が鍵と鍵穴のように厳密に相補的である必要がある。ファン・デル・ワールス結合は分子が分子を認識するための重要な結合様式である。

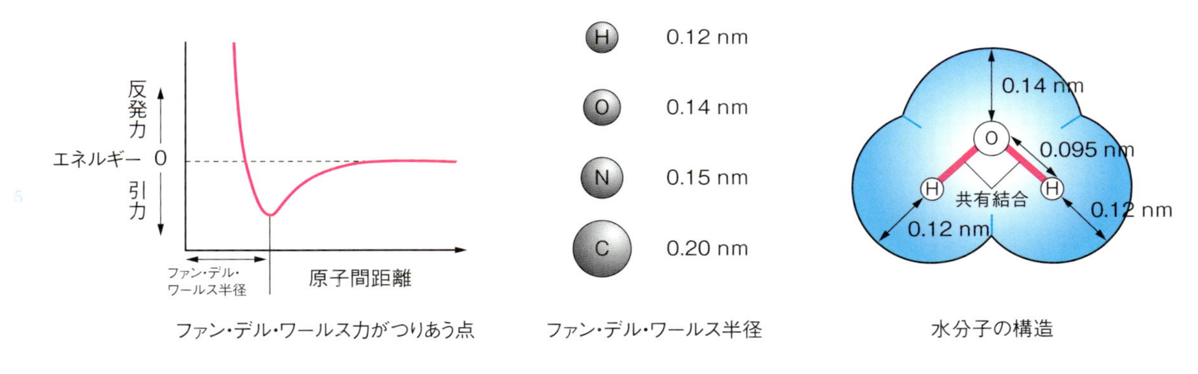

図 2·2　ファン・デル・ワールス結合，ファン・デル・ワールス半径と水分子の構造

参考 2.1　ファン・デル・ワールス結合

ファン・デル・ワールス結合はオランダの物理学者ヨハネス・ファン・デル・ワールス（Johannes Diderik van der Waals）に因んで名づけられた。ファン・デル・ワールスは，分子の大きさと分子間力の研究で 1910 年にノーベル物理学賞を受賞している。

分子の空間充填モデル（図 1·13 左，図 2·2 右）はファン・デル・ワールス半径や共有結合半径などの原子半径を表している。

2.1.3　水素結合

原子は原子核の陽子が正に帯電し，電子が負に帯電している。普通の状態の原子は，陽子の数と電子の数が等しいので，電気的に中性になる。ある原子と，その原子と異なる原子が共有結合して分子になると，原子の種類によって電子を引きつける力が違うので，分子の中で電気的なバランスが崩れることがある。

酸素原子と水素原子，または窒素原子と水素原子が共有結合したとき，水素原子がやや正に帯電し，酸素原子や窒素原子はやや負に帯電する。このとき，磁石の N 極と S 極が引き合うように，正と負に帯電した分子どうしが結合する。この結合を，水素を介して結合するので**水素結合**という（図 2·3）。

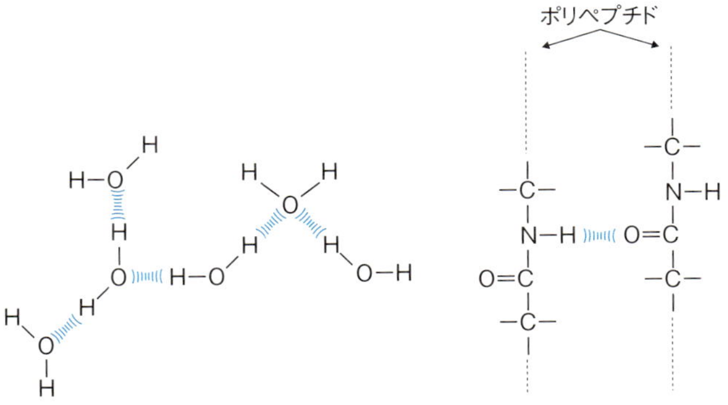

ポリペプチド

図 2·3　水素結合

水分子間の水素結合

イミノ基とカルボニル基間の水素結合

水素結合はファン・デル・ワールス結合とは異なり，強い方向性がある。水素結合はファン・デル・ワールス結合よりは強いが，共有結合よりはるかに弱く，安定的な結合をするには分子表面の構造が相補的である必要がある。水素結合も分子が分子を認識するための重要な結合様式であり，DNA 複製や，遺伝情報の読みとりに重要な役割を果たしている。

コラム 2.1　水の特性と水素結合

水分子は水素原子２個と酸素原子１個からなる小さな分子であるが，小さな分子に似合わず**高比熱**，**高融点**，**高融解熱**，**高沸点**，**高蒸発熱**という，特徴的な性質をもつ。それは，水分子が分極して磁石のような性質をもつ双極子となっており，水素結合により水分子どうしが緩やかに結びついているからである。高い比熱は，一定の温度環境を保ち，高い蒸発熱は体温の上昇を抑制し，高融解熱は水が凍りにくく低温条件でも細胞が氷で破壊されにくい特徴をもたらす。

さらに，双極子の性質は，水が優れた溶媒であることを意味している。水は，正負どちらの電荷をもった物質も水和して溶解することができ，化学反応の場を提供している。水のこのような特徴が生命を誕生させたと考えられている。

2.1.4　イオン結合

有機分子には，正または負に帯電した基をもつものがある。たとえばアミノ酸には負に帯電したカルボキシ基 (COO^-) と正に帯電したアミノ基 (NH_3^+) がある。正と負に帯電した基や，イオンの間で起こる静電的な結合を**イオン結合**という（図 2·4）。

結晶のように水のない条件では，イオン結合は強いが，水の中ではイオンのまわりを水分子が取り囲むので，結合力は弱い。生理的条件では塩が水に溶けており，塩が解離してできる Na^+ や，K^+，Mg^{2+}，Cl^-，SO_4^{2-} などの無機イオンによって有機分子の基の電荷が中和され，イオン結合力はさらに弱くなる。

生理的条件下では，イオン結合力は弱いものの，タンパク質の立体構造や，タンパク質とタンパク質，タンパク質と核酸，酵素と基質の認識と結合に重要な役割を担っている。

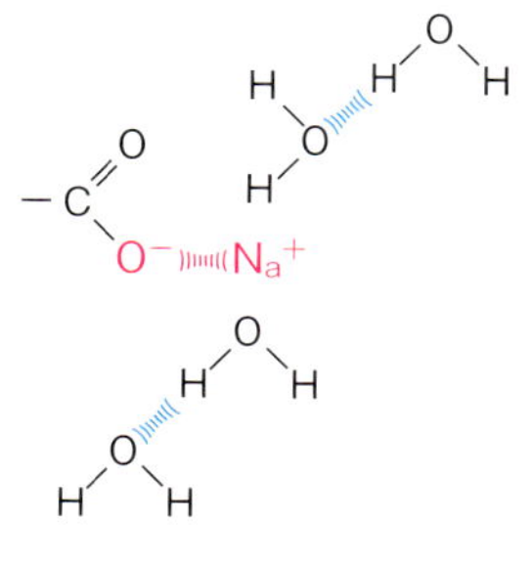

図 2·4　Na^+ とカルボキシ基のイオン結合

2.1.5 疎水結合

水は分極した分子や，イオン性の分子をよく溶かす。水によくなじむ分子の性質を**親水性**といい，水になじまず，水分子が排除しようとする性質を**疎水性**という。疎水性分子が水の中にあると，水が疎水性分子を排除するので，結果的に疎水性分子どうしが集まることになる。これを一般に**疎水結合**といい，結合力の実体はファン・デル・ワールス力である。疎水結合はタンパク質の折りたたみや，タンパク質どうしの結合，細胞膜の脂質二重層の形成に重要な役割を担っている。

コラム 2.2 タンパク質どうしの結合

グルコースやクエン酸などの，分子内に電気的な極性をもつ極性分子は，水素結合をつくることができる=O や−OH のような基を多くもっている。したがって，これらの分子が水に混じったときには，水分子どうしの水素結合を壊して水分子と水素結合をつくる。これが水に溶けた状態である。しかし，水分子どうしの結合より不安定なので，一定の濃度以上には溶けることができない。水分子どうしよりも不安定な結合にもかかわらず，水に溶けることができるのは熱運動による。温めると，極性分子がさらに水によく溶けるのはこのためである。

疎水性分子は水分子と水素結合をつくることができない。したがって，油は水になじまないように，疎水性分子を水に溶かすことはできない。水の中で，分子と分子が疎水性部分で結合する場合の結合力はファン・デル・ワールス結合によるが，ファン・デル・ワールス結合は水素結合に比べ弱い。

生体内でタンパク質とタンパク質が比較的安定に結合できるのは，疎水性部分を内側に配置して，結合したタンパク質分子を取り巻く水とタンパク質の表面が水素結合しているからである。周囲の水分子と最大限に水素結合を形成できるような立体構造で，タンパク質分子は結合している。

2.1.6 平衡定数

分子が特異的に分子を認識して結合するには，分子どうしが接近しなくてはならない。分子は結合と解離を繰り返す。これを可能にしているのが熱エネルギーである。

2つの分子 A，B の結合反応は，会合する速度と解離速度が等しくなるまで（平衡に達するまで）進行する。この平衡の状態は解離状態の A，B の濃度と，複合体 AB の濃度から図 2·5 の式で表すことができる。

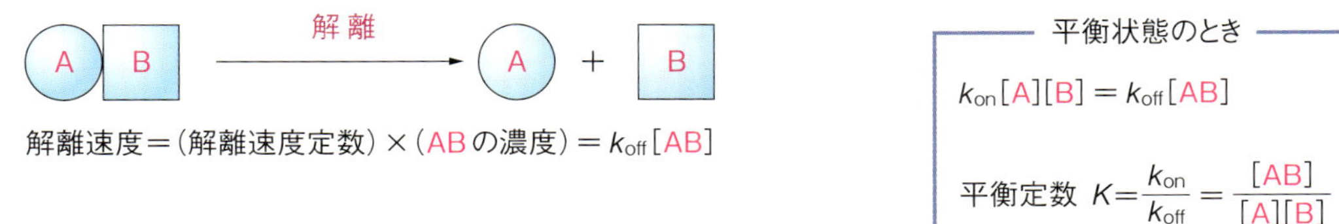

図 2·5 平衡定数

平衡定数 K は2分子間の結合の強さの程度を表す。分子は結合と解離を繰り返しており，相補性が低いとすぐに解離し，高ければ比較的長い時間結合している（図 2·6）。

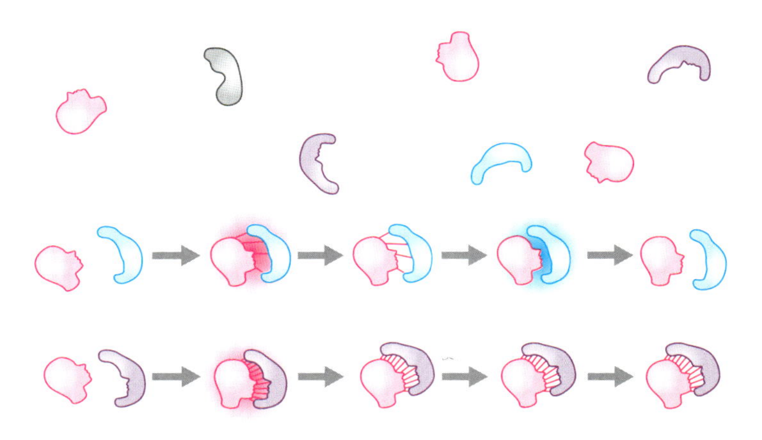

図 2·6　複合体を形成するタンパク質

コラム 2.3　細胞を構成する分子は動的平衡にある

分子は熱運動により，めまぐるしく動いている。たとえば ATP は，生理的な濃度の 1 mM で，1 個のタンパク質分子に 1 秒間に 100 万回も衝突する。また，ATP は細胞の端から端まで移動するのに 0.2 秒しかかからない。タンパク質は高分子のため，それほど速く拡散しないが，ある球状のタンパク質は，1 秒間に 100 万回も回転している。酵素によって活性が異なるが，1 秒間に 100 万回も触媒する酵素もある。体を構成する分子の世界は，想像を絶する速度で動いている。組織像を見れば，一定の形があるように見えるが，細胞の構造をつくる分子は激しく動き，入れ替わっている。分子が入れ替わりながら一定の構造を保っている状態を**動的平衡**という。

分子間の認識には結合力の弱い非共有結合が重要な役割を果たす。熱運動がさまざまな分子を出会わせるが，分子間の結合エネルギーが熱エネルギーに比べて小さいときには分子が解離する。こうして，相補的に安定的に結合するまで，結合と解離が繰り返され，特異的な分子間の認識と結合が成立する。その結合も恒常的ではなく，常に解離と結合を繰り返す。

生体内で特異的な結合をすることが知られているタンパク質どうし，またはタンパク質と DNA の平衡定数は意外に低い。分子の濃度にもよるが，100 分子～1000 分子に 1 個ぐらいしか結合していないことが多い。特異的な結合が形成されたとしても，その結合が長く続いては次の状況に対処することができない。

生物は分子と分子を，結合と解離の中間的な状態にすることで，刻々と変わる環境に対応している。

2.2　遺伝情報を担う DNA の構造

染色体の DNA は，2 本のポリヌクレオチド鎖からなる二重らせん構造をしており，2 本の鎖の塩基間の水素結合が，DNA 鎖を結合させている。塩基間の結合は特異的で，必ず A は T と，G は C と相補的に結合する。これは，二重らせんの片方が反対鎖の鋳型になり得るということも意味しており，遺伝子の複製をよく説明できる。

2.2.1　二重らせん

DNA のポリヌクレオチドは，デオキシリボースの 5′ 位の炭素と次のデオキシリボースの 3′ 位の炭素がリン酸ジエステル結合によって結びつけられており，この繰り返しがポリヌクレオチドの骨格を形成している。

デオキシリボースの1′位の炭素に塩基が結合しており，この塩基の配列が遺伝情報を担う。ポリヌクレオチドには方向性があって，それぞれの端を，リン酸が結合するデオキシリボースの炭素の位置で表し，5′末端，3′末端とよぶ。DNAの二重らせんは，逆の方向を向いたポリヌクレオチド鎖が巻きあっている（図2·7）。

参考2.2　5′と3′
5′と3′はデオキシリボースを構成する原子の位置番号を表している。プライム「′」がついているのは，デオキシリボヌクレオチドの塩基の原子の位置番号と区別するためである。

塩基は比較的疎水的で，親水性の鎖の骨格から二重らせんの内側に突き出ている。塩基の分子は平面構造をとっており，その面は鎖に対してほぼ直角である。同一の鎖の中では，各々の塩基の分子の面は互いに平行で，鎖に沿って少しずつずれながら重ね合わさっており，この重なりがDNA分子の安定化に寄与している。

2本の鎖の塩基どうしは水素結合により結びついており，安定な水素結合ができるのはAとT，CとGの組合せだけである。その組合せは，大きなプリンには小さなピリミジンと決まっていて，いずれの塩基対の大きさは変わらない。したがって，DNA鎖の太さは塩基配列によらず一定である（図2·8）。

二重らせんの溝は塩基と塩基が水素結合している部分であり，塩基の種類によって溝に凹凸が生じる。この溝の凹凸のパターンに遺伝子の発現調節の情報が書き込まれている。

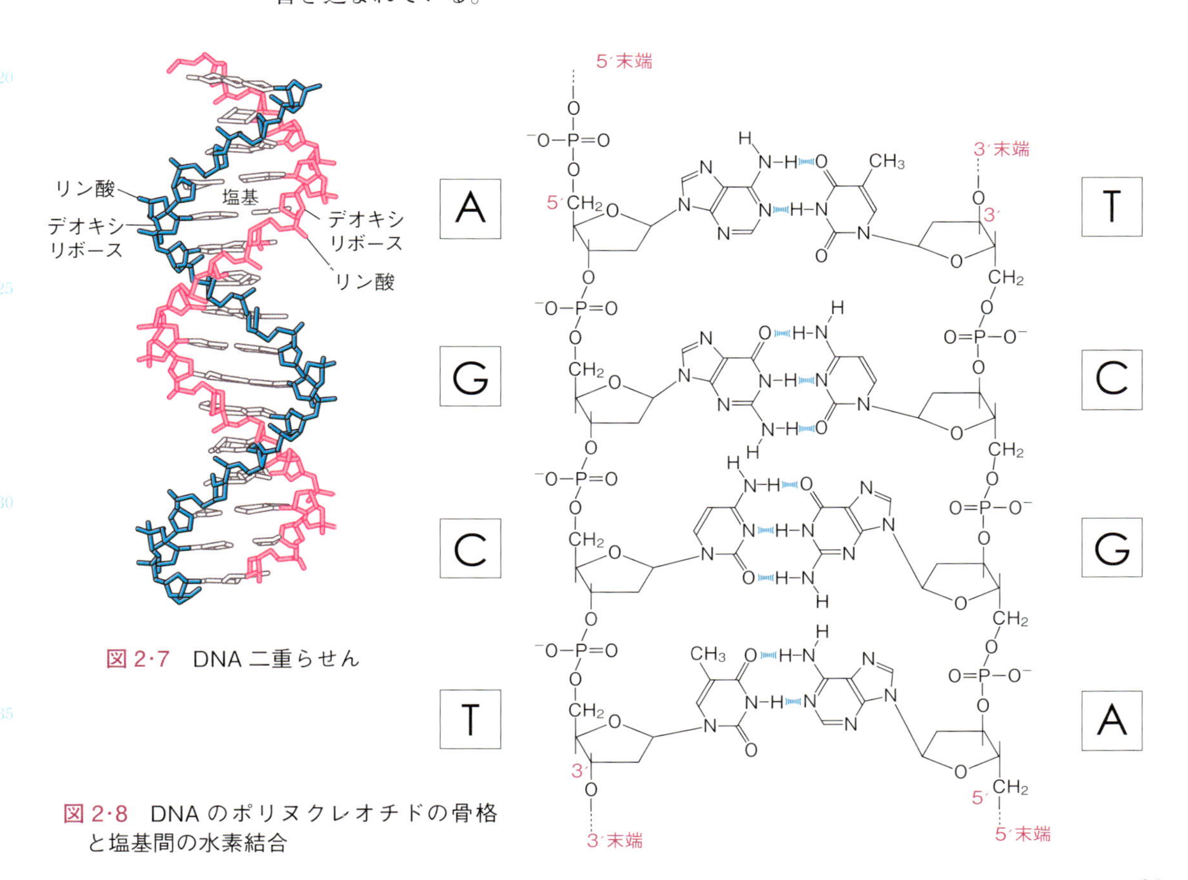

図2·7　DNA二重らせん

図2·8　DNAのポリヌクレオチドの骨格と塩基間の水素結合

2.2.2　DNAの2本鎖の解離と再構成

DNAの2本のポリヌクレオチド鎖は，塩基の部分で相補的に水素結合している一方，鎖を構成するリン酸の負の電荷で反発しあっている。2本の鎖の結合は強固ではなく，容易に解離する。この性質が，DNAの複製や転写を可能にしている。

ヒトの体液のイオン濃度は，Na^+：145 mM，K^+：5.1 mMに保たれており，pHは7.4 ± 0.05に保たれている。この条件ではリン酸の負の電荷はある程度抑制されている。純水のようにイオンがない状態や，pHがアルカリ性になると，リン酸の負の電荷が増し，ポリヌクレオチド鎖同士の反発力が強まって鎖が解離する。加熱しても，熱運動によって鎖が解離する。解離した鎖は，イオン濃度やpHの条件が整えば相補的な塩基配列の部分で再び結合し，2本鎖となる（図2·9）。

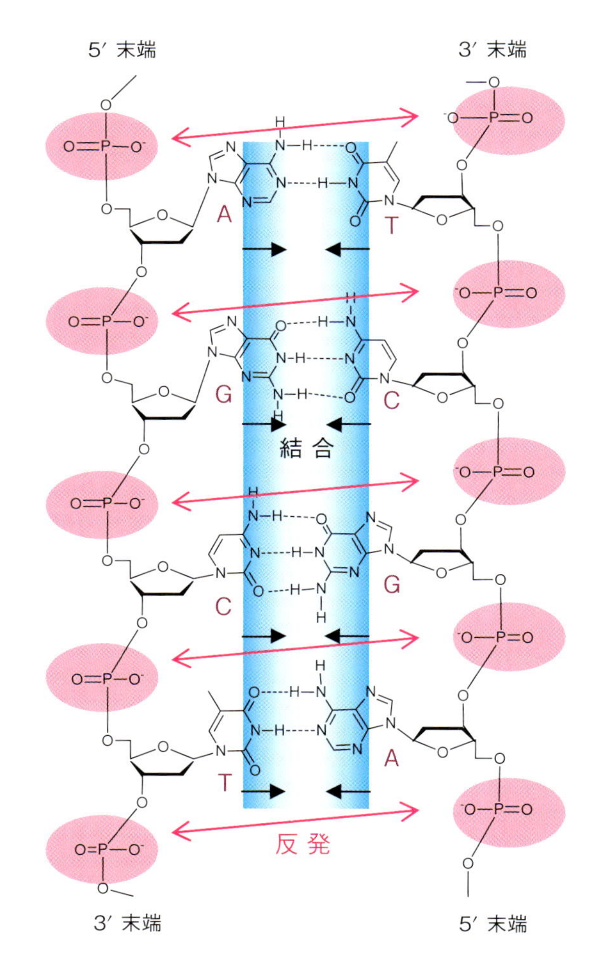

図2·9　DNAの2本鎖の解離と再構成

参考 2.3　ゲノムサイズ

ある生物の配偶子がもつ染色体DNAの全塩基配列を**ゲノム**といい，ゲノムの塩基対数を**ゲノムサイズ**という。生物種によってゲノムのサイズは幅広く，ヒトのゲノムサイズは大腸菌に比べ約1000倍大きい。複雑な生物ほどゲノムサイズが大きい傾向があるが，例外もある。イモリはヒトの約10倍，アメーバは単細胞にもかかわらず約100倍もある。ゲノムサイズと情報量は必ずしも一致しない（図2·10）。

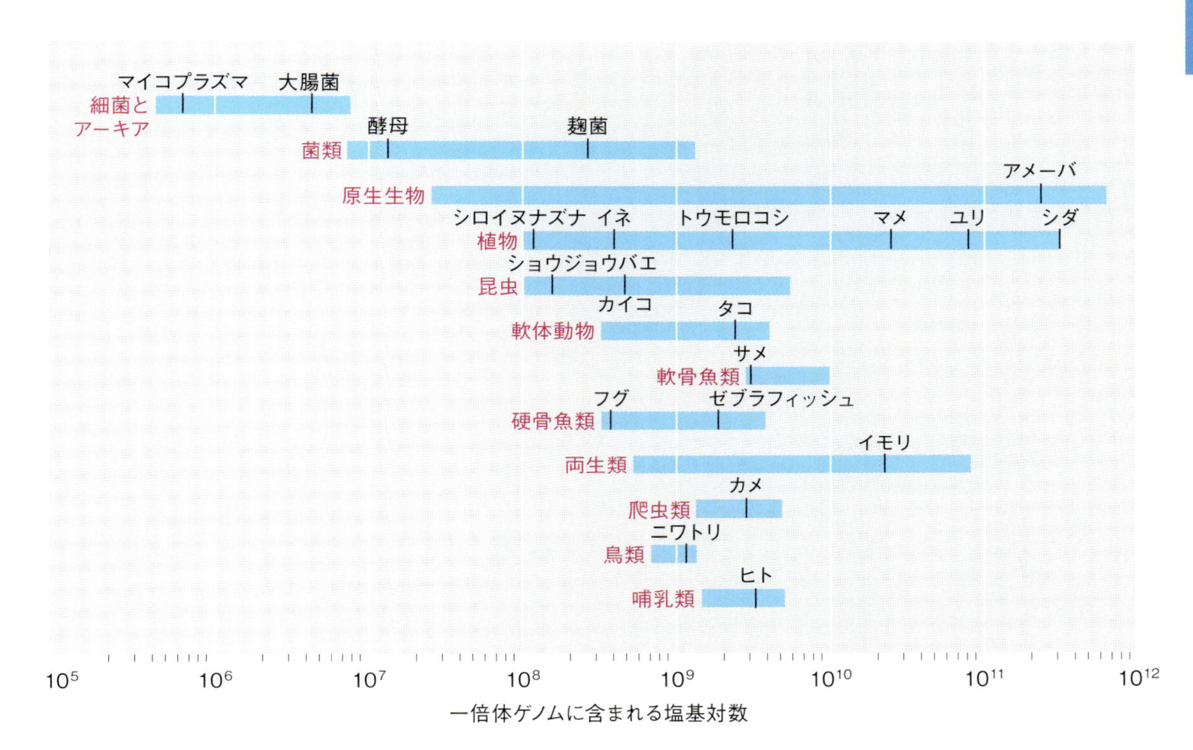

図2·10　様々な生物のゲノムサイズ
文献0-1などを参考に作図

2.3　核とクロマチン

ヒトの1個の体細胞の核がもつDNAの長さは約2mであり，核は直径約10μmである。したがって，核の直径の約20万倍の長さの分子が詰まっていることになる。核はDNAを単に詰め込むだけでなく，DNA複製や遺伝子の発現を行っている。細長いDNAを引きちぎることなく，どのようにして収めているのだろうか。

真核生物のDNAには**ヒストン**とよばれるタンパク質が結合している。ヒストンは正電荷をもつリシンやアルギニンを多く含み，負に帯電したDNAに結合する。ヒストンにはH1，H2A，H2B，H3，H4の5種類ある。H2A，H2B，H3，H4をコアヒストンといい，コアヒストンが，それぞれ2個ずつ集まって球状のヒストン八量体を構成する。DNAはヒストン八量体に巻き付いており，この構

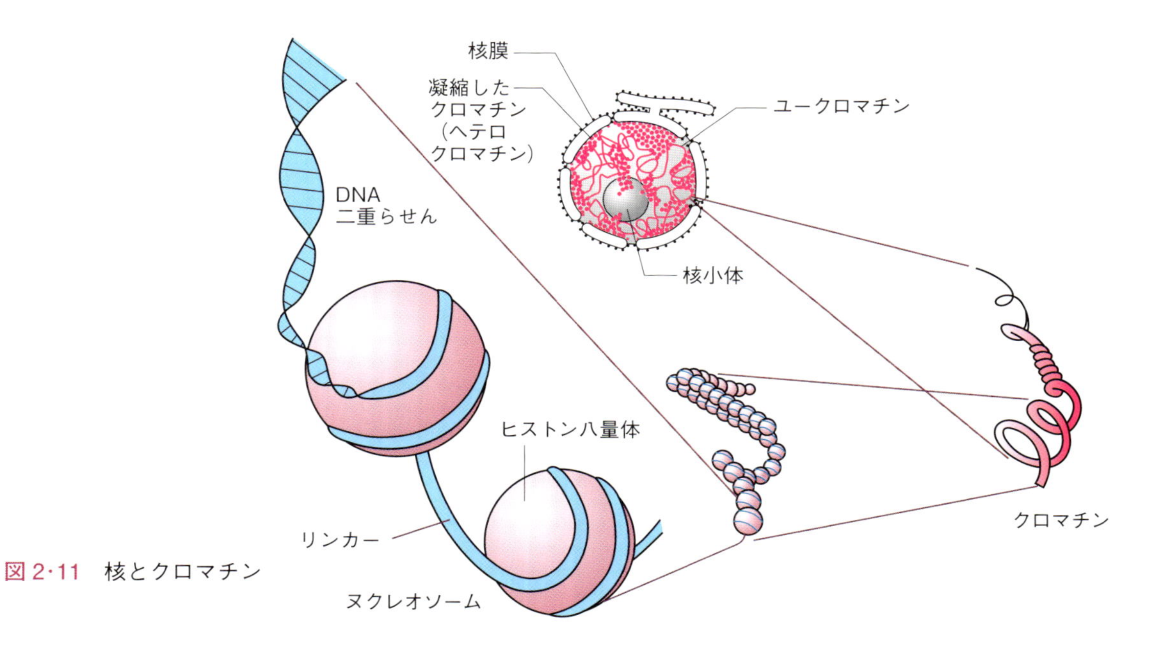

図 2·11　核とクロマチン

造を**ヌクレオソーム**という（図 2·11）。

ヒストン八量体に巻き付いているDNAの長さは146 bpである。隣のヌクレソームとの間の部分のDNAを**リンカー**といい，ヌクレオソーム部分とリンカー部分のDNAの長さを合わせると約200 bpとなる。ヌクレオソームは約200 bpを単位としてビーズ状に並んでいる。ヌクレオソーム構造をとることにより，DNAは5分の1の長さに折りたたまれる。

H1はリンカーとコアヒストンの両方に結合して橋かけをしており，ヌクレオソーム構造をコンパクトにするはたらきがある。この段階でDNAの長さは40分の1になる。核分裂の際にはさらに幾重にも，らせん状に折りたたまれたスーパーコイル構造をとり，DNAの長さが圧縮され，光学顕微鏡で観察されるような染色体となる。遺伝情報が読みとられる際には染色体がほどけ，DNAがむき出しとなって情報が写し取られる。核のDNAにはDNAポリメラーゼ，RNAポリメラーゼや，DNA複製や転写を調節するタンパク質など，ヒストン以外のタンパク質も結合している。これらをまとめて非ヒストンタンパク質という。

また，DNAとヒストンや，非ヒストンタンパク質の複合体をクロマチンという。クロマチンには凝縮した部分と，ほどけた部分があり，凝縮したクロマチンを**ヘテロクロマチン**といい，ほどけたクロマチンを**ユークロマチン**という。

参考 2.4　ヘテロクロマチンとユークロマチン

ヘテロクロマチンには常に凝縮した状態を維持している**構造的ヘテロクロマチン**と，ユークロマチンが発生や分化の過程でヘテロクロマチンになる**選択的ヘテロクロマチン**がある。構造的クロマチンの領域には，セントロメアや，染色体末端のテロメア，繰り返し配列がある。選択的ヘテロクロマチンの例として，哺乳類の雌のX染色体がある。不活性化され凝縮したX染色体は選択的ヘテロクロマチンの状態にある。ユークロマチン領域の遺伝子の多くは，転写されている。ユークロマチンは有糸分裂の中期に凝縮する。

2.4　遺伝情報の認識にかかわるタンパク質の相補的結合

遺伝子はゲノム上に点在する。状況に合わせて特定の遺伝子を発現させるには，その遺伝子が何であるのかの情報と，その情報をもつ遺伝子を見つけ出すしくみがあるに違いない。その情報はDNA二重らせんの溝の立体構造にあり，塩基配列によって溝の立体構造が異なる。その情報を認識するのがタンパク質であり，DNAの立体構造と相補的な構造をもつタンパク質が結合することにより，情報を認識する。タンパク質が機能するには，特定の立体構造をとる必要がある。タンパク質が特定の立体構造をとるしくみについて学ぼう。

2.4.1　ペプチド結合

アミノ酸はアミノ基（$-NH_2$）とカルボキシ基（-COOH）が1つの炭素原子に結合した分子である。タンパク質を構成するアミノ酸は20種類あり，これらが**ペプチド結合**により連結されて，タンパク質となる（図2·12）。ペプチド結合でつながったアミノ酸の鎖をペプチド鎖といい，長いペプチド鎖をポリペプチド，その分子全体をタンパク質という。

ペプチド結合は，アミノ酸のカルボキシ基に別のアミノ酸のアミノ基が脱水結合することにより形成される。その結果，合成されたポリペプチドの1番目のアミノ酸にはアミノ基，最後のアミノ酸にはカルボキシ基が残ることになる。ポリペプチドの方向を示す際には，最初のアミノ酸のある端を**N末端**，その反対側の端を**C末端**と表す約束になっている。生体内でもタンパク質はN末端からC末端に向けて合成される。ペプチド結合でつながったアミノ酸の並び順をタンパク質の**一次構造**という。

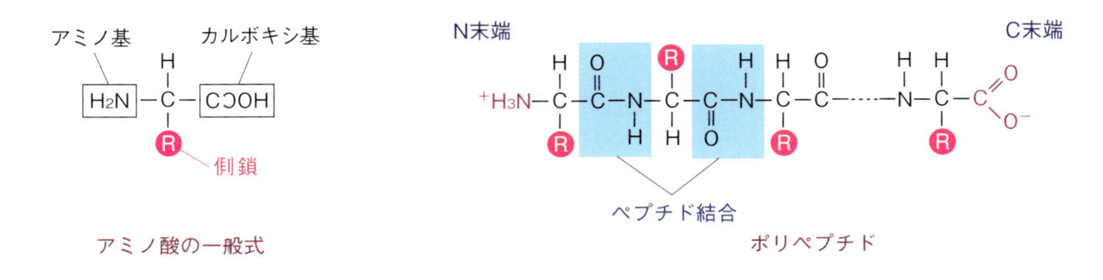

図2·12　アミノ酸の構造とペプチド結合

2.4.2　アミノ酸側鎖の性質

タンパク質の一次構造は遺伝子の塩基配列により決められており，タンパク質の基本的機能は一次構造で決まる。タンパク質は鎖状の分子として合成されるが，生体の中では鎖が折りたたまれて，一定の立体的な構造をとる。この立体構造がタンパク質の機能に厳密にかかわっている。タンパク質の立体構造の形成にはアミノ酸の側鎖の性質が大きな影響を与える。アミノ酸は側鎖の性質により塩基性アミノ酸，酸性アミノ酸，中性極性アミノ酸，非極性アミノ酸に分類される（図2·13）。

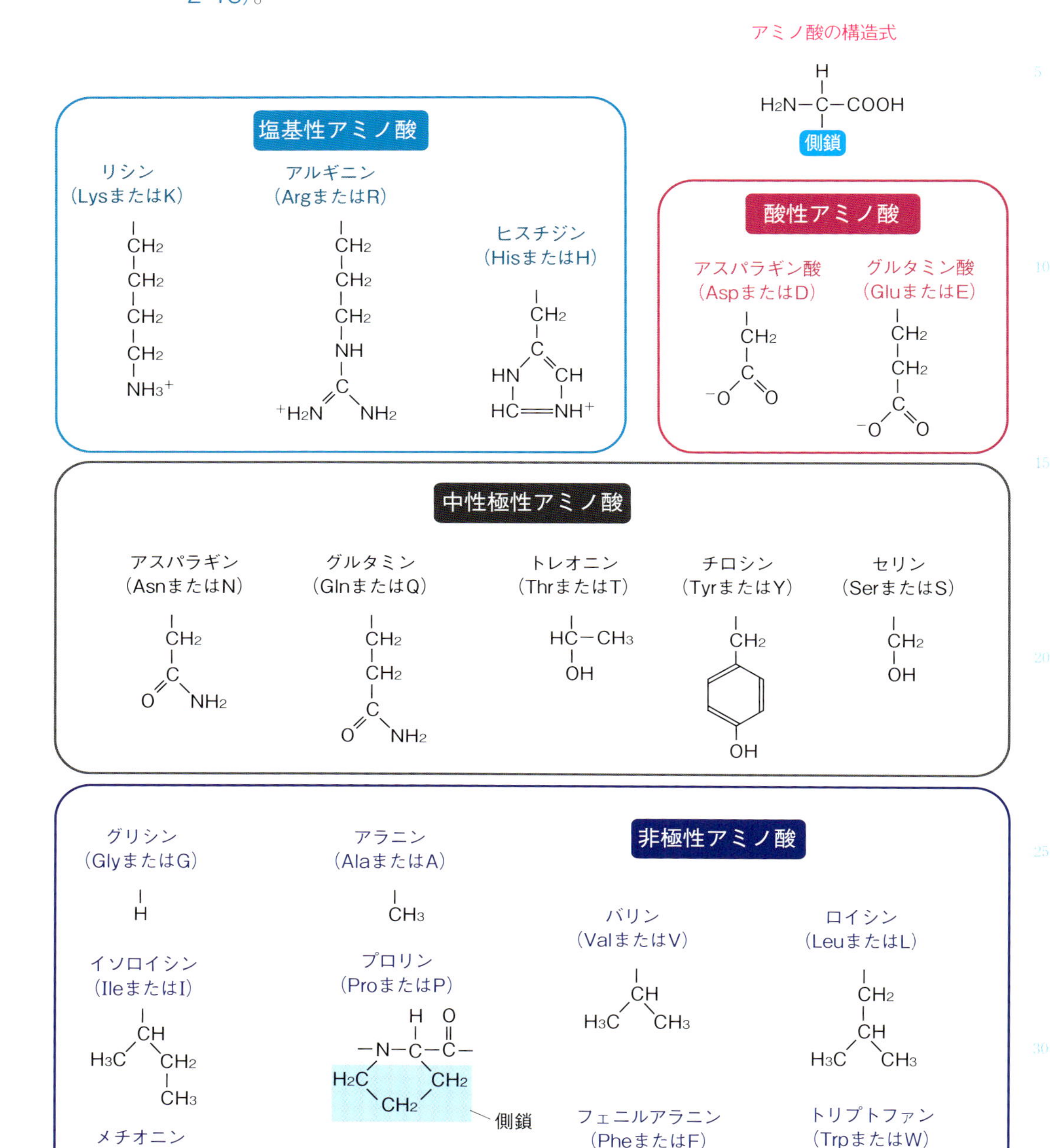

図2·13　生体を構成するアミノ酸側鎖の構造

2.4.3　タンパク質の立体構造にかかわるアミノ酸の性質

ペプチド結合部は平面構造をしており，C-N の共有結合は回転できない（図 2･12 の青色部分）。しかし，N-C-C 間の共有結合は自由に回転することができる。そのため，側鎖は周辺の条件に応じて配置される。疎水性の非極性アミノ酸側鎖は水の中では，水を避けてタンパク質分子の内側に位置する。その結果，非極性アミノ酸がタンパク質の中央部を占める。一方，親水性の塩基性アミノ酸，酸性アミノ酸や中性極性アミノ酸側鎖は，水分子と接するようにタンパク質分子の表面に位置し，タンパク質分子は水溶液に溶ける（図 2･14）。

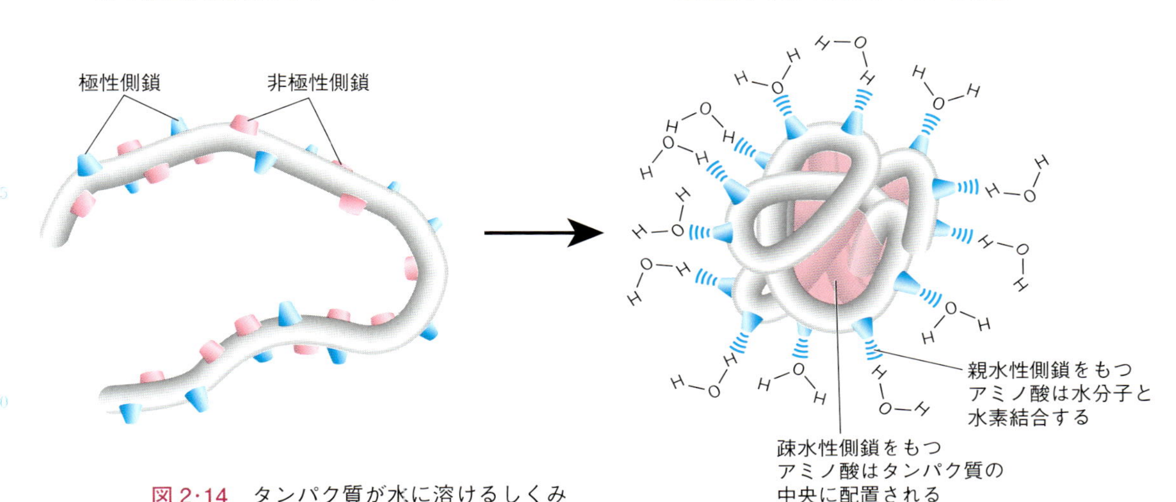

図 2･14　タンパク質が水に溶けるしくみ
（文献 0-1 を改変）

ポリペプチド鎖の中で，正と負の電荷をもつアミノ酸は引き合い，同じ電荷をもつアミノ酸は反発し合って，そのバランスでタンパク質の立体構造が決まる。アミノ酸の電荷の強さは pH や塩濃度の影響を受けるため，タンパク質が機能するには適切な pH や塩濃度の条件が必要であり，ヒトの体液は pH 7.4 ± 0.05，塩濃度 0.15 M に保たれている。

コラム 2.4　変性タンパク質が不溶性になるしくみ

タンパク質のアミノ酸組成を調べると，疎水性アミノ酸が意外と多い。タンパク質は，本来は水に不溶性である。たとえば，熱を加えてタンパク質を変性させると白く不溶性になる。タンパク質（蛋白質）の白の由来である。

加熱すると熱運動によりタンパク質の立体構造が乱され，疎水性部分がタンパク質表面に露出し，水分子と安定な水素結合ができなくなる。同時に，疎水性部分でタンパク質どうしが結合して，大きな固まりをつくり沈殿する。これがタンパク質の熱変性による白濁と凝固である。

塩濃度は電荷をもつアミノ酸の電荷の強さに影響を与える。卵から取り出した卵白を真水に懸濁すると白濁する。体液と同じぐらいの濃度の塩水に懸濁すると，白濁しない。しかし，塩濃度をさらに高めると逆に白濁する。生理的なイオン濃度で，タンパク質分子は機能する立体構造をとっている。

2.4.4　タンパク質の二次構造

タンパク質の立体構造の形成には，ペプチド結合間に生じる水素結合も重要な役割を果たしており，水素結合が立体構造の骨格を形成している。ペプチド結合のN-Hの水素原子（H）と，そこから4番目のアミノ酸のカルボニル基の酸素原子（O）との間で分子内水素結合が生じ，その結果，右巻きに1回転が3.6アミノ酸のピッチで，らせん構造が形成される。同一らせん分子内でアミノ酸ごとに水素結合ができるので，比較的しっかりしたスプリング様の構造になる。これを**αヘリックス**という（図2·15左）。

アミノ酸によって，αヘリックスを形成する傾向が異なり，グルタミン酸，メチオニン，アラニン，ロイシンはαヘリックスを形成しやすく，プロリンやグリシンは形成を妨げる傾向がある。自律的にαヘリックスになるのは，エネルギー的に最も安定だからである。αヘリックス部分では，すべての側鎖がヘリックス構造から外に向けて突き出ている。

ポリペプチド鎖の間で，N-Hの水素原子（H）とカルボニル基の酸素原子（O）との間に水素結合が生じてできる構造を**βシート**という（図2·15右）。βシートは安定な波状構造をとる。同じポリペプチド鎖がヘアピンのように曲がり，逆向きに並んだβシート構造を**逆平行βシート**といい（図2·16左），同じポリペプチド鎖が平行に並んだβシート構造を**平行βシート**という（図2·16右）。バリン，イソロイシン，チロシンはβシートを形成する傾向にあり，プロリン，アスパラギン酸，グルタミン酸は形成を妨げる傾向にある。βシートは，タンパク質構造の核として機能する場合が多く，球状タンパク質の中央部によく見られる。大規模な平行βシートは，絹糸のフィブリンや羽毛のβケラチンなどがある。αヘリックスとβシートの構造をタンパク質の**二次構造**といい，一定の立体構造をとるαヘリックスとβシートの部分で，分子を認識したり，結合したりする。一定の立体構造をとらない鎖の部分をランダムコイルという[2-1]。

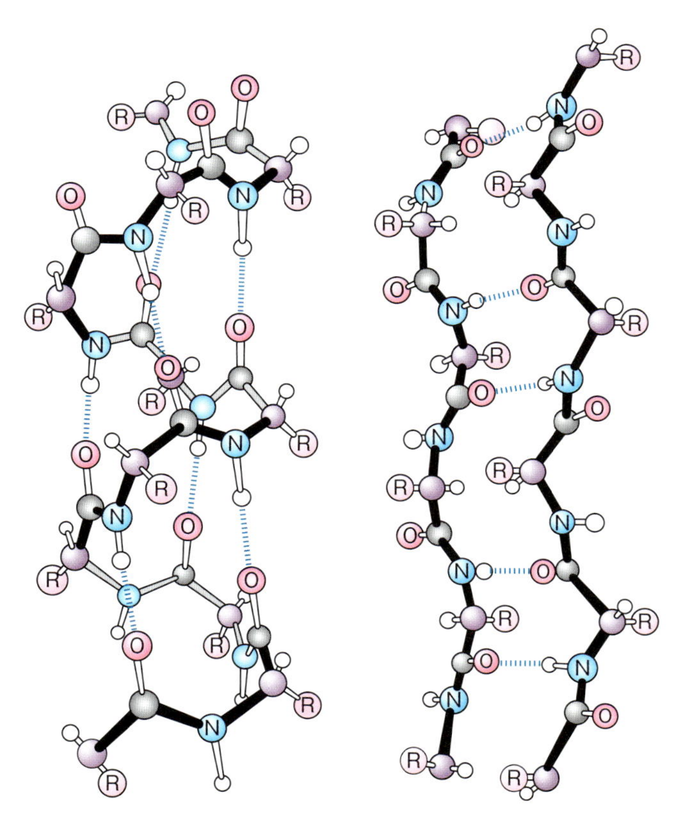

図2·15　**α**ヘリックス（左）と**β**シートの水素結合（右）

ポリペプチド鎖の折れ曲がる箇所に多いのはアスパラギン，グリシン，プロリン，アスパラギン酸，セリンであり，特にプロリンは特異な構造のため（図2·13），プロリンのところで折れ曲がる。

1本のポリペプチド鎖内の二次構造が立

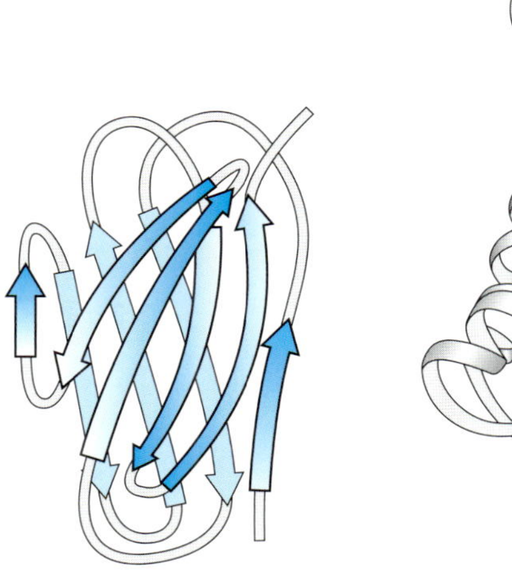

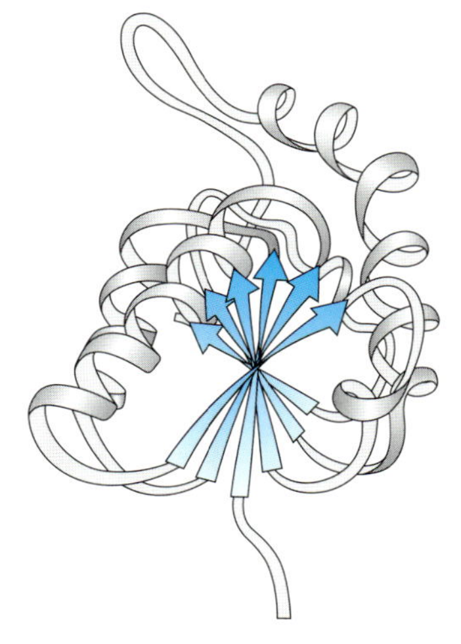

図2･16　逆平行βシート（左）と平行βシート（右）

体的に配置されると，タンパク質の立体構造が形成される。これをタンパク質の**三次構造**といい，複数のタンパク質が組み合わさってできる立体構造をタンパク質の**四次構造**という。

2.4.5　ジスルフィド結合

多くのタンパク質は，ポリペプチド鎖内のシステイン同士が**ジスルフィド**（S-S）**結合**して，共有結合による分子内架橋をつくる。どのシステインとも架橋できるわけではなく，タンパク質が安定な立体構造をとった後，近くに位置する特定のシステインと結合する。ジスルフィド結合は，立体構造を安定化させるはたらきがある（図2･17）。

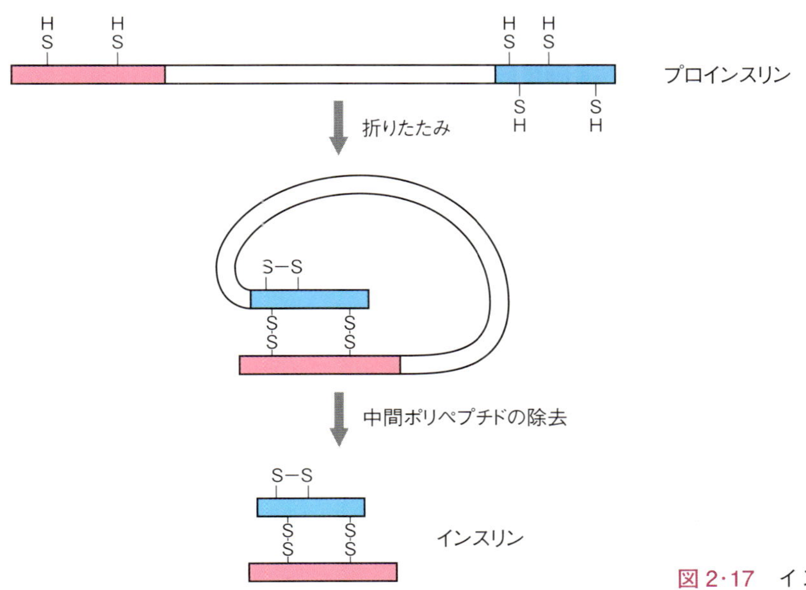

図2･17　インスリンのジスルフィド結合

2.4.6　ドメイン

タンパク質の構造の中で，一定の機能をもつ領域を**ドメイン**といい，多くのタンパク質は複数の機能ドメインをもつ。ドメインの機能として，特定の塩基配列のDNAとの結合や，特定のタンパク質や調節因子との結合，基質との結合と触媒などがある。

それぞれのドメインは，特定の立体構造をもつ。タンパク質を構成するアミノ酸は20種類もあるため，ドメインのアミノ酸の配列の組み合わせは，ほとんど無限の種類になるはずである。たとえば60アミノ酸からなるアミノ酸配列は20^{60}種類になるはずである。しかし，安定的な立体構造をとる配列は少なく，実際に存在するドメインは約100種類と推定されている。進化の選択圧の中で，一定の立体構造をとらないアミノ酸配列はドメインとならず消滅したと考えられる。

ドメインはタンパク質の中で独立して機能する。進化の過程で，遺伝子の組換えが起こり，その結果，異なるドメインが付け加わったり，新たな組合せができたりすることで，多くの種類のタンパク質が生じてきた（図2·18）。

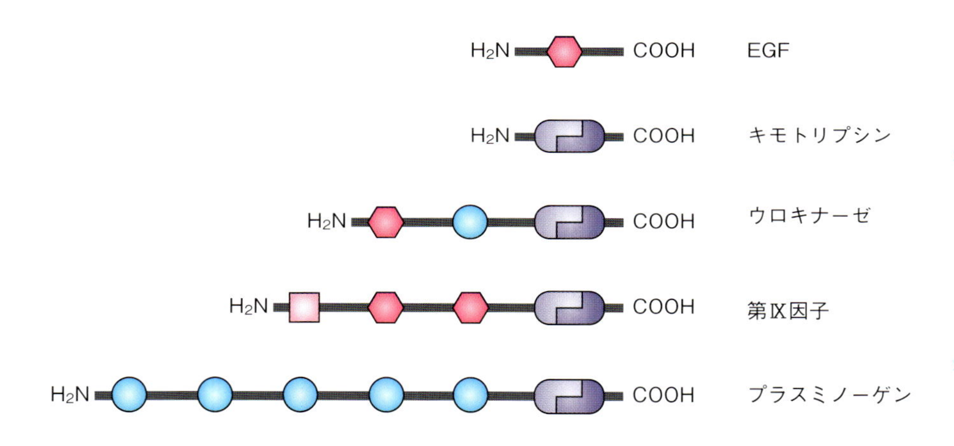

図2·18　ドメインが組み合わされて生じたタンパク質
（文献0-1を参考に作図）

コラム2.5　ドメインの立体構造とアミノ酸配列

同じ機能をもつドメインのアミノ酸配列は，種を超えて保存されていることが多い。しかし，アミノ酸配列が似ていなくても，立体構造がよく似ている場合も多い。例えば，ショウジョウバエの体節形成にかかわる転写因子のエングレイルド（engrailed）と，酵母の接合型にかかわる転写因子$\alpha 2$は，どちらも60アミノ酸のDNA結合ドメインであるホメオドメインをもち，そのホメオドメインの立体構造は同じであるが，60アミノ酸のうち17アミノ酸しか保存されていない（図2·19）。

保存されたアミノ酸は散在しているが，アミノ酸配列の位置関係は一定であり，保存された少数のアミノ酸が，特定の立体構造に寄与している。一般的にアミノ酸配列が25%以上保存されていれば，ドメインの立体構造も保存されていることがわかっている。

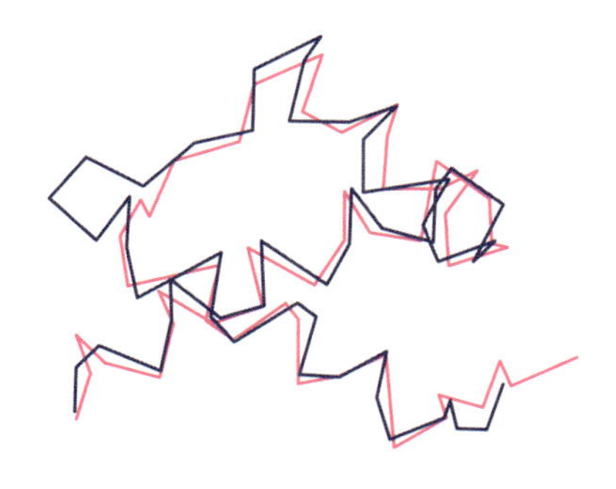

図 2·19　**α2 とエングレイルドのホメオドメインの炭素の位置を線で結んだ立体図**
α2（黒），エングレイルド（赤）。保存されているアミノ酸を網掛けで表している。（文献 0-1 を参考に作図）

2.4.7　タンパク質は自律的に複合体を形成する

タンパク質の多くは，同一タンパク質と，あるいは他のタンパク質と結合して複合体を形成する。複合体の個々の構成要素を**サブユニット**といい，100 種類ものタンパク質から構成される複合体もある。

タンパク質はいつも決まったタンパク質と結合するわけではなく，多くの種類のタンパク質と自律的にさまざまな複合体をつくる。複合体をつくることで，多数の機能ドメインが集まり，サブユニットの種類と数が変わることで，多様な機能をもつ複合体が構成される。

サブユニットが結合して複合体を形成する力は，多くの場合，ファン・デル・ワールス結合と水素結合による。これらの結合力はそれほど強くなく，常に結合と解離を繰り返しており，タンパク質の種類と密度によって形成される複合体が異なる（図 2·6）。

コラム 2.6　自律的に複合体をつくるタンパク質

異なる遺伝子のタンパク質が，リボソームでつくられると，タンパク質は自律的に複合体を形成し，細胞小器官や細胞までつくりあげる。

生物がサブユニットからなる複合体を進化させてきた理由として，「さまざまな機能ドメインをもつサブユニットが一堂に会することで，複雑な作業が効率よく行え，構成員を換えることにより，異なる機能をもつことができる」ということが考えられる。1 本のポリペプチドの中に複数のドメインをもつよりも，解離・再集合が容易にできるため，状況に合わせて機能ユニットを構築できる。巨大企業ではなく，小さなベンチャー企業を，状況に合わせてグループ化し，再編成する最新のビジネス戦略とも似ている。

1 本のポリペプチドですべての機能をまかなうには，長大な分子が必要になる。その結果，合成過程で変異が入る危険性が増加し，多数の機能しない分子ができる可能性がある。サブユニットとして機能を分担すれば，たとえ欠陥サブユニットができたとしても，組立ての工程で排除することが可能になる。

2.4.8　情報の伝達にはタンパク質の立体構造の変化がかかわる

タンパク質は，他のタンパク質やDNAと結合すると立体構造が変化し，元の構造とは異なる一定の立体構造になる。また，ホルモンや神経伝達物質などの低分子のリガンドや，ATPと結合すると，立体構造が変化するタンパク質もある。結合は，いずれも相補的立体構造がかかわっており，特異的である。Na^+ポンプやモータータンパク質は，ATPのエネルギーにより生じたダイナミックな立体構造の変化により物質を運搬する（図2·20）。

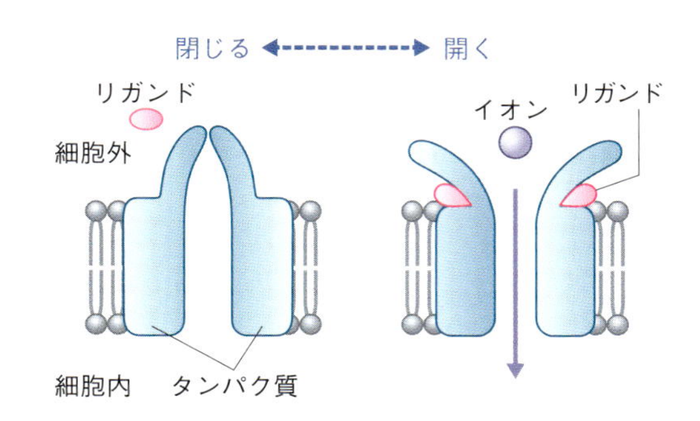

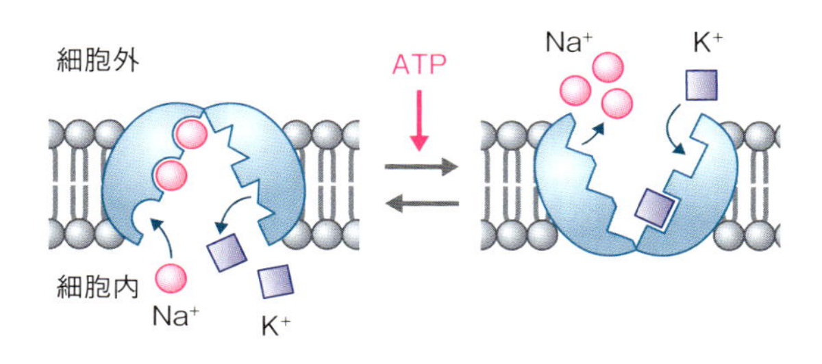

図2·20　タンパク質の立体構造の変化

タンパク質の情報の認識と情報伝達は，認識される分子と認識するタンパク質の相補的結合に始まる。相補的に結合したタンパク質は立体構造が変化し，変化した立体構造を別のタンパク質が認識して結合する。この認識とタンパク質の立体構造の変化が連鎖的に起こることにより情報が伝えられ，遺伝子の発現が調節されたり，細胞骨格が変化して細胞の形が変わったりして，細胞が応答する。

タンパク質はリン酸化によっても，立体構造が変化し，活性化するなど機能が変化する。特定のタンパク質をリン酸化する酵素を**キナーゼ**という。キナーゼによってリン酸化されると，リン酸化された部域に強い負電荷がもたらされることにより，立体構造が変化する（図2·21）[2-2]。キナーゼによる情報伝達は細胞内シグナル伝達系（☞図10·1）で見られる。

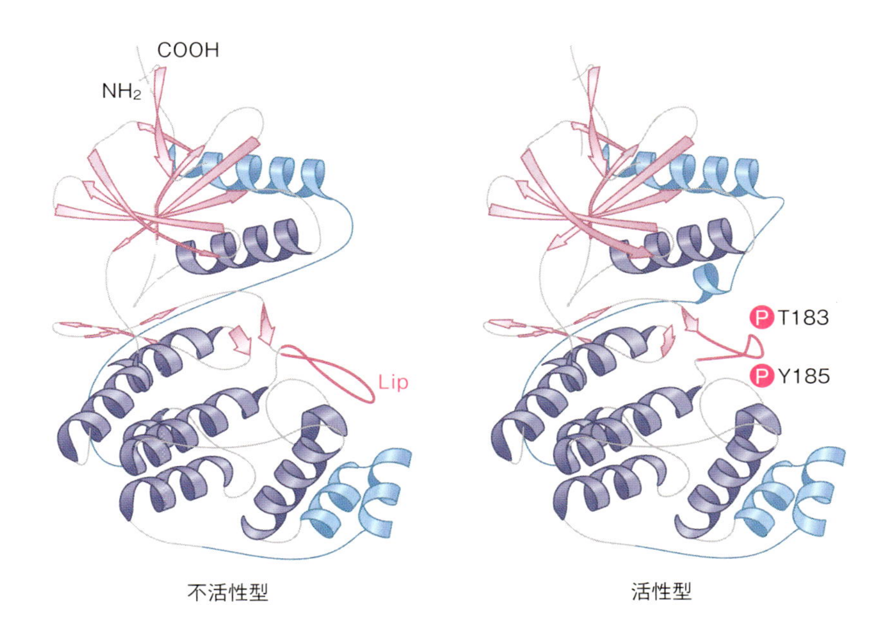

図 2·21　リン酸化による MAP キナーゼの立体構造変化と活性化[2-2]
MAP キナーゼに保存されている Lip とよばれる Thr-X-Tyr がリン酸化されることにより，立体構造が変化して活性化する。MAP キナーゼ（mitogen-activated protein kinase）：分裂促進因子活性化タンパク質キナーゼ。

3章　遺伝情報の複製機構

生物の最も基本的で重要な特徴は自己複製である。細胞は分裂によって，もとと同じ2個の細胞になり，個体は，自分と同じ種の子孫を残す。その基本は遺伝情報を担うDNAの複製である。遺伝情報の複製を間違えれば，遺伝子の機能を失う可能性があり，生命活動に支障を起こしかねない。生物はどのようにして間違いなく遺伝情報を伝えていくのだろうか。

細胞がDNAを複製する時期を**S期**（synthesis phase）といい，S期を経て細胞分裂して母細胞と同じ2個の**娘細胞**になる。

DNA 2本鎖のそれぞれの鎖は，鋳物と鋳型の関係にたとえることができる。DNAの2本鎖が2つに別れ，それぞれの鎖を鋳型にして新しいDNA 2本鎖が合成される。新たにできた2本鎖は，古い鎖と新しい鎖からなるので**半保存的複製**とよばれる。

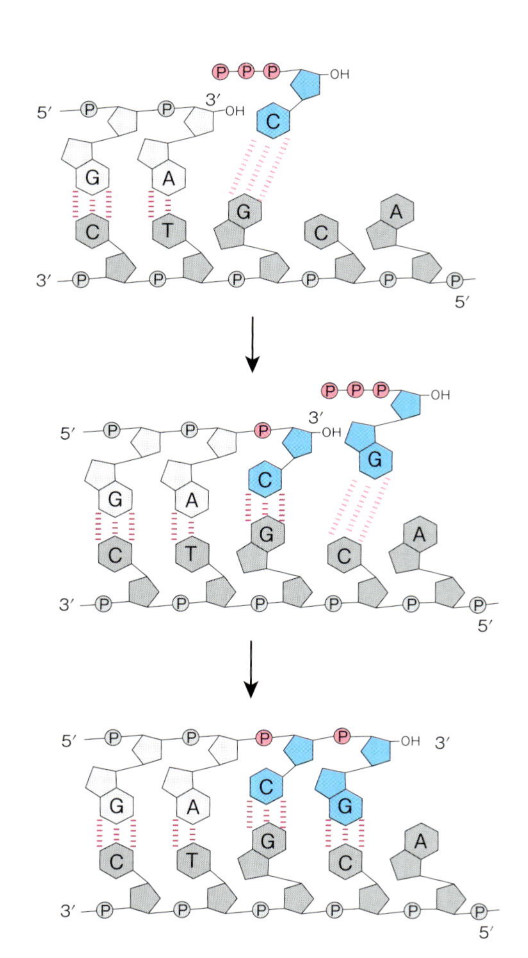

図3·1　DNAポリメラーゼによる合成反応

3.1　DNAポリメラーゼ

DNAの合成は，**DNAポリメラーゼ**とよばれる酵素が行う。DNAポリメラーゼは1本鎖DNAを鋳型として，デオキシリボヌクレオシド三リン酸（dATP，dGTP，dCTP，dTTP）を基質に，相補するデオキシリボヌクレオチドを5′→3′方向に連結する。これらのデオキシリボヌクレオシド三リン酸をまとめて，dNTPと表す。DNA合成反応ではdNTPの高エネルギーリン酸結合のエネルギーが使われる（図3·1）

大腸菌のDNAポリメラーゼにはⅠ，Ⅱ，Ⅲ，Ⅳ，Ⅴがあり，DNAポリメラーゼⅠとⅢがDNA複製に，Ⅱ，Ⅳ，ⅤはDNA修復にかかわる。

真核生物のDNAポリメラーゼにはα，β，γ，δ，ε，η，ι，κ，1，ζがある。DNAポリメラーゼα，δ，εはDNA複製にかかわり，DNAポリメラーゼβはDNA修復，γはミトコンドリアDNAの複製，η，ι，κ，1，ζは損傷乗り越え複製にかかわる（表3·1）。

表3·1 DNAポリメラーゼ

機能		エキソヌクレアーゼ活性 3′→5′	エキソヌクレアーゼ活性 5′→3′
細菌のDNAポリメラーゼ			
DNAポリメラーゼⅠ	DNA修復と複製	+	+
DNAポリメラーゼⅡ	DNA修復	+	−
DNAポリメラーゼⅢ	DNA複製	+	−
真核生物のDNAポリメラーゼ			
DNAポリメラーゼα	ラギング鎖におけるRNAプライマー合成	−	−
DNAポリメラーゼβ	DNA修復	−	−
DNAポリメラーゼγ	ミトコンドリアDNAの複製	+	−
DNAポリメラーゼδ	ラギング鎖の合成	+	−
DNAポリメラーゼε	リーディング鎖の合成	+	−

3.2 プライマー

DNAポリメラーゼは，1本鎖DNAとdNTPがあっても，DNA合成を開始することができない。DNAポリメラーゼは，鋳型となる1本鎖DNAと相補的に結合しているオリゴヌクレオチド，またはポリヌクレオチドがあれば，その3′末端にヌクレオチドを付加することができる。

DNA複製は，**プライマー**とよばれる短いRNAが，1本鎖DNAを鋳型にして合成されることで開始される。大腸菌では，プライマーはDNAプライマーゼによって合成され，プライマーRNAの3′-OH末端にDNAポリメラーゼⅢがデオキシリボヌクレオチドを付加していく（図3·2）。

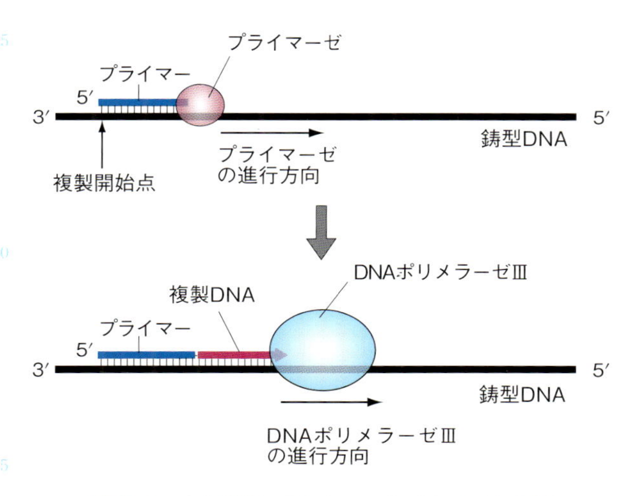

図3·2 大腸菌のプライマー合成とDNA複製

真核生物ではDNAポリメラーゼαの4個のサブユニットの2個がプライマーゼ活性にかかわっている。DNAポリメラーゼαがプライマーRNAを合成すると，さらにDNAポリメラーゼαが，その3′末端に20塩基ほどDNAを合成する。引き続き，その3′末端に，DNAポリメラーゼαに代わってラギング鎖（☞3.4節）ではDNAポリメラーゼδが，リーディング鎖ではDNAポリメラーゼεがデオキシリボヌクレオチドを付加する[3-1]。

3.3　複製フォークとDNA 2本鎖を巻き戻すヘリカーゼ

DNA複製は，DNA 2本鎖が1本鎖に解離して，それぞれの鎖が鋳型になることから始まる。DNA 2本鎖は**ヘリカーゼ**とよばれる酵素によって1本鎖に解離される（図3·3）。大腸菌のヘリカーゼは1秒間に約1000塩基対もの速さでDNA鎖を開く。2本鎖が，2本の1本鎖に解離している点は，その形状から**複製フォーク**とよばれる。複製フォークでは，ヘリカーゼがATPのエネルギーを使って二重らせんをなすDNA 2本鎖を巻き戻し，1本鎖に開裂させる。

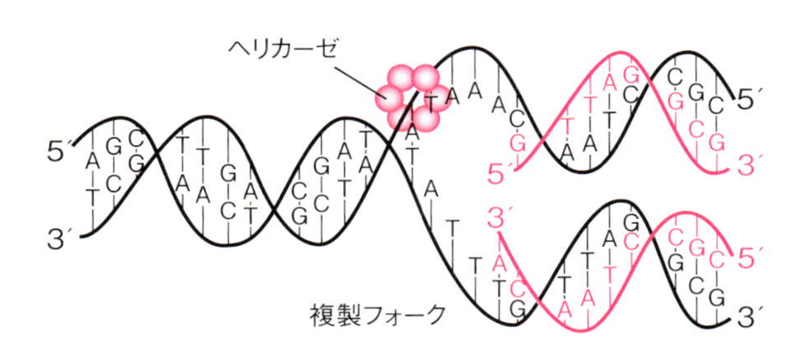

図3·3　大腸菌のヘリカーゼと複製フォーク

大腸菌が属す細菌（真正細菌）のヘリカーゼは**DnaB**とよばれ，ラギング鎖（☞図3·4）の鋳型となる鎖の5′→3′方向に進行する。一方，真核生物とアーキア（古細菌）のヘリカーゼは**Mcm**とよばれ（☞参考3.6），リーディング鎖の鋳型となる鎖を3′→5′方向に進行する。

3.4　不連続的複製

複製フォークでは，ヘリカーゼのはたらきで2本に別れたDNA鎖を鋳型に，5′→3′と，3′→5′の両方向にDNA合成の反応が進み，それぞれ複製されるように見える（図3·3）。しかし，DNAポリメラーゼは5′→3′の方向にしか鎖を伸長させることができない。ではどのようにすれば3′→5′への合成ができるのだろうか。

2本の鎖のうち，複製フォークの進行方向に向かって3′→5′の鎖を鋳型に合成される鎖を**リーディング鎖**といい，5′→3′の鎖を鋳型に合成される鎖を**ラギング鎖**とよぶ（図3·4）。

リーディング鎖の合成では，DNA 2本鎖が1本鎖に開かれるのにともなって，DNAポリメラーゼが5′→3′方向に連続して鎖を伸長させる。一方，ラギング鎖を合成する場合は，複製フォークでDNAが1本鎖に開かれると同時に，少しずつ（原核生物の大腸菌では約1000塩基，真核生物では

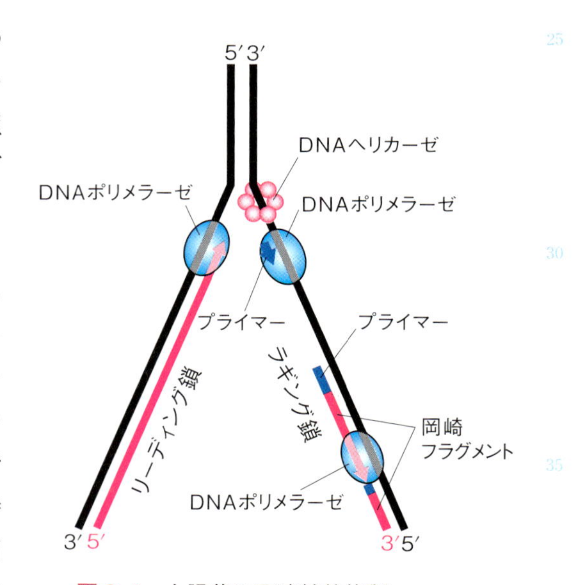

図3·4　大腸菌の不連続的複製

約 100 ～ 200 塩基），不連続に 5′ → 3′ 方向に鎖を伸長させ，最後に鎖を連結する。この短い鎖を，発見者の名前にちなんで**岡崎フラグメント**という。

大腸菌では，リーディング鎖，ラギング鎖とも DNA ポリメラーゼⅢが DNA 複製を行うが，ラギング鎖は短い間隔でプライマーの RNA があり，DNA ポリメラーゼⅢはプライマーに到達すると複製反応を停止する。ここで，DNA ポリメラーゼⅠに交代し，DNA ポリメラーゼⅠは 5′ → 3′ エキソヌクレアーゼ活性で（表 3･1）プライマーを分解しながら DNA を合成する。その結果，プライマー RNA が DNA に置き換えられ，最後に DNA リガーゼによって岡崎フラグメントがつながれる。

真核生物のリーディング鎖の複製は，DNA ポリメラーゼ α のプライマーゼサブユニットがプライマー RNA を合成することで始まる。DNA ポリメラーゼ α はプライマー RNA を合成した後，短い DNA を合成し，その 3′ 末端に DNA ポリメラーゼ ε がデオキシリボヌクレオチドを連続的に連結することにより新生鎖が伸長する。一方，ラギング鎖は，DNA ポリメラーゼ α が合成したプライマー RNA とそれに続く短い DNA 鎖の 3′ 末端に，DNA ポリメラーゼ δ がデオキシリボヌクレオチドを連結することにより，不連続的に伸長する（図 3･4）。なお，リーディング鎖の合成は，DNA ポリメラーゼ δ でも代替えが可能であるが，塩基配列に変異が生じる頻度が高くなることが知られている[3-2]。

真核生物の DNA ポリメラーゼは 5′ → 3′ エキソヌクレアーゼ活性をもたないが，エンドヌクレアーゼ FEN1（flap endonuclease 1）が DNA ポリメラーゼ δ と複合体を形成することでプライマー RNA を除去し，DNA に置き換える（図 3･5）。

DNA ポリメラーゼ δ がプライマーに到達すると，FEN1 が DNA ポリメラーゼ δ に結合し，プライマーと DNA ポリメラーゼ α が合成した短い DNA 鎖も除去する。同時に，DNA ポリメラーゼ δ が，5′ 末端領域が除去された隣の岡崎フラグメントの直前まで DNA を合成し，最後に DNA リガーゼによって岡崎フラグメントが連結される。

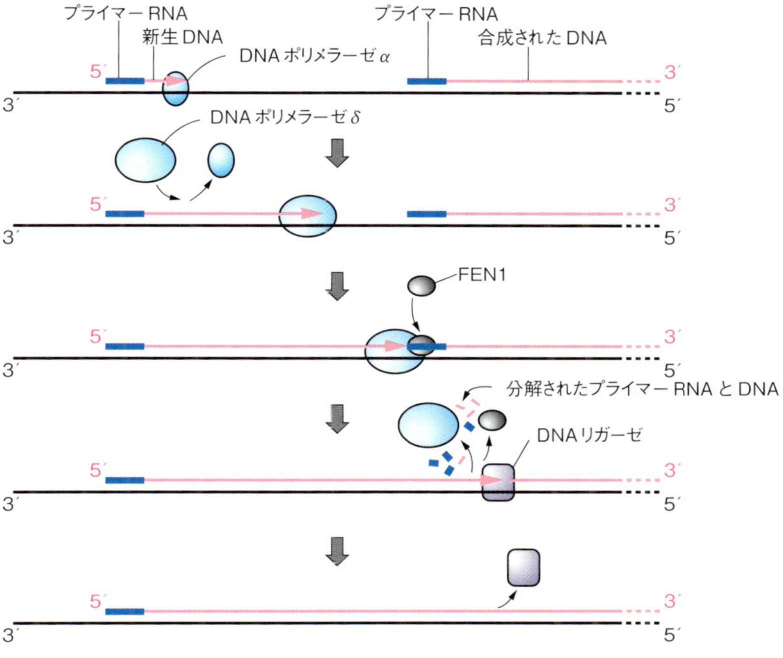

図 3･5　真核生物のプライマー合成と除去

DNA ポリメラーゼ α が合成した DNA まで，FEN 1 が除去するのは無駄なようにみえるが，DNA ポリメラーゼ α は校正機能（☞ 3.5 節）をもたないため，誤った塩基を連結している可能性がある。DNA ポリメラーゼ α が合成した DNA を除去し，校正機能をもつ DNA ポリメラーゼ δ が DNA 合成することにより，変異の可能性を低下させている。

3.5　DNA ポリメラーゼの校正機能

塩基対の相補性は単純であるため，DNA 複製の過程で間違ったヌクレオチドを連結する確率は低いが，それでも 10^5 塩基に 1 か所の確率で間違ったヌクレオチドをつなぐ。しかし，DNA ポリメラーゼは誤ったヌクレオチドを付加したことを認識し，除去して正しいリボヌクレオチドに置き換える**校正機能**をもつ。DNA ポリメラーゼが合成したポリヌクレオチドは，次のヌクレオチドの付加反

参考 3.1　複製フォークの 1 本鎖 DNA 結合タンパク質

複製フォークでは，DNA がヘリカーゼによって解かれ，ラギング鎖の鋳型となる DNA は 1 本鎖になっている。1 本鎖 DNA は，鎖内で容易に相補的に結合してヘアピン構造を形成する。ヘアピン構造は DNA ポリメラーゼの合成反応を妨げる。大腸菌では，1 本鎖 DNA 結合タンパク質 **SSB**（single strand DNA binding protein），真核生物では複製タンパク質 **RPA**（replication protein A）が，ほどかれた 1 本鎖に結合し，ヘアピン構造の形成を抑制して DNA 複製を円滑に進行させる（図 3·6）[3-4]。DNA が複製され，2 本鎖になるとこれらのタンパク質は解離する。

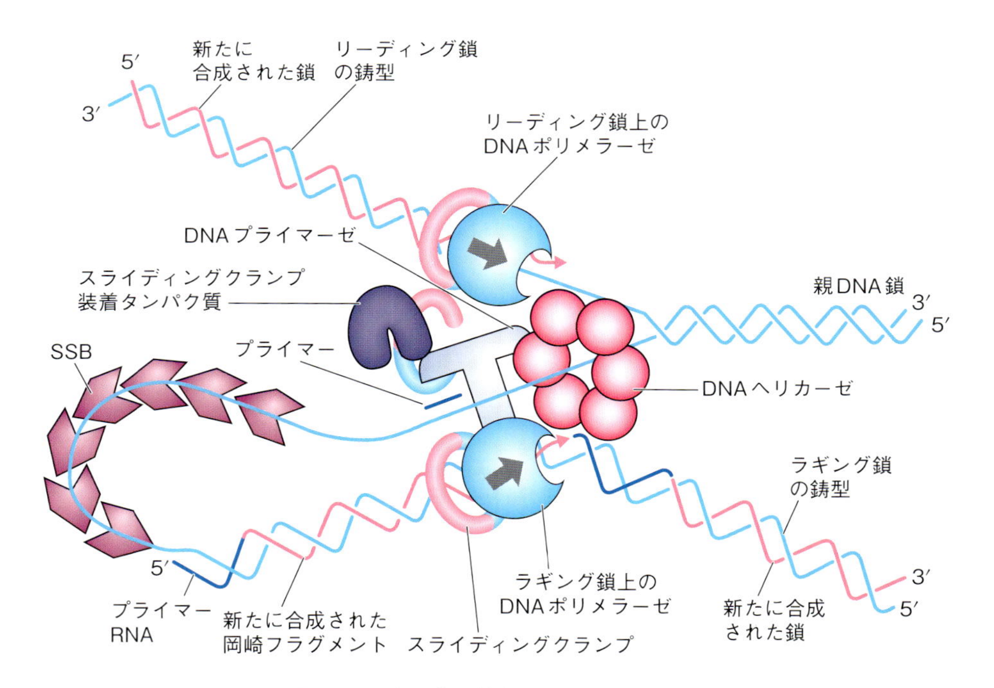

図 3·6　大腸菌の複製フォークの構成
（文献 0-1 を参考に作図）

参考 3.2　DNA 複製している細胞の識別

複製フォークでは，スライディングクランプ（sliding clamp）とよばれるタンパク質が，DNA ポリメラーゼを複製フォークにつなぎとめている（図 3·6）。真核生物ではスライディングクランプは **PCNA**（proliferating cell nuclear antigen）とよばれており，PCNA は複製フォークが形成されているときだけ存在するため，DNA 複製している細胞の識別に利用される。識別は抗 PCNA 抗体を用いる。また，チミジンのアナログの BrdU（5-bromo-2′-deoxyuridine）でパルス標識し（短時間取り込ませる），抗 BrdU 抗体で識別する方法もある。

応のプライマーとしてはたらく。プライマーは 3′ 末端の塩基対が正しく相補的でなければ機能しないため，誤ったヌクレオチドが連結されると DNA 合成が停止する（図 3·7）。

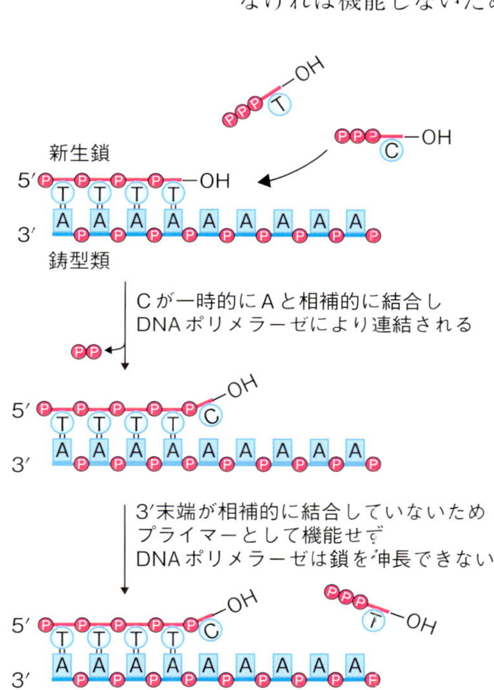

図 3·7　DNA ポリメラーゼによる校正反応

相補的でない塩基対は DNA 二重らせんに歪みを生じさせ，その歪みが DNA ポリメラーゼの立体構造を変化させ，DNA ポリメラーゼは 3′→5′ エキソヌクレアーゼ活性をもつようになる[3-3]。このエキソヌクレアーゼ活性により，誤ったヌクレオチドを除去すると，ポリヌクレオチド鎖の 3′ 末端はプライマー機能を取り戻す。また，歪みがなくなるとエキソヌクレアーゼ活性は消失して，DNA ポリメラーゼ活性を取り戻し，DNA 合成が再開される。この校正機能により，DNA 複製の誤りの頻度はさらに 1/100 に低下する。

3.6　DNA ミスマッチ修復

DNA ポリメラーゼの校正機能により，誤ったヌクレオチドが連結される可能性は大きく低下する。しかし，それでも誤りは 10^7 塩基に 1 か所の確率で生じる。誤ったヌクレオチドが連結されると，誤ったヌクレオチドを特異的に除去して修復するしくみがある。これを**ミスマッチ修復系**（MMR：mismatch repair）という。相補的でない塩基対のどちらが誤りであるかを，どのように認識するのだろうか。

大腸菌では，DNA が複製されると **Dam**（DNA アデニンメチルトランスフェラーゼ）とよばれる酵素がはたらき，新生 DNA 鎖の GATC の A がメチル化される。完全にメチル化されるまでに約 15 分かかり，この間は，新生 DNA 鎖はメチル

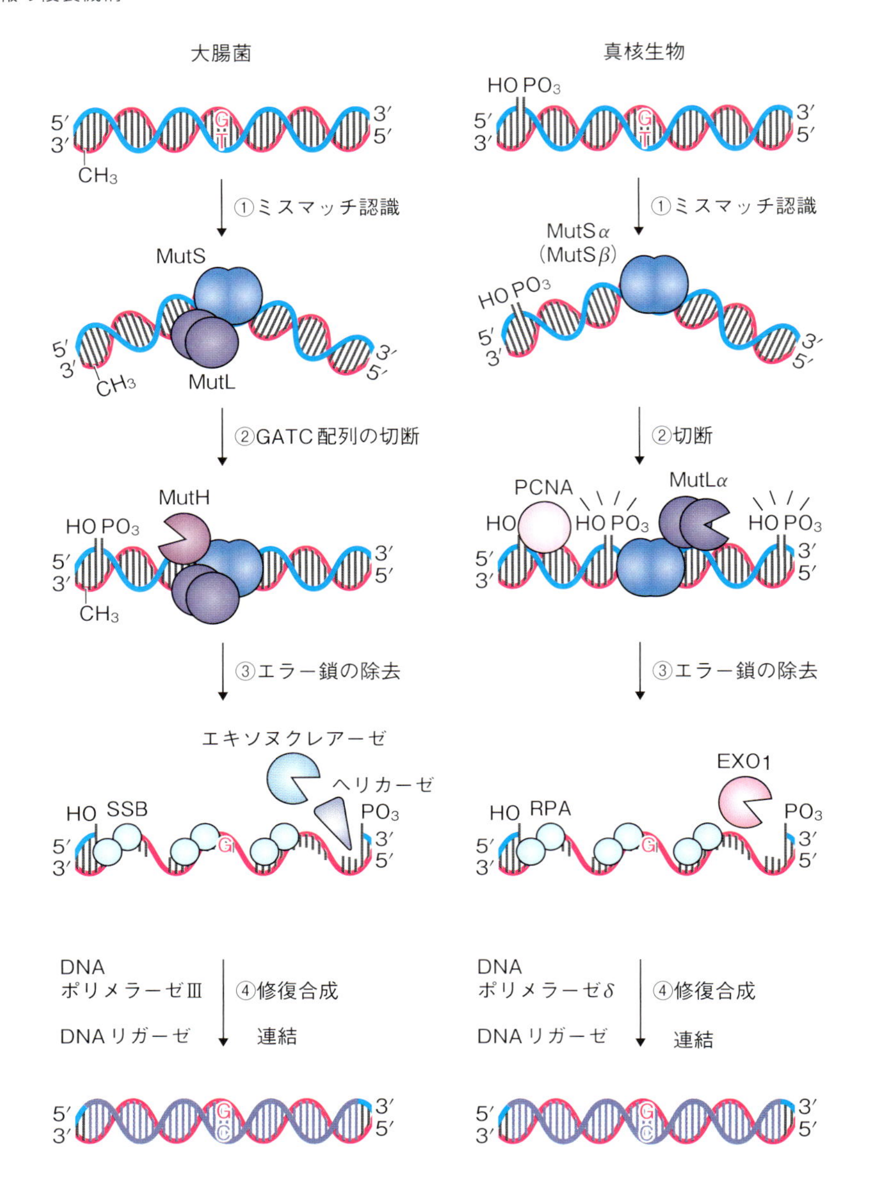

図3·8　ミスマッチ修復系

大腸菌では，①ミスマッチをMutSが認識し結合すると，MutLがMutSに結合しMutS-MutL複合体がミスマッチ塩基対上に形成される。次に，②エンドヌクレアーゼのMutHがMutS-MutL複合体のMutLに結合して活性化する。MutS-MutL-MutHのMutHはメチル化されていないGATCを切断するため，ミスマッチがある新生DNA鎖のみが切断されることになる。③切断された部分にヘリカーゼが入り込み，新生鎖を鋳型鎖から解離させ，エキソヌクレアーゼが新生鎖を分解する。④誤ったヌクレオチドが除去されると，切断された新生鎖の3′末端をプライマーとして，DNAポリメラーゼⅢがDNAを合成し，DNAリガーゼが連結して修復が完了する[3-5]。

ヒトでは，①MutSがミスマッチ塩基対を認識して結合することから修復が始まる。②次に，ミスマッチ塩基対に結合したMutSに不活性型のエンドヌクレアーゼMutLが結合する。新生鎖の識別シグナルとして，リーディング鎖，ラギング鎖ともに，その3′末端をPCNAが認識し，MutLにその情報を伝えるとMutLが活性化して，新生鎖を切断する。③エキソヌクレアーゼEXO_1が新生鎖を除去して，④DNAポリメラーゼδがDNAを合成してギャップを埋めると考えられているが，情報伝達の機構は明らかになっていない[3-6]。（生化学，**87**(2), pp.212-217（2015）より改変）

表3·2　複製の誤りを修正するしくみ

複製と修復機構	誤りの頻度	修復による誤りの低下率
DNAポリメラーゼ5′→3′合成反応	$1/10^5$	
3′→5′エキソヌクレアーゼ校正反応		$1/10^2$
ミスマッチ修復系		$1/10^3$
全体	$1/10^{10}$	

化されていないため，メチル化の有無で鋳型鎖か新生鎖かが識別される。ミスマッチ塩基を含む新生鎖の一部が除去され，新たに鋳型鎖と相補的なDNAが合成されて，修復が完了する。ミスマッチ修復系により，DNA複製による誤りは，さらに1/100から1/1000に低下する（図3・8）。

3.7　DNAのねじれの解消

複製フォークでは，ヘリカーゼのはたらきでDNA二重らせんが巻き戻され1本鎖に解離する。二重らせんは10塩基に1回，回転しているので，複製フォークの進行にともない，DNAが回転し，強いねじれが蓄積されるはずである（図3·9）。これを解消するのが**トポイソメラーゼ**である。トポイソメラーゼは，DNAを切断し，ねじれの張力を解消して再びDNAを結合するはたらきがある。

トポイソメラーゼには，DNA 2本鎖の片方の鎖を切断し，切れ目から反対の鎖を通して，再び鎖をつなぐI型と，両方の鎖を切断し，切れ目から別のDNA2本鎖を通過させて，再び鎖をつなぐII型がある。トポイソメラーゼIは主にDNA複製や転写で生じるねじれを解消し，トポイソメラーゼIIは絡み合ったDNA2本鎖をほどく働きがある。

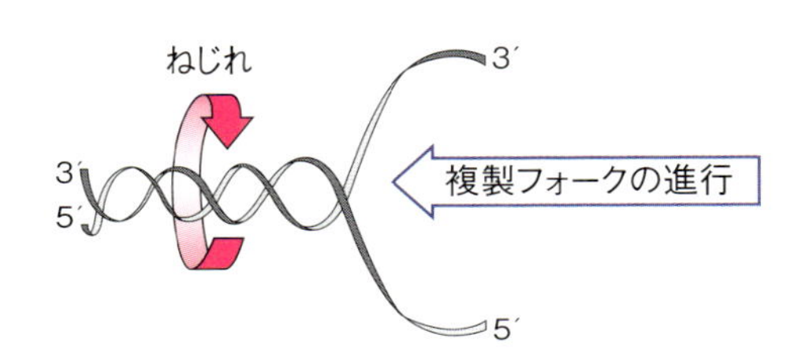

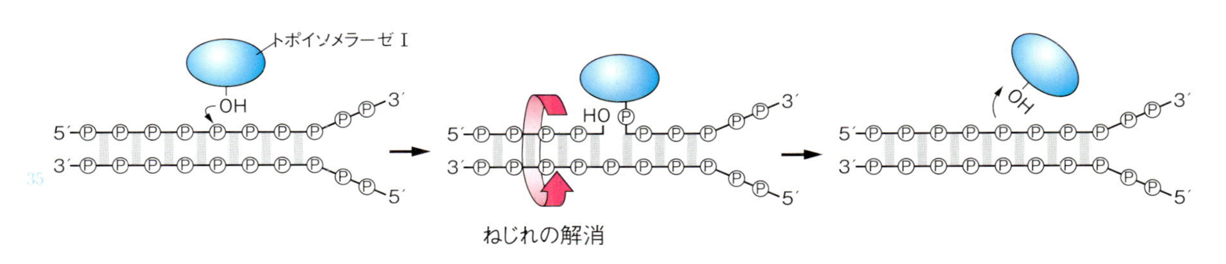

図3·9　トポイソメラーゼIによるねじれの解消

参考 3.3　トポイソメラーゼ活性のエネルギー源

トポイソメラーゼⅠは，DNA 2 本鎖の片方の鎖を切断すると，そこで生じたエネルギーをトポイソメラーゼⅠの分子内に蓄え，そのエネルギーで DNA を再結合させる。したがって，トポイソメラーゼⅠがはたらく過程では ATP を消費しない。トポイソメラーゼⅡは，DNA 2 本鎖の切断，交差の解消，再結合の過程に，トポイソメラーゼⅡの分子内に蓄えられていたエネルギーを利用する。DNA の交差を解消したトポイソメラーゼⅡは，ATP を加水分解することで元のトポイソメラーゼⅡに戻る。

3.8　DNA 複製の開始

複製が開始されるところを**複製起点**といい，ウイルスや細菌の DNA の複製はゲノム上の特定の 1 か所から始まる。真核生物では染色体 DNA に複数の複製起点があり，出芽酵母では約 400 か所ある。複製起点からは両方向に複製フォークが形成され，複製は両方向に進む（図 3·10）。

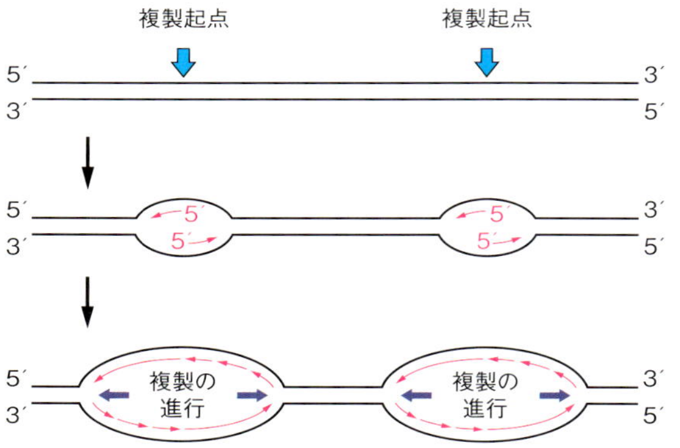

図 3·10　両方向に進む DNA 複製

大腸菌の複製起点は *oriC* とよばれ，245 塩基の中に Dna ボックスとよばれる繰り返し配列（5′ -TTATNCACA-3′：N は任意の塩基）が 5 か所に点在し，その隣に AT リッチな 13 塩基の縦列反復配列（5′ -GATCTNTTNTTTT-3′）が存在する（図 3·11）。

複製が開始されるときには，複製開始タンパク質 DnaA が Dna ボックスに結合し，さらに DnaA タンパク質どうしが結合して，樽状の複合体を形成する。DnaA 複合体に DNA が巻き付くと，DNA にねじれが生じる。

すぐ隣にある 13 塩基の縦列反復配列は AT リッチなため，ほどけやすく，ねじれの力により 1 本鎖に解離する。次に，解離した 1 本鎖 DNA に DnaB/DnaC 複合体が結合し，DnaB のヘリカーゼ活性により DNA 二重らせんが解かれる。ここにプライマーゼの DnaG や DNA ポリメラーゼが入り込み，リーディング鎖の合成が開始され，続いてラギング鎖の合成が開始されて複製フォークが両方向に進む。DnaC は DnaB を複製フォークに装着するはたらきがあり，装着後に離脱する[3-7, 3-8]。

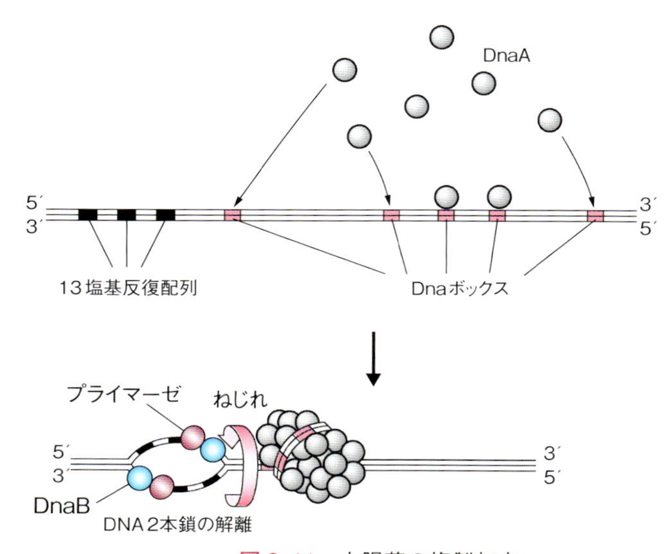

図 3·11　大腸菌の複製起点

参考 3.4　大腸菌複製起点の機能制御

1 回の細胞周期で，複製起点が複数回はたらくと DNA 量が余分になり，分裂して生じた細胞に同じ量の遺伝情報を分配できなくなる。培養温度 37℃で対数増殖期の大腸菌の細胞周期は約 60 分であり，DNA 合成期は約 40 分である。大腸菌の複製起点の制御には DNA のメチル化がかかわる。大腸菌では DNA が複製されると Dam により，複製起点以外は GATC の A が速やかにメチル化される。複製起点の GATC は何らかのしくみでメチル化が抑制されており，完全にメチル化されるまでに約 40 分間かかる。この間は複製起点の新生鎖はメチル化されていない。片側だけメチル化されている複製起点には，複製開始阻害タンパク質 SeqA が結合するため，複製起点は機能しない。複製起点の両鎖がメチル化されると SeqA が離脱し，DNA 複製を開始できるようになる（図 3･12）。

両鎖ともメチル化
された複製起点は
複製開始可能

片側の鎖がメチル化
された複製起点では
複製開始しない

SeqA
SeqA

図 3･12　大腸菌の複製起点の機能制御

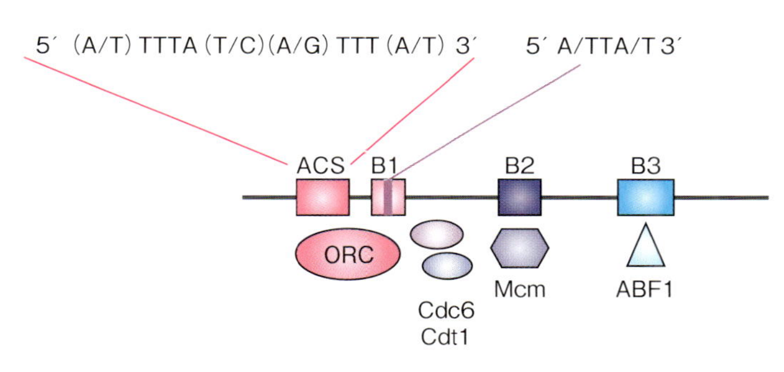

図 3･13　出芽酵母の複製起点の構造と結合因子[3-14]

参考 3.5　真核生物の複製起点

出芽酵母の複製起点には ACS（autonomous consensus sequence）とよばれる共通配列があり，複製起点認識複合体 ORC（origin recognition complex）が結合する。また，複製起点は AT リッチでほどけやすい性質がある[3-9]。ACS に隣接する B ドメインの B1 は ORC の結合にかかわる。B2 にはヘリカーゼの Mcm が結合し，B3 にはクロマチン構造を変えるはたらきをもつ ABF1 が結合する（図 3･13）[3-10]。

参考 3.6　出芽酵母の複製開始機構

G_1 期に，ACS に ORC が結合すると，ヘリカーゼの Mcm が 2 個，反対向きに装着され，複製前複合体となり，DNA 複製開始の準備が整う。次に，DDK（Dbf4-dependent kinase）と S-Cdk（S 期 cyclin dependent kinase ☞ 4.5 節）が，Mcm などの複製前複合体を構成するタンパク質をリン酸化すると，Mcm が活性化されて複製フォークが開かれ，DNA ポリメラーゼが装着されると DNA 複製が開始される。

複製が完了すると，ACS に ORC が結合するが，S-Cdk が ORC をリン酸化して，ORC の立体構造を変化させているため複製を開始しない[3-11, 3-12]。これが，複製起点は 1 回の細胞周期で 1 回だけはたらくしくみである（図 3･14）。

M 期の中期 - 後期遷移期になると，APC/C（☞ 図 4･3，図 4･6）が活性化され，M- サイクリンが分解され，Cdk が不活性化されるため，ORC のリン酸化が起こらなくなり，さらに，ホスファターゼにより ORC が脱リン酸化されて，DNA 複製の準備が始まる。酵母以外の真核生物では，複製起点に共通する塩基配列は見つかっていないが，酵母の ORC 複合体に似た ORC が複製起点に結合しており，よく似た機構で DNA 複製が開始されることがわかっている[3-13, 3-14]。

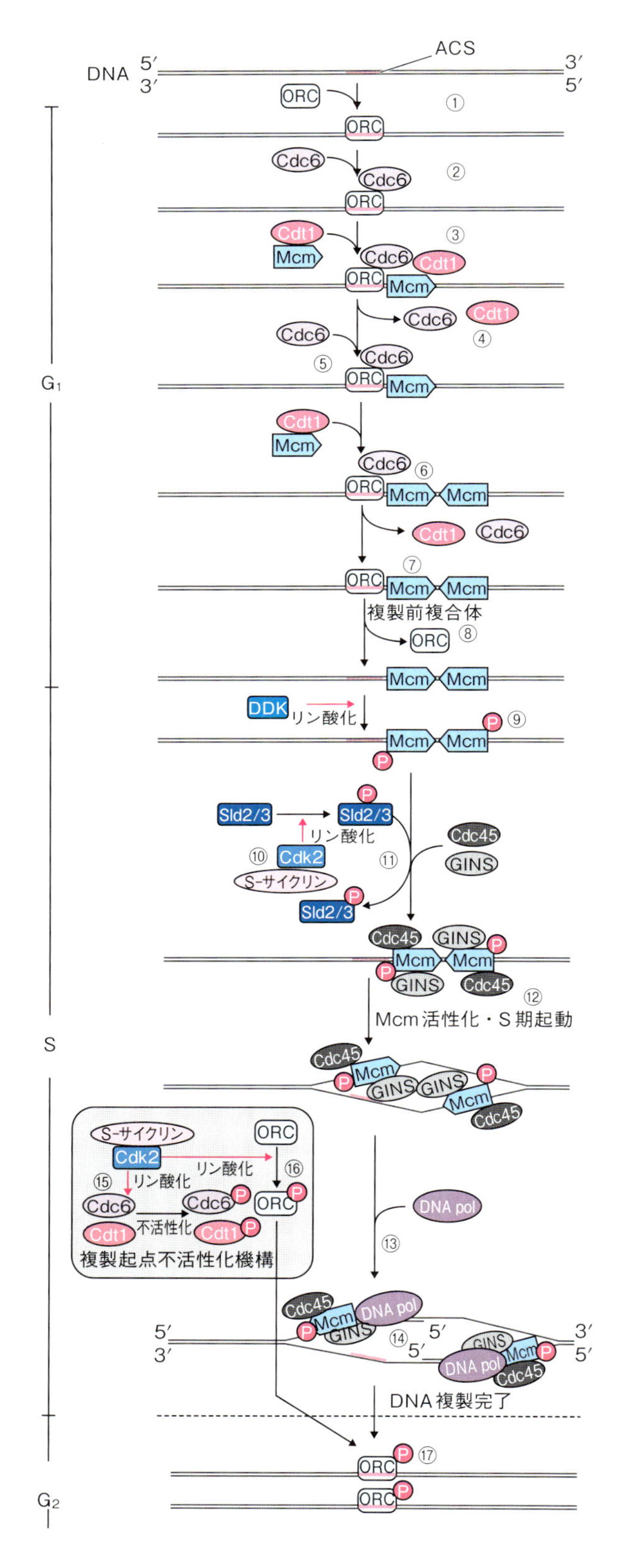

参考 3.7　クロマチンの状態によって異なる複製開始時期

ユークロマチンはＳ期の初期に複製が開始され，ヘテロクロマチンはＳ期の末期に複製される傾向にある。哺乳類の雌の不活性化されたＸ染色体もＳ期の後期に複製される。複製フォークが動く速度は，クロマチンの状態によって変わらない。

図 3·14　真核生物の DNA 複製開始機構 [3-17]

① DNA 複製開始前の G_1 期に，ORC が ACS に結合する。② ACS に結合した ORC に，Cdc6（cell division cycle 6）とよばれるタンパク質が結合すると，③ Mcm-Cdt1 複合体が ORC に結合する。Cdt1 は Cdc6 とともに，複製前複合体を形成させるライセンス化因子としてはたらく [3-15]。Mcm はヘリカーゼ活性をもつ [3-16]。④ Cdc6 と Cdt1 は，一旦複合体から離れるが，⑤再度はたらいて，⑥ 2 つめの Mcm を最初の Mcm と向い合せになるように複合体に結合させる。その結果，⑦複製前複合体が形成される。⑧ ORC は，S 期に入る前に ACS から外れる。この段階では Mcm は不活性であり，鎖が開かれることはない。⑨ S 期に入ると DDK が Mcm をリン酸化し，⑩ S-Cdk2 が複製開始タンパク質 Sld2，Sld3 をリン酸化する。⑪リン酸化された Sld2，Sld3 は，リン酸化 Mcm への Cdc45 と GINS の結合を促進する。⑫ Cdc45，GINS が Mcm に結合すると，Mcm が活性化されて DNA 2 本鎖が開裂する。⑬複製フォークに DNA ポリメラーゼが装着され，DNA 複製が開始される。なお，真核生物ではヘリカーゼ Mcm はリーディング鎖の鋳型鎖に沿って 3′ → 5′ 方向に進行する。⑭ DNA 複製はリーディング鎖から開始され，複製フォークが進行すると，続いてラギング鎖の複製が開始される。リーディング鎖では最初に DNA ポリメラーゼ α がプライマー RNA と約 20 塩基の DNA を合成した後，DNA ポリメラーゼ ε が連続して DNA 鎖を合成する。ラギング鎖ではプライマーと約 20 塩基の DNA に続いて，DNA ポリメラーゼ δ が不連続に DNA 鎖を合成する。なお，DNA ポリメラーゼ α が合成したリーディング鎖のプライマーと約 20 塩基の DNA は，複製起点と反対側のラギング鎖を複製した DNA ポリメラーゼ δ·FEN1 が除去する（☞表 3·1）（図 3·15）。⑮ S-Cdk は Cdt1 と Cdc6 をリン酸化し，不活性化させる。また，⑯ ORC をリン酸化して⑰ Cdc6 が結合できない構造にする。そのため，DNA 複製開始後に ORC が ACS に結合しても，複製起点としてはたらくことはない [3-17]。

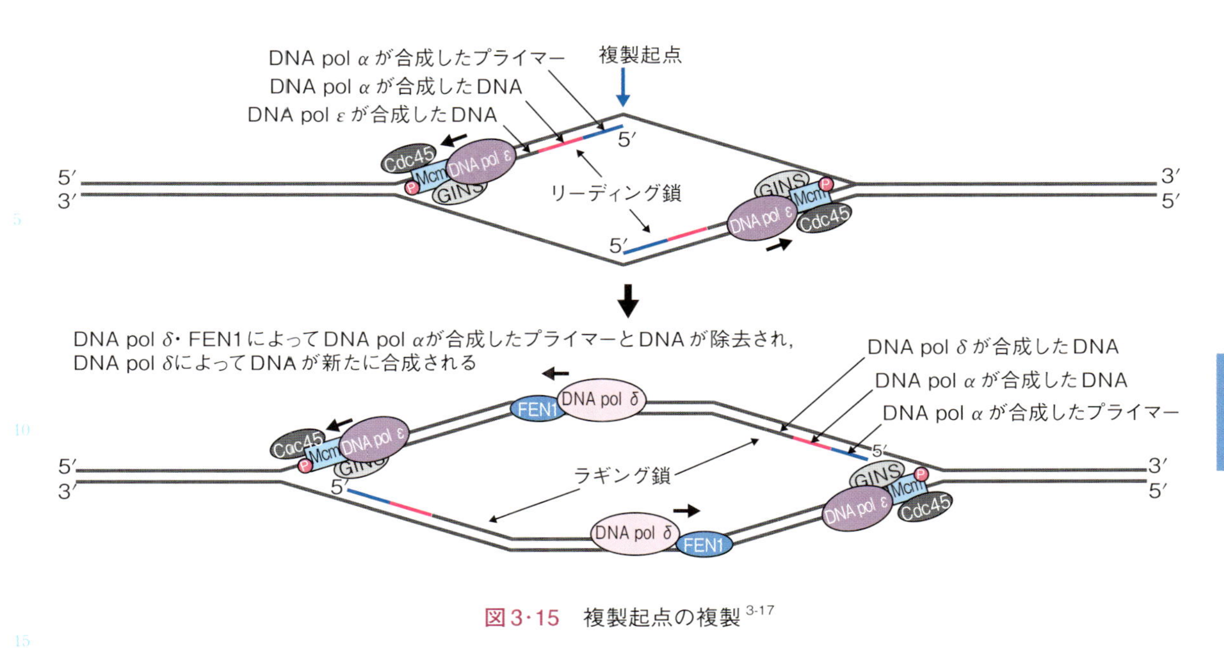

図3･15　複製起点の複製[3-17]

3.9　クロマチンの再構築

真核生物のDNAはヒストン八量体に巻き付いているが，複製フォークでは，ヒストン八量体はH3-H4四量体と2個のH2A-H2B二量体に分かれ，H3-H4四量体はDNAに弱く結合したまま，複製された2本のDNAにランダムに分配される。一方，H2A-H2B二量体はDNAから離れる。新たに合成されたH3-H4四量体は，隙間を埋めるように複製されたDNAに入り込み，新旧のH2A-H2B二量体は混在した状態で，複製されたDNAに結合してクロマチンが再構築される。複製されたDNAへのヒストンの結合には，NAP1とCAF1とよばれるヒストン・シャペロン（histone chaperone），別名クロマチン構築因子（chromatin assembly factor）がかかわる（図3･16）。

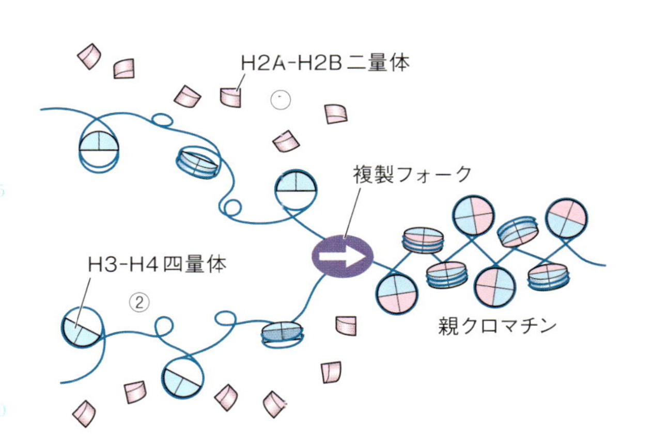

図3･16　クロマチンの再構築
①複製フォークが進むにつれ，DNAが巻き付いていたヒストン八量体のうち，H2A-H2B二量体はDNAから離れる。②H3-H4四量体はDNAに弱く結合したまま，複製された2本のDNAにランダムに分配される。③複製されたDNAにNAP-1が，ヌクレオソームごとに2個のH2A-H2B二量体を組み込み，④CAF-1がH3-H4四量体を組み込んで，クロマチンが再構築される。（文献0-1を参考に作図）

参考 3.8　ヒストン mRNA は S 期に転写される

ヒストンは他のタンパク質と異なり，主に S 期に転写され合成される。ヒストン mRNA の多くは 3′ 末端にポリ(A)をもたないため不安定であり，S 期が終わると数分間で分解される[3-18]。ヒストン自体は安定なため，娘細胞に引き継がれる。例外的に，ヒストンバリアントの H2A.X はポリ A が付加される[3-19]。

3.10　テロメアの修復

線状の DNA を複製する場合，ラギング鎖の 5′ 末端は複製されない。したがって，複製のたびに DNA が短くなる（図 3･17）。複製の最後の岡崎フラグメントのプライマーは，鋳型鎖の 3′ 末端に形成されるとは限らず，鋳型鎖の 3′ の最末端にプライマーが合成されたとしても，プライマーは RNA であり，新生鎖の 3′ 末端の RNA を DNA に置き換えることができない。1 本鎖 DNA または DNA・RNA ハイブリッドは削除されるため，ヒトの体細胞では，1 回の複製で 100 ～ 200 塩基対ずつ短くなる[3-20]。原核生物の DNA は環状のため，複製で短くなることはない。

真核生物の染色体 DNA の末端には，**テロメア**とよばれる繰り返し配列があり，ヒトでは，約 1000 個の 5′ -TTAGGG-3′ の繰り返しがある。無制限に分裂を繰り返す酵母や，単細胞のテトラヒメナはテロメアの長さを維持するしくみがある。ヒトでも生命の連続性にかかわる生殖細胞，細胞を補給するための幹細胞，分裂を繰り返すがん細胞はテロメアの長さを維持するしくみがある。これらの細胞は**テロメラーゼ**を発現しており，テロメラーゼは短くなった鋳型鎖の 3′ 末端を修復するはたらきがある。

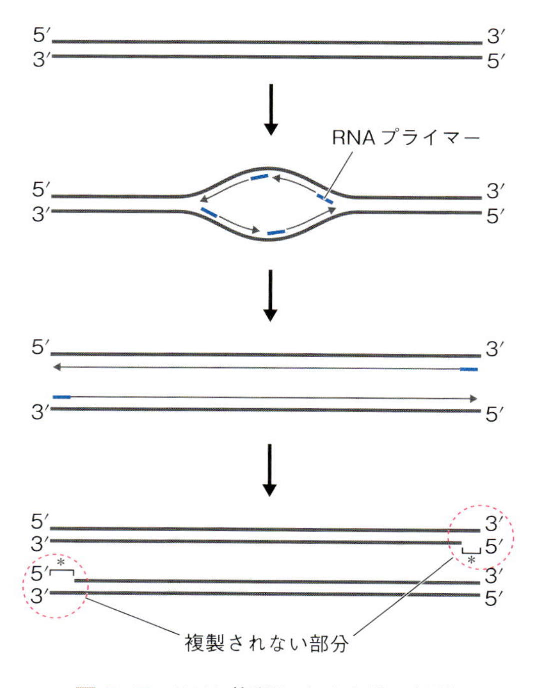

図 3･17　DNA 複製による末端の短縮

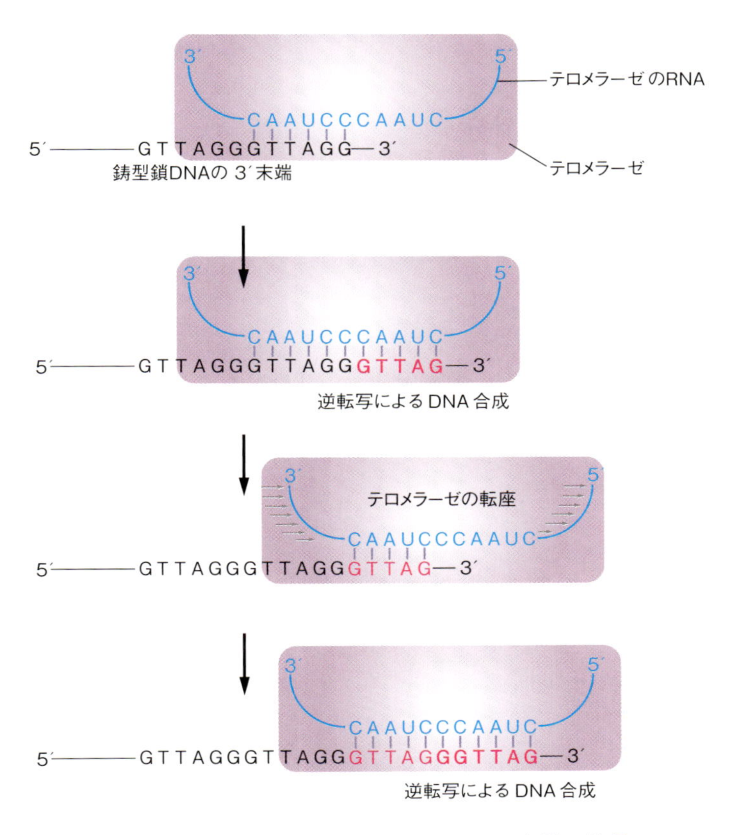

図 3·18　テロメラーゼによるテロメア 3′ 末端の伸長

テロメラーゼはテロメアの配列の鋳型となる RNA と，逆転写酵素の複合体である。ヒトのテロメラーゼは 451 塩基の RNA をもち，RNA の 5′ 末端にはテロメアの 5′-TTAGGG-3′ と相補する配列 5′-CUAACCCUAAC-3′ がある。

テロメラーゼがテロメアの 3′ 末端の 5′ -TTAGGG-3′ と相補的結合をすると，テロメラーゼの RNA が鋳型となり，逆転写によりテロメアの 3′ 末端が数塩基合成される。次に，テロメラーゼがテロメアの 3′ 側に数塩基移動し，再び逆転写によって DNA を合成する。これを繰り返すことで，鋳型鎖の 3′ 末端のテロメアを伸長させる（図 3·18）。

テロメアの 3′ 末端が十分に伸長すると，テロメアに DNA ポリメラーゼ α が結合し，プライマーと岡崎フラグメントを合成する。テロメラーゼのはたらきは，テロメア結合タンパク質 TBP（telomere binding protein）によって調節されており，テロメアは一定の長さに保たれる [3-21]。

3.11　発生の時期によって変わる DNA 複製速度

真核生物では，発生の時期や細胞の状態によって，ゲノム DNA の複製にかかる時間は，数分から数時間と大きな幅がある。ヒト由来の HeLa 細胞の S 期は約

8時間であるが，卵生の動物の発生の初期のDNA複製速度は驚くほど速い。たとえば，ヒトのゲノムサイズとほぼ同じアフリカツメガエルでも，卵割期初期のS期は約15分である[3-22]。DNAポリメラーゼ自体の複製速度を変えることができないのに，どのようにしてゲノムDNAの複製速度を変えることができるのだろうか。

電子顕微鏡で卵割期のDNAを観察すると，ゲノムDNA上の多くの箇所から複製フォークが形成されているように見える。卵割期のように細胞分裂がさかんな時期には複製起点がすべてはたらき，分化した細胞のようにゆっくり分裂する時期には，複製起点の一部だけが複製開始点となる（図3·19）。

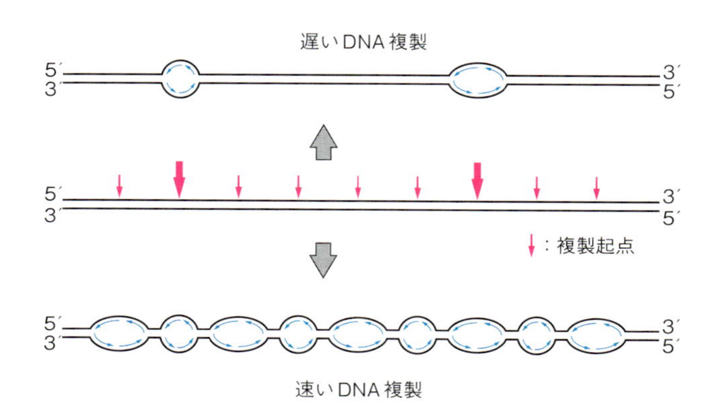

図3·19　DNA複製速度とはたらく複製起点の数

4章 細胞周期

細胞は成長と分裂を繰り返し，常に一定の大きさの細胞がつくられる。この繰り返しを**細胞周期**という（図4・1）。同じ細胞をつくるためには，遺伝情報の正確な複製ばかりでなく，染色体の分離や，細胞質の分配など，さまざまな過程が順序正しく，正確に行われなければならない。DNAが完全に複製される前に分離されたり，何本もある染色体のどれか1つが取り残されたりしても，遺伝情報を正確に分配することができない。また，十分な量の細胞質が確保されていなければ，細胞の機能に異常が生じる。

ここでは，真核生物について，細胞周期を回すしくみを学び，細胞周期の運行が正常であることをチェックする機構と，運行を後戻りさせない機構についてみていこう。

4.1　細胞周期の過程

細胞周期の中で，光学顕微鏡で染色体が見える有糸分裂と，それに続く細胞質分裂をまとめて**M期**（mitotic phase）といい，M期以外の時期を**間期**という。間期は細胞が成長するだけに見えるが，この時期にDNAが複製され，遺伝子が発現する。

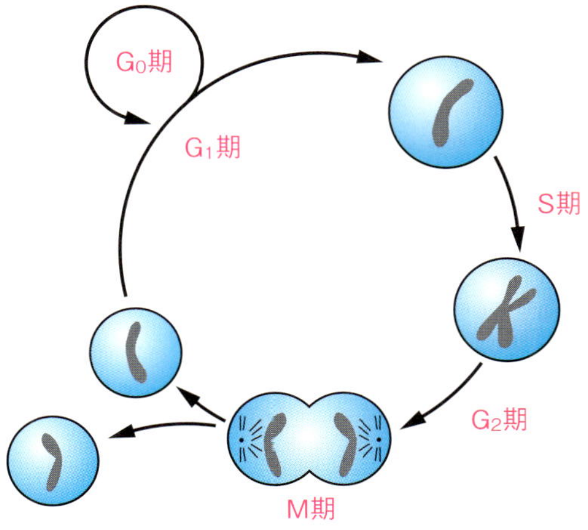

核のDNA複製は間期の特定の時期に行われ，これを**S期**（synthesis phase）という。また，M期→S期の間を**G_1期**（gap 1 phase）といい，S期→M期の間を**G_2期**（gap 2 phase）という（図4・1）。

増殖している細胞は細胞周期（G_1→S→G_2→M→）を繰り返している。分化した多くの細胞は，増殖を数日から数年間にわたって停止する。増殖能力を保ちながら細胞分裂を停止している状態を**G_0期**とよぶ。一方，動物の発生初期の卵割期は細胞周期が速く，卵生のゼブラフィッシュやアフリカツメガエルの卵割期初期にはG_1期，G_2期がない。

図4・1　細胞周期

4.2　細胞周期チェックポイント

真核生物には，遺伝情報の複製と分配に不都合があれば，ただちに細胞周期の運行を停止し，不都合が解消されるまで待つ精巧なしくみが備えられている（図4･2）。細胞が正常に細胞周期を進行させているかを監視（チェック）し，異常があれば細胞周期を停止させるしくみを**細胞周期チェックポイント**という。

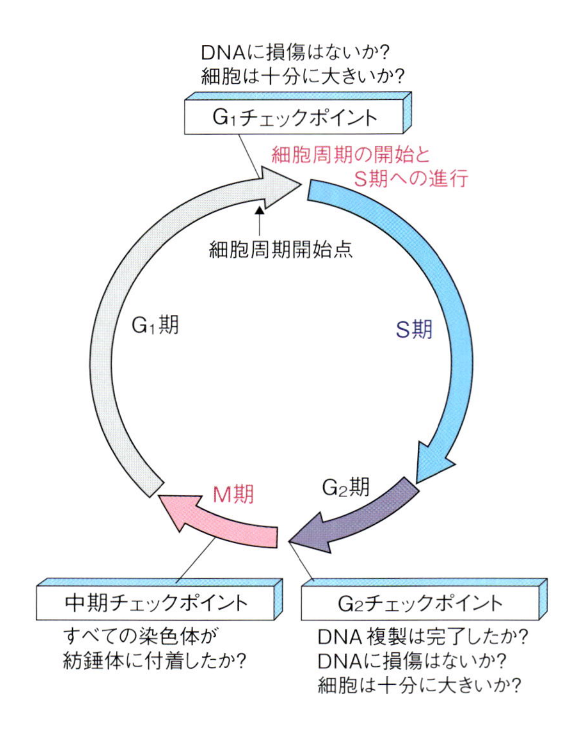

図4･2　細胞周期のチェックポイント

細胞周期が逆戻りしても，遺伝情報の正しい分配ができなくなる。細胞周期が正常に進行していることが確認されれば，進行を逆戻りさせないしくみも備えられている。細胞周期を後戻りさせないしくみには，正のフィードバックがかかわっている。

細胞周期の進行に異常が生じた場合，S期に入る前のG_1期と，M期に入る直前のG_2期，M期の中期-後期遷移点で止まることから，それぞれG_1チェックポイント，G_2チェックポイント，中期チェックポイントという[4-1]。G_1チェックポイントは細胞周期の開始点であり，細胞の大きさは十分か（細胞質が細胞分裂により半減しても，機能できるだけの量があるか），DNAに損傷はないかを確認しており，DNA複製を開始して細胞分裂に進むべきか否かの最終決定を行う。G_2チェックポイントでは，DNA複製が完全か，DNAに損傷はないか，細胞の大きさは十分かを確認しており，M期に進むか否かの最終決定を行う。中期チェックポイントでは，すべての染色体が紡錘体に付着しているかを確認している。チェックポイントで障害が検出された場合は，細胞周期をそこで一旦停止し，複製，成長または修復が完了するのを待って，細胞周期を再スタートさせる。

G_1チェックポイントとG_2チェックポイントの通過に中心的にかかわるのは**サイクリン依存キナーゼ**（**Cdk**：cyclin-dependent kinase）である。Cdkは細胞周期で量的な変動はないが，量的に変動するサイクリンが結合することによって活性化と不活性化を繰り返す。サイクリンには**G_1-サイクリン**，**G_1/S-サイクリン**，**S-サイクリン**，**M-サイクリン**がある（図4･3）。

G_1-サイクリンは，G_1/S-サイクリンの発現にかかわり，G_1/S-サイクリンは細胞周期開始点の通過，S-サイクリンはS期の開始とM期への進行，Mサイクリンは M期の開始とG_1期への移行にかかわる。

中期チェックポイントの通過には，ユビキチン連結酵素複合体ファミリーの**後期促進複合体**（**APC/C**：anaphase promoting complex/cyclosome）が中心的な

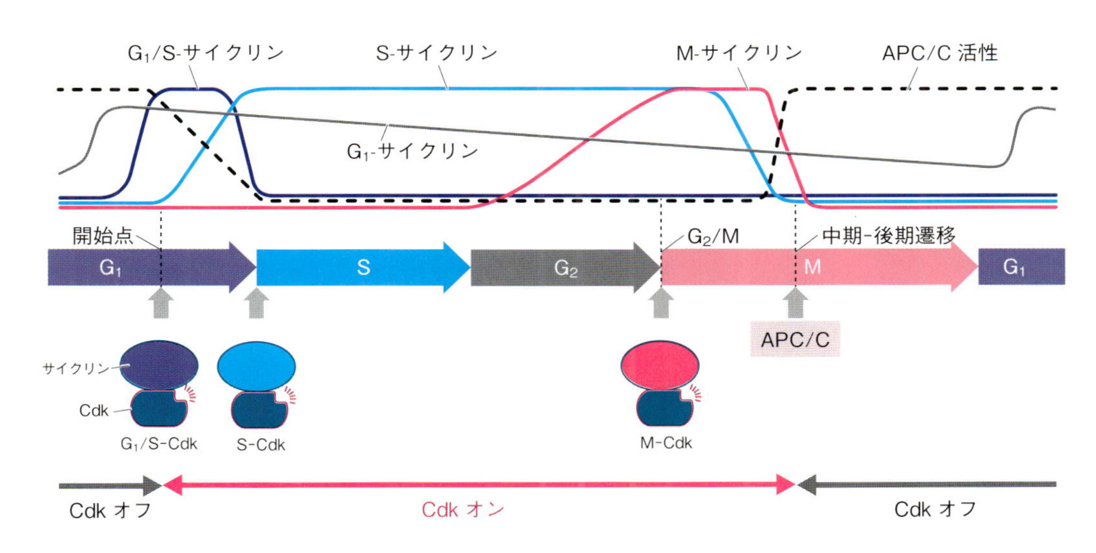

図 4·3 細胞周期とサイクリン
（文献 0-1 を参考に作図）

役割を果たす。不活性型の APC/C が，S サイクリンと M サイクリンのはたらきで活性型の APC/C になると，APC/C は S サイクリンと M サイクリンをユビキチン化し，プロテアソームによる分解を促進させる。これにより細胞周期の進行が後戻りしなくなる。M 期が終了し，G_1 期に入ったところで，増殖刺激が来ると，APC/C が不活性化され，再び細胞周期が始まる。

4.3 Cdk の活性化機構

Cdk の活性部位は Cdk タンパク質の内側に配置されている。そのため，Cdk は単独では活性を示さないが，サイクリンが結合すると活性部位が引き出され，部分的に活性化する。さらに，引き出された Cdk の活性部位（ヒトでは Thr-161）を**活性化キナーゼ**（**CAK**：cyclin dependent activating kinase）がリン酸化すると完全に活性化される（☞図 4·6）。分裂酵母，出芽酵母の Cdk は Cdk1 のみであるが，ヒトでは複数の Cdk があり，細胞周期の時期によってはたらく Cdk が異なる（表 4·1）。Cdk1 は Cdc2（cell division cycle 2）ともよばれる。

表 4·1 ヒトの Cdk とサイクリン

細胞周期	Cdk	Cdk と複合体をつくるサイクリン
G_1	Cdk4，Cdk2，Cdk6	G_1-サイクリン，G_1/S-サイクリン
S	Cdk2	S-サイクリン，G_1/S-サイクリン
G_2	Cdk2，Cdk1	S-サイクリン
M	Cdk1	M-サイクリン

コラム 4.1　細胞周期の研究に活用された海洋生物

初期卵割期のウニ胚は細胞周期が同調していて，細胞周期を回す機構の研究に最適である。ウニ胚の初期卵割期に合成されるタンパク質を ^{35}S メチオニンで標識し，細胞周期のさまざまな時期で調べると，細胞周期にともなって出現と消失を繰り返すタンパク質が検出された。そのタンパク質は周期的に現れることから，サイクリンと命名された。サイクリンの発見は，その後の細胞周期を調節する機構の解明に大きな手掛かりを与えることになった。また，細胞のがん化機構の研究にも発展し，サイクリン発見者のリチャード・ティモシー・ハント（Richard Timothy Hunt）は，2001 年にノーベル生理学・医学賞を受賞した。

4.4　G_1 チェックポイントを通過させる G_1- サイクリンと G_1/S- サイクリン

動物の細胞は，増殖刺激を受けない限り細胞増殖しない。細胞周期の開始にかかわるのは G_1- サイクリン（ヒトではサイクリン D）と G_1/S- サイクリン（ヒトではサイクリン E）である。成長因子の増殖刺激を受容できる時期は，細胞周期の中で G_1 期だけである。細胞が成長因子を受け取ると，G_1- サイクリンが発現し，G_1- サイクリンは Cdk と結合して G_1-Cdk となり，G_1-Cdk は G_1/S- サイクリンを発現させる[4-2]。G_1/S- サイクリンは Cdk2 と結合して G_1/S-Cdk となると，G_1/S-Cdk は複製前複合体（☞参考 3.6）の構築を開始させる[4-3]。また，G_1/S-Cdk は S- サイクリンや，S 期にはたらく遺伝子の転写を開始させる。

G_1 期から S 期への通過には，S 期への進行を促進して G_1 期に戻らなくする正のフィードバックがかかわっている。活性化した G_1/S-Cdk は，G_1/S- サイクリンの発現をさらに促進するとともに，G_1/S-Cdk と G_1-Cdk の阻害因子の CKI p27（Cdk inhibitor p27）をリン酸化して分解を促進し，G_1/S-Cdk のはたらきを亢進させる[4-4]。これらの正のフィードバックにより活性化 G_1/S-Cdk 量が急速に増大し，S 期に向けた進行が加速され，細胞周期は後戻りできなくなる。

G_1/S-Cdk は S- サイクリン遺伝子の発現を促進するが，S 期への進入にかかわる S- サイクリン・Cdk2 複合体（S-Cdk）の活性化を妨げている。このしくみにより，S 期に進入する前に，十分量の不活性型の S-Cdk が蓄積されることになる。S-Cdk の活性型への転換は，G_1/S-Cdk により誘導される G_1/S- サイクリンの分解による。G_1/S-Cdk が自己である G_1/S- サイクリンをリン酸化すると，G_1/S- サイクリンは SCF（Skp, Cullin, F-box containing complex）によりユビキチン化され（☞参考 4.1）[4-5]，ユビキチン・プロテアソーム系（タンパク質分解専門の複合体）により分解される。その結果，G_1/S-Cdk が消失し，蓄積された S-Cdk が活性化されて S 期に進入する（図 4・4）。さらに，S-Cdk は E2F をリン酸化し，リン酸化された E2F は DNA に結合できなくなるため，G_1/S- サイクリンの発現が停止する。G_1/S-Cdk による G_1/S- サイクリンの分解の誘導と合わせて，G_1/S- サイクリンの発現停止が，確実に G_1 期に後戻りできなくなるしくみである[4-6]。

表 4·2　サイクリンの名称の対応表

細胞周期を表すサイクリン名	ヒトのサイクリン名
G_1-サイクリン	サイクリン D
G_1/S-サイクリン	サイクリン E
S-サイクリン	サイクリン A
M-サイクリン	サイクリン B

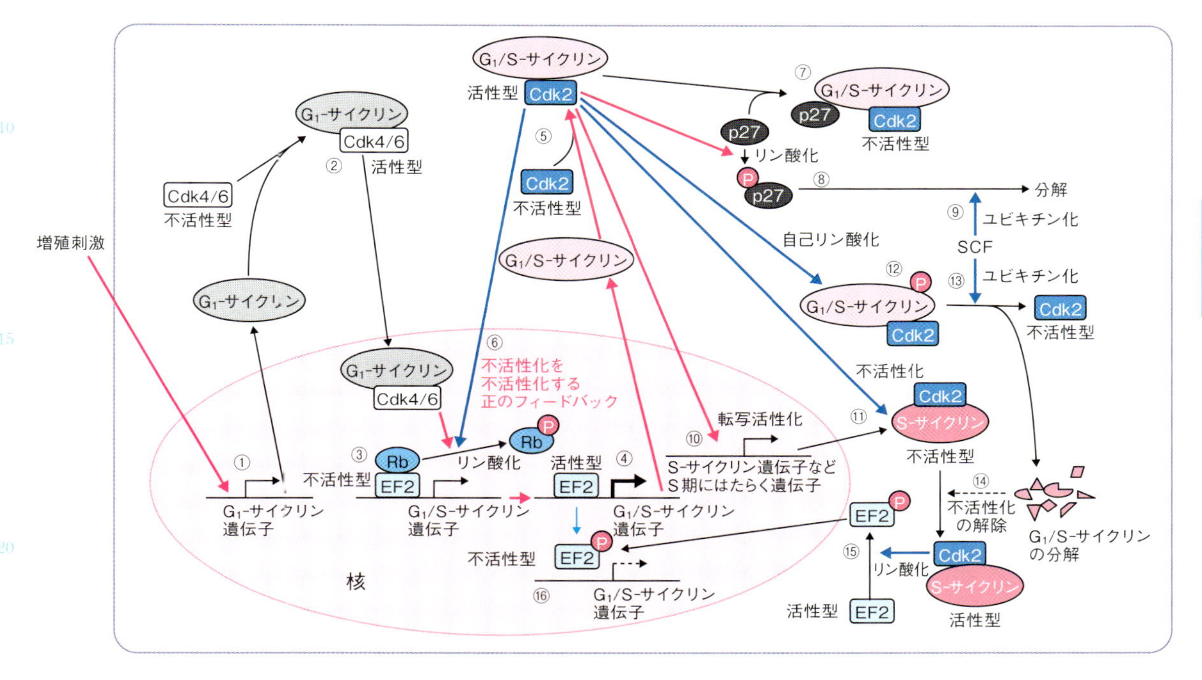

図 4·4　G_1 期→ S 期の進行促進と後戻りさせない機構

①細胞が成長因子による増殖刺激を受け取ると，細胞内シグナル伝達系を介して G_1- サイクリンが発現し，② G_1- サイクリンは Cdk4/6 と結合して G_1-Cdk となる。③ G_1/S- サイクリン遺伝子の転写調節領域（☞ 5.1 節）に結合している転写因子 EF2 には，Rb が結合しているため，G_1/S- サイクリン遺伝子の転写が抑制されているが，④ G_1-Cdk により Rb がリン酸化されると，Rb が EF2 から解離し，EF2 が活性化転写因子となって G_1/S- サイクリン遺伝子の転写が開始される（G_1/S- サイクリンが発現するしくみ）。役目を終えた G_1- サイクリンは CKI によって不活性化されるとともに，GSK3β により G_1- サイクリンの Thr-286 がリン酸化され，SCF（☞参考 4.1）によってユビキチン化されてプロテアソームにより分解される（図では CKI による不活性化と，SCF による G_1- サイクリンのユビキチン化は示していない）[4-7]。⑤ Cdk2 は G_1/S- サイクリンと結合して G_1/S-Cdk となり活性化する。⑥ G_1/S-Cdk は Rb をリン酸化することにより，EF2 のはたらきを抑制していた Rb を EF2 から離脱させる。その結果，EF2 が活性型転写因子となり，G_1/S- サイクリンの発現を促進する。この正のフィードバック調節により，G_1/S-Cdk の活性が亢進する。⑦ G_1/S-Cdk と G_1-Cdk は p27 が結合することによって不活性化されるが（図では p27 による G_1-Cdk の不活性化は示していない），⑧ G_1/S-Cdk によって p27 がリン酸化されると，⑨ p27 が SCF によってユビキチン化され，プロテアソームによって分解されるため，G_1/S-Cdk は p27 による抑制から解除される（G_1/S-Cdk が抑制から解除されて，さらに活性化するしくみ）。⑩ G_1/S-Cdk は S- サイクリンや，S 期にはたらく遺伝子の発現を活性化する。⑪発現した S- サイクリンは S-Cdk となるが，G_1/S-Cdk によって不活性化されている（S-Cdk が十分量に達するまで S-Cdk をはたらかせないしくみ）。⑫ G_1/S-Cdk が自己リン酸化によって G_1/S- サイクリンをリン酸化すると，⑬ G_1/S- サイクリンは SCF によってユビキチン化されて分解され，G_1/S-Cdk は不活性化する（S-Cdk が十分量に達した時点で S-Cdk を機能させるしくみ）。その結果，⑭ S-Cdk は G_1/S-Cdk の抑制から解除され，⑮活性化した S-Cdk は EF2 をリン酸化する。⑯リン酸化された EF2 は G_1/S- サイクリン遺伝子の転写調節領域に結合できなくなり，G_1/S- サイクリン遺伝子が停止する。このしくみにより，G_1/S-Cdk から S-Cdk に置き換わり，細胞周期が G_1 期から S 期に不可逆的に進行する。

コラム 4.2　網膜芽細胞腫の原因遺伝子の *Rb*

Rb 遺伝子はがん抑制遺伝子であり，網膜芽細胞腫（retinoblastoma）の原因遺伝子として発見された。Rb は転写因子 E2F に結合することで G_1/S サイクリン，S- サイクリン，*Cdk2* 遺伝子の転写を抑制する。*Rb* 遺伝子が機能しないとチェックポイントで細胞周期を止めることができず，DNA が損傷した細胞が増殖し，がん細胞になる[4-8]。

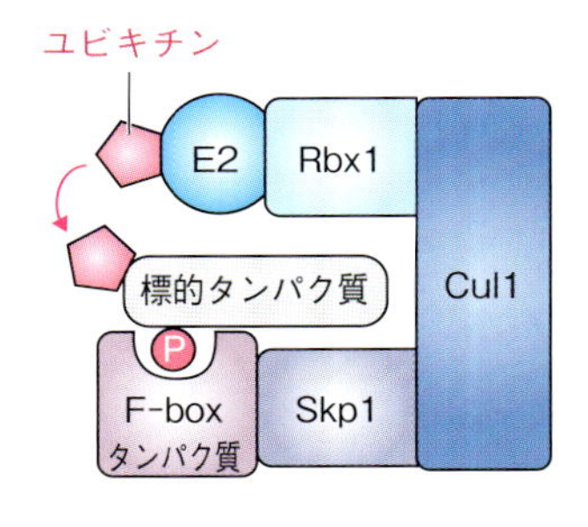

図 4·5　SCF によるユビキチン化

参考 4.1　G_1 期から S 期への移行にかかわる SCF

SCF サブユニットとなる F-box タンパク質は，標的タンパク質がリン酸化されると，それを認識して結合する。続いて Skp1 が F-box に結合し，Cul1 を介してユビキチン化タンパク質の E2 が標的タンパク質に接するように配置され，SCF となる（図 4·5）。その結果，標的タンパク質がユビキチン化される。SCF の主な標的は p27 などの CKI と，G_1 - サイクリン，G_1/S- サイクリンである（図 4·4）。SCF のはたらきにより，G_1/S-Cdk から S-Cdk に替わり，G_1 期から S 期に移行する。

4.5　S 期の開始・M 期への進入と G_1 期への移行のしくみ

S 期の開始には S- サイクリン（ヒトではサイクリン A）がかかわる。S- サイクリンは 2 つの異なる Cdk と複合体をつくることにより，異なるはたらきをする。S- サイクリンが Cdk2 と結合して S-Cdk2 となり，S-Cdk2 濃度が閾値に達して活性化すると（☞図 4·4），複製前複合体が解体して DNA 複製が開始される。S-Cdk2 は，複製起点が 1 回の細胞周期で複数回はたらくことを阻止する機構と（☞図 3·14），S 期の進行にもかかわる。S 期後半になると S- サイクリンは Cdk1 と結合するようになり，S-Cdk1 は S-Cdk2 とともに，M 期への進入にかかわる[4-9]。S 期後期から G_2 期後期にかけて，S- サイクリンに代わって M- サイクリン（ヒトではサイクリン B）が Cdk1 に結合し，M-Cdk となる。S-Cdk は，G_2 期後期に中心体に結合し，M-Cdk1 の中心体への結合と，中心体と核における M-Cdk1 の活性化にかかわる。M-Cdk1 が活性化すると，S- サイクリンはやがてユビキチン化され，分解される。このしくみにより，M 期から G_2 期に戻らなくなる。

M-Cdk1 は M 期の開始と，M 期から G_1 期への移行の過程で重要な役割を果たす。M-Cdk1 は，Cdk1 の Tyr15 が脱リン酸化されると活性化し，核に移行して，紡錘体を形成させるなど，有糸分裂にかかわる反応を開始させる。やがて M-Cdk1 は，M- サイクリンを分解する APC/C（☞ 4.2 節）を活性化させ，結果的に M-Cdk1 が不活性化することで，M 期が不可逆的に終了して G_1 期へ移行する（図 4·6）。

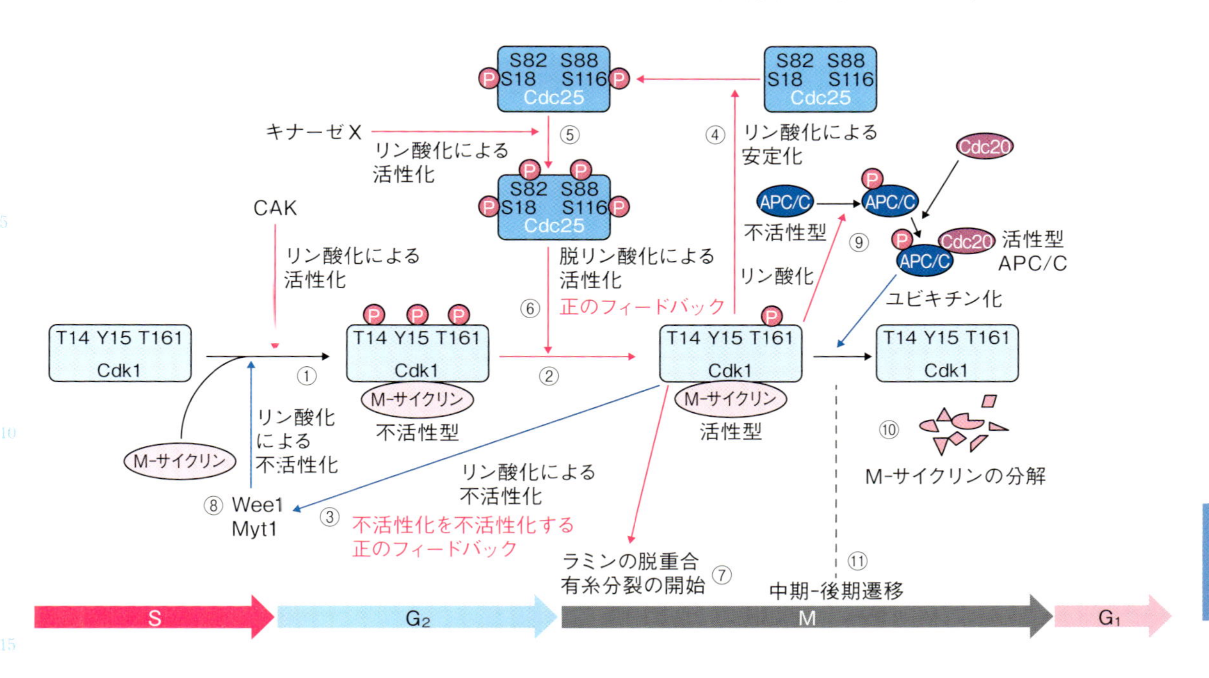

図 4·6　有糸分裂の開始と中期 - 後期遷移のしくみ

有糸分裂の進行にかかわる M-Cdk1 が活性化するには，Cdk1 の Thr-161 がリン酸化されている必要がある。① G_2 期の Cdk は，CAK により Thr-161 がリン酸化されて活性化の準備が整っているが，⑧キナーゼの Myt1 によって Thr-14 がリン酸化されているため，核への移行が妨げられている。また，キナーゼの Wee1 によって Cdk（ヒトでは Tyr-15）がリン酸化されているため M-Cdk は不活性である。② G_2 期の終わりに，Cdc25 とよばれるホスファターゼにより Thr-14 と Tyr-15 のリン酸が除去されると，M-Cdk は活性化する。③活性化した M-Cdk は，Myt1 と Wee1 をリン酸化して不活性化するとともに（M-Cdk の不活性化を不活性化して M-Cdk の活性化を亢進する正のフィードバック），④ Cdc25 の Ser-18 と Ser-116 をリン酸化して Cdc25 を安定化する。安定化した Cdc25 は，⑤ Ser-82 と Ser-88 がキナーゼ X によりリン酸化されることにより活性化し，M-Cdk を活性化する。この Cdk 抑制機構の不活性化による正のフィードバック③と Cdk 活性化機構への正のフィードバック⑥により，活性型 M-Cdk が爆発的に増える。活性化した M-Cdk は核に入り，⑦核の裏打ちタンパク質のラミンをリン酸化して脱重合させて核膜を崩壊させ，有糸分裂を開始させる。DNA に損傷があると⑧ Wee1 がはたらき，M-Cdk が不活性化するため，M 期に入る前に細胞周期の進行が止まる。⑨ M-Cdk は G_2 期から有糸分裂期まで増加し，APC/C をリン酸化すると，APC/C-Cdc20 が形成され，⑩ APC/C-Cdc20 のはたらきにより M- サイクリンがユビキチン化され，M- サイクリンはプロテアソーム系により分解される。⑪ M- サイクリンの分解により，Cdk が不活性化され，M 期の中期 - 後期遷移が進行する [4-10]。

コラム 4.3　M-Cdk は MPF とよばれていた

多くの動物の卵形成における減数分裂は，第一減数分裂前期の G_2 期に一旦止まっており，刺激によって減数分裂を再開する。これを卵成熟という。カエルの卵母細胞はプロゲステロンの刺激により，卵殻胞を崩壊させ，減数分裂を再開する。1971 年，卵殻胞を崩壊した卵母細胞の細胞質を，第一減数分裂前期の卵母細胞に注入したところ，M 期に進入することがわかった。実体は不明であったが，卵成熟を促進する因子として MPF（Maturation/M-phase promoting factor）が存在すると予想された。その後，ウニ，ヒトデ，アフリカツメガエルの卵を用いた研究で，MPF は M-Cdk であることが明らかになった [4-11, 4-12]。

4.6 M期の終了とG_1期細胞周期停止にかかわるAPC/C

S期とM期の進行にかかわっていたS/M-Cdkは，APC/CとCdh1（Cdc20-homologue 1）をリン酸化する。リン酸化APC/CはCdc20と結合して活性型となり，S-サイクリン，M-サイクリンの分解を促進する[4-13]。その結果，S/M-Cdkが形成されなくなり，M期が終了する。リン酸化されたCdh1がAPC/Cと結合するとAPC/Cは活性型となり，APC/CはG_1期まで存続してサイクリンの分解を促進する活性をもつため，G_1期で細胞周期が停止する。G_1期に細胞が増殖刺激を受け，G_1-サイクリンに続いてG_1/S-サイクリンが発現すると（☞ 図4·4），Cdh1がリン酸化され，APC/Cから解離してAPC/Cは不活性型になる。このAPC/Cの不活性化が，S期への移行を可能にする。なお，APC/CはG_1-サイクリンとG_1/S-サイクリンの分解を促進しないため，G_1期にG_1/S-Cdk活性は増加する。G_1/S-CdkはS-サイクリンを発現させ，S期に移行する（図4·7）。

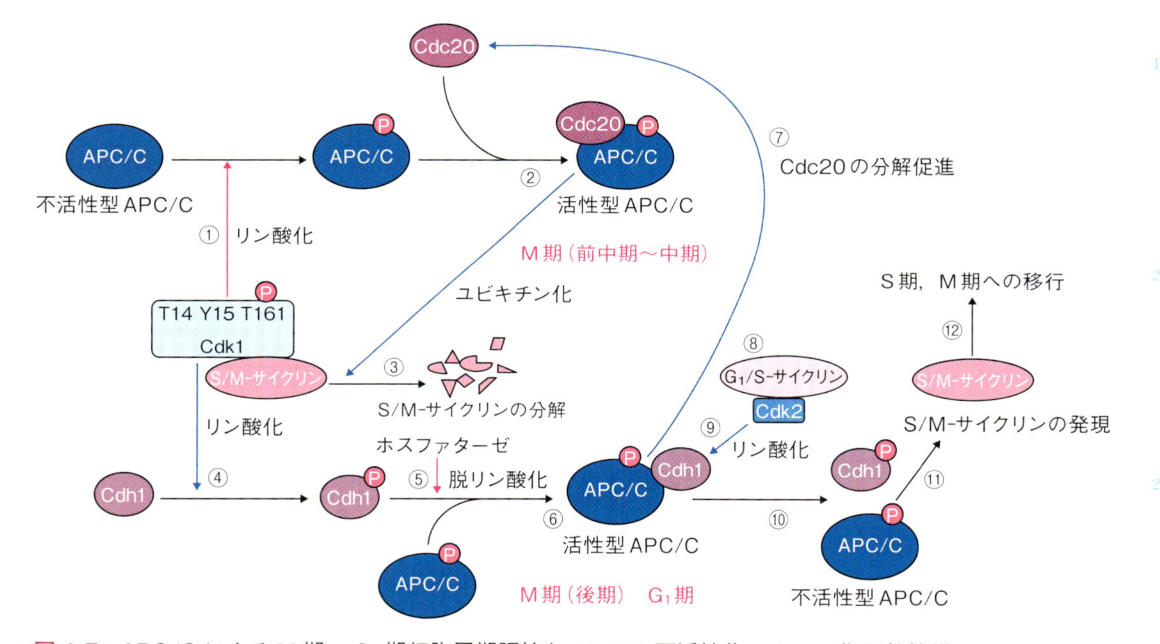

図4·7 APC/CによるM期→G_1期細胞周期調節とAPC/C不活性化によるS期開始機構
①S-CdkまたはM-CdkがAPC/Cをリン酸化すると，②リン酸化されたAPC/CはCdc20と結合し，APC/C-Cdc20となって活性型になる。③APC/C-Cdc20は，S-CdkのS-サイクリンと，M-CdkのM-サイクリンをユビキチン化し，ユビキチン化されたS-サイクリンとM-サイクリン（簡略化してS/M-サイクリンと表す）は分解される（S期とM期の進行にかかわっていたS-CdkとM-Cdkが，自らを分解させてM期を終了させるしくみ）。④Cdh1はS-CdkまたはM-Cdkが存在するとリン酸化されているためAPC/Cに結合できないが，S-サイクリンとM-サイクリンが分解されると活性型S/M-Cdkが消失し，リン酸化が維持できなくなり，⑤Cdh1はホスファターゼにより脱リン酸化される。⑥脱リン酸化されたCdh1はAPC/Cに結合し，活性型のAPC/C-Cdh1となり，G_1中期まで存続する。⑦APC/C-Cdh1はCdc20の分解を促進するため，APC/C-Cdc20の活性はM期前中期に限定される[4-14]。⑧G_1期に増殖刺激を受けると，G_1-サイクリンが発現し，G_1-CdkがG_1/S-サイクリン遺伝子を発現させ，G_1期後期にG_1/S-Cdkが形成される（図4·4）。なお，APC/CはG_1-サイクリン，G_1/S-サイクリンを認識しないため，G_1/S-CdkはAPC/Cによって分解されることなく蓄積される。⑨G_1/S-CdkがCdh1をリン酸化すると，⑩リン酸化Cdh1はAPC/Cと結合できなくなり，APC/Cが不活性化する。これにより，⑪S-サイクリン，M-サイクリンが発現する環境が整い，⑫S期，M期に移行する[4-15]。

4.7　中期チェックポイントの分子機構

有糸分裂中期までは，複製された染色分体はコヒーシン（cohesin）とよばれる構造によって接着されている。コヒーシンは染色分体に接着するSmc1/3と，その間を架橋するScc1/3で構成されている。染色分体の分離は，Scc1/3が分解されることによって可能になる。中期チェックポイントでは，Scc1/3の分解を阻害し，染色分体を分離させないことで，細胞周期を停止させる。Scc1/3は，セパラーゼとよばれるプロテアーゼにより分解される。セパラーゼにセキュリンが結合しているとプロテアーゼ活性を示さないが，M-CdkがAPC/Cを活性化し，APC/Cがセキュリンを分解に導くとセパラーゼが活性化し，染色分体が分離する（図4·8）[4-16]。

紡錘体が結合していない動原体が1か所でもあれば，この過程が止まり，染色分体は分離しない。この中期チェックポイントで重要なはたらきをするのが，**有糸分裂チェックポイント複合体**（**MCC**：mitotic checkpoint complex）であり，APC/Cを不活性化することで細胞周期の進行を停止させる（図4·9）。

すべての動原体に紡錘体が結合すると，MCCが形成されなくなり，APC/Cが活性化して細胞周期が進行する[4-17]。

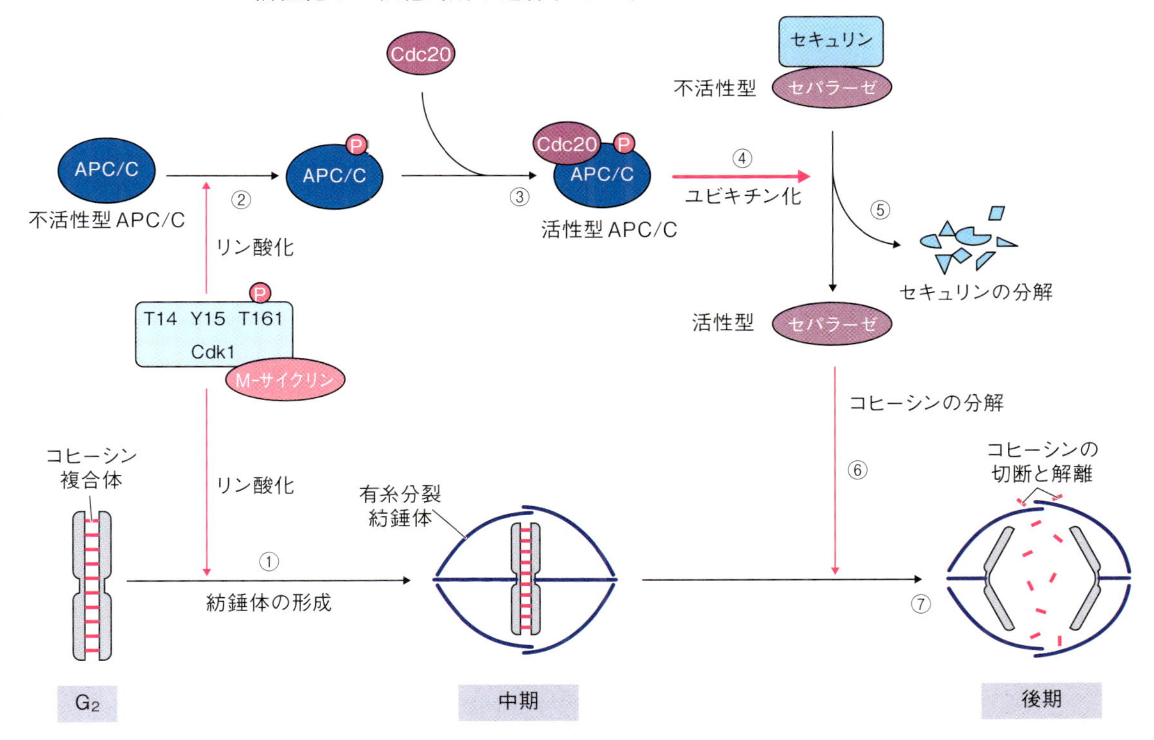

図4·8　染色分体分離とコヒーシン分解
①M-Cdkによる紡錘体の形成開始。②M-CdkがAPC/Cをリン酸化すると，③APC/CにCdc20が結合し，活性型APC/Cになる。④APC/C-Cdc20がセパラーゼと結合したセキュリンをユビキチン化すると，⑤セキュリンがプロテアソームで分解され，セパラーゼが遊離する。⑥活性型となったセパラーゼがコヒーシンのScc1/3を分解して⑦染色分体が分離する。

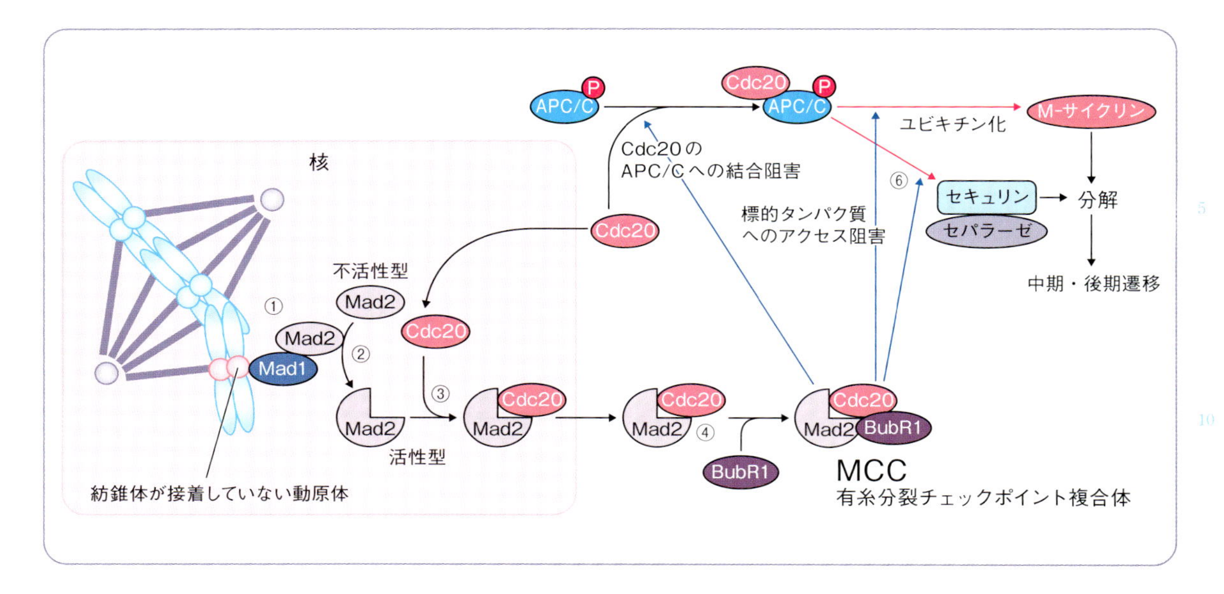

図 4·9　有糸分裂チェックポイントの分子機構[4-18]
①紡錘体に結合していない動原体があると，それを Mad1-Mad2 複合体が認識して結合する。②動原体に結合した Mad1-Mad2 複合体の Mad2 は，遊離の不活性型 Mad2 の立体構造を変化させて活性化し，③活性化した Mad2 は Cdc20 と結合して Mad2-Cdc20 複合体となる。④ Mad2-Cdc20 複合体は核から細胞質に出て BubR1 と結合し，MCC を形成する。⑤ MCC の Mad2 は，APC/C と競争的に Cdc20 と結合することにより，Cdc20 の APC/C 活性化能を阻害するとともに，⑥ APC/C の標的タンパク質へのアクセスを妨げることで，APC/C の機能を阻害する。その結果，セキュリンが分解されず，染色分体は分離しない。また，M- サイクリンが分解されないため，中期チェックポイント（M 期の中期 - 後期遷移点）で細胞周期が停止する[4-19, 4-20]。

4.8　DNA 損傷のセンサー

DNA に損傷があると，ATR（ataxia telangiectasia and rad3 related）または ATM（ataxia telangiectasia mutated）が感知して，細胞周期を止め，DNA を修復するシステムを起動させる。修復できない場合は，細胞にアポトーシスを起こさせる。

ATR と ATM は，どちらもキナーゼであり，ATR は持続的に 1 本鎖状態になっている DNA を認識し，ATM は 2 本鎖切断を認識する。持続的な 1 本鎖 DNA の状態は，DNA 複製の異常や，ヘリカーゼと DNA ポリメラーゼの協調の乱れ，DNA 損傷の修復過程で生じる。

ATR，ATM による細胞周期停止機構には即応型と維持型があり，Chk（checkpoint kinase）をリン酸化して活性化することで，一連の反応系を動かし，結果的に Cdk- サイクリンを不活性化して細胞周期を止める。DNA 損傷のシグナル伝達は，キナーゼの酵素反応により増幅される。この機構により，わずかな損傷であっても細胞周期を止めることが可能になる（図 4·10）[4-21]。

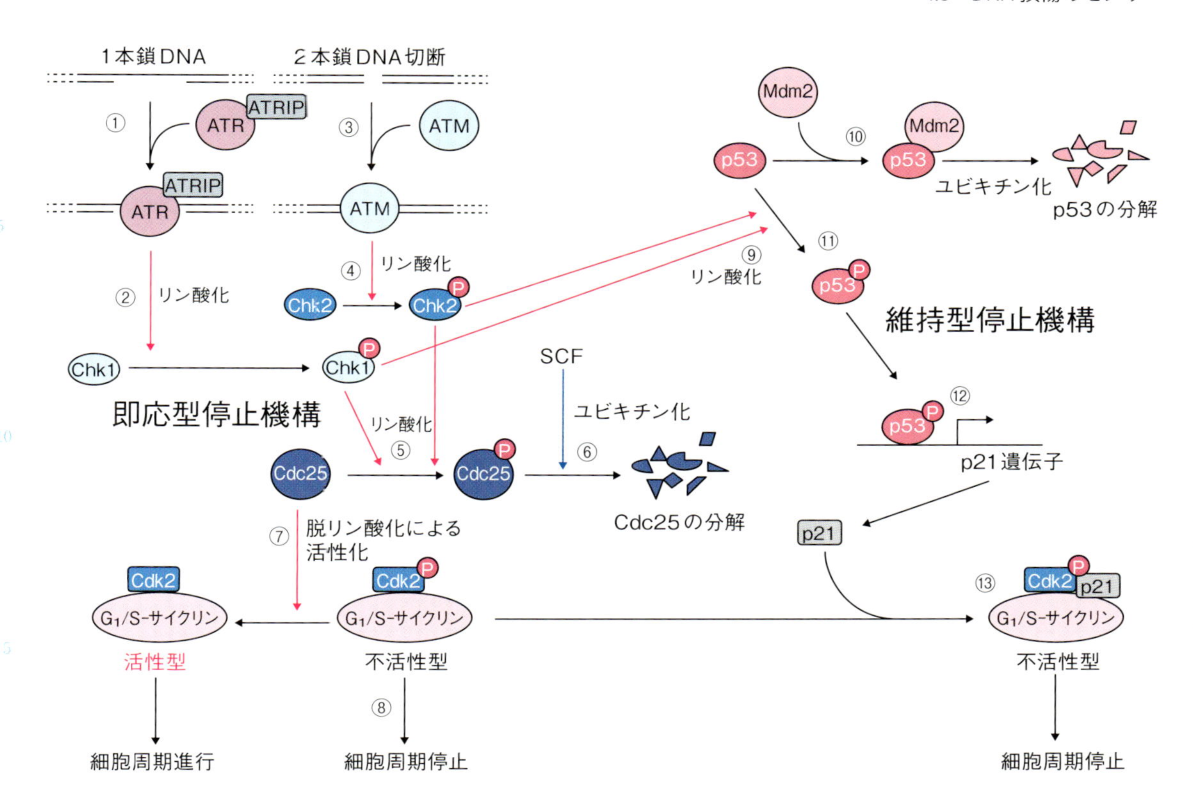

図 4·10　DNA 損傷を検知して細胞周期を停止させる機構

①ATR は ATRIP と複合体になり，1本鎖の状態が続く RPA（replication protein A：真核生物の1本鎖 DNA 結合タンパク質（☞参考 3.1））で覆われた DNA を認識して結合し，活性化する。②活性化した ATR は，Chk1 をリン酸化して活性化する。③2本鎖切断は ATM によって認識される。④ATM が2本鎖切断部位に結合すると活性化し，Chk2 をリン酸化して活性化する。⑤活性化した Chk1 と Chk2 は，Cdc25 をリン酸化する。⑥リン酸化された Cdc25 は SCF によりユビキチン化され，分解される。⑦Cdc25 がないと，不活性型のリン酸化 Cdk2-サイクリンを脱リン酸化して活性型にすることができないため，⑧活性型 G_1/S-Cdk が形成されず，細胞周期は停止する。⑨細胞周期停止の維持には，Chk1 と Chk2 による転写因子 p53 のリン酸化がかかわる。⑩p53 は常にユビキチン化酵素の Mdm2 により認識され，ユビキチン化されて分解されているが，⑪Chk1 または Chk2 によりリン酸化された p53 は，Mdm2 の標的とならないため，プロテアソームによる分解を免れる。⑫p53 の細胞内濃度が高まると，p53 は G_1/S-Cdk の阻害因子 p21 の転写を活性化する。⑬産生された p21 により G_1/S-Cdk が不活性化され，細胞周期停止状態が維持される[4-22]。

表 4·3　細胞周期チェックポイントのまとめ

細胞周期の進行を後戻りさせないしくみ
・増殖刺激→ G_1-サイクリン発現→ G_1-Cdk 発現→ G_1/S-Cdk 発現→ S-サイクリン発現・G_1/S-Cdk 不活性化・G_1/S-サイクリン発現停止・G_1/S-サイクリン分解→ S-Cdk 活性化→ S 期へ移行
・M-Cdk 発現→ S-サイクリン分解→ M 期へ移行
・M-Cdk 発現→ M-サイクリン分解→ G_1 期へ移行
細胞周期を停止させるしくみ
・紡錘体に結合していない動原体→染色分体を連結しているコヒーシンが分解されない→染色体の分離が起きない→細胞周期停止
・DNA 損傷→ Chk1・Chk2 活性化→ Cdc25 リン酸化→ Cdc25 分解→不活性 G_1/S-Cdk →即時細胞周期停止
・DNA 損傷→ Chk1・Chk2 活性化→ p53 リン酸化→ G_1/S-Cdk 不活性化→細胞周期停止維持

コラム 4.4　細胞周期関連遺伝子の変異は細胞のがん化と関係する

細胞周期を進行させるサイクリンの発現が，遺伝子重複などにより亢進すると細胞ががん化する。すい臓がん，肺がん，悪性黒色腫などの多くのがんでサイクリン D1（G_1- サイクリン）の高発現が認められている[4-23]。サイクリン E1（G_1/S- サイクリン）の遺伝子重複は脳腫瘍で見られる[4-24]。サイクリン A の高発現は，乳がんの予後不良，前立腺がんの浸潤と転移，結腸直腸がんにかかわり[4-25]，サイクリン B（M- サイクリン）は多くの種類のがんにかかわる。サイクリン B の発現量が増すと，不十分な状態で M 期に進入し，細胞分裂の厳密な調節ができなくなる。そのため，がん化しやすくなる[4-26]。チェックポイントで細胞周期を停止させるはたらきをもつ遺伝子も，機能低下・欠失するとがんの原因遺伝子となる。前述の *Rb* は網膜芽細胞腫の発症にかかわり（☞コラム 4.2），APC 変異は大腸がんにかかわる[4-27]。

DNA 損傷による細胞周期停止にかかわる転写因子 p53 は，DNA 修復関連遺伝子の転写活性化や，アポトーシス関連遺伝子の転写活性化にもかかわっており，DNA 修復が不完全でがん化した細胞をアポトーシスで取り除くはたらきもある。抗がん剤の多くは，がん細胞にアポトーシスを起こさせることで，がん細胞を死滅させるが，*p53* に変異があるとアポトーシスが起こりにくくなり，抗がん剤への感受性が低下すると考えられている[4-28]。*p53* 変異はさまざまながんの原因となる。*Rb* や *APC*，*p53* はがん抑制遺伝子とよばれる。DNA 損傷センサーの *ATR*，*ATM* の変異もがん化の原因となる。

参考 4.2　ユビキチン化とプロテアソームによるタンパク質の死

APC/C によりユビキチン化されるタンパク質には，デストラクションボックス（D-box）とよばれるアミノ酸配列 RXALG（N/D/E/V）IXN，または KEN-box とよばれるアミノ酸配列 KENXXXN（アミノ酸一文字表記，X は任意のアミノ酸）があり[4-29]，APC/C は，このアミノ酸配列を認識してユビキチン化する。SCF は F-box の部分でリン酸化されたタンパク質に結合するが，標的となるコンセンサス配列は未解明である。

Cdc20 と結合した APC/C は，S- サイクリン，M- サイクリン，セキュリンをユビキチン化し，Cdh1 と結合した APC/C は，S- サイクリン，M- サイクリンの他，Cdc20, Cdc25 などをユビキチン化する。SCF は G_1- サイクリン，G_1/S- サイクリンの他，Cdc25，Wee1，p21 などをユビキチン化する。

ユビキチン化されたタンパク質は，ユビキチンが目印となって，プロテアソームの標的となり，消化される。細胞周期にともなって一時的に現れるタンパク質の多くは，そのすみやかな消失に，ユビキチン化を介した分解がかかわっている。また，プロテアソームは，転写調節因子や情報伝達物質のすみやかな除去，アポトーシス（陸上で生活する哺乳類の水かき組織の除去，オタマジャクシの尾の吸収など，発生過程における組織の再編成や，生体防御ではたらくプログラムされた死）や，異常な立体構造をとったタンパク質の除去など，生命現象のさまざまな場面で，積極的なタンパク質の分解にかかわる大切な装置である。

5章 遺伝子と遺伝情報の転写

遺伝子とは，形質の発現にかかわる遺伝的単位である。遺伝子の本体はDNAであり，DNAの塩基A，G，C，Tの配列が遺伝情報を担っている。では，A，G，C，Tからなる文字列は何を表しているのだろうか。

5.1 遺 伝 子

ある生物の配偶子がもつ染色体DNAの全塩基配列を**ゲノム**という。遺伝情報に塩基の並び順（塩基配列）として保存されている。遺伝子の本体はDNAであるが，ゲノムのすべてが遺伝子であるわけではない。ヒトの場合，タンパク質の情報をもつDNAの領域はゲノムの約1.5％しかない。

遺伝子の領域には，その遺伝子の始まりの情報や，終わりの情報，環境に対応してどのように発現するか，多細胞生物なら発生の時期，どの組織，どの程度の発現量かの調節を受ける情報がある。遺伝子の発現調節は主として転写レベルで行われる。転写調節の情報をもつ領域を**転写調節領域**という（図5·1）。転写調節領域を含めると，遺伝子の情報はゲノムの約25％を占める。

遺伝子には，タンパク質の情報を担う遺伝子と，タンパク質の情報を担わない遺伝子がある。遺伝子のDNA塩基配列は，RNAに写し取られる。タンパク質の情報を担うことを「コード（code）する」といい，RNAにはタンパク質の情報をコードするmRNAと，非コードRNA（non-coding RNA）がある。ヒトのタンパク質をコードする遺伝子の数は約20,500とされている[1-1]。

非コードRNAには，リボソームの構成要素となるrRNA，特定のアミノ酸をリボソームに運搬するtRNAの他，遺伝子発現調節にかかわるRNAがある。転

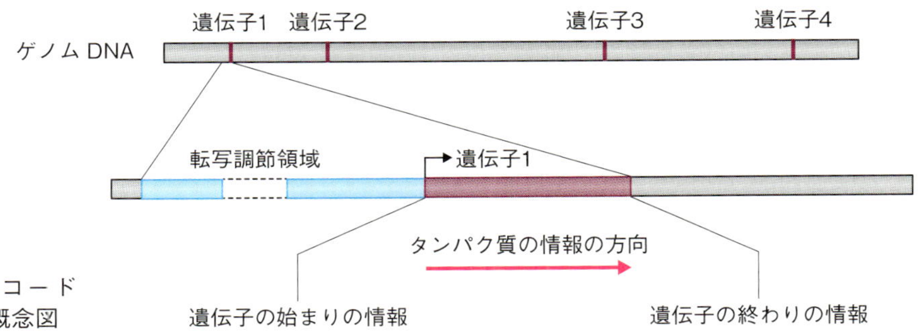

図5·1　タンパク質をコードする遺伝子の構造の概念図

写される RNA の大部分は rRNA と tRNA であり，mRNA は 3～5％程度しかない。tRNA や rRNA 以外の非コード RNA は，以前はがらくたと考えられていたが，発現量も多く，遺伝子発現調節に重要なはたらきをしていることがわかってきている（表 5･1）。

コラム 5.1　遺伝情報をもつ DNA ともたない DNA

遺伝子の情報をもつ領域も，もたない領域も，同じ DNA である。書き込みができる DVD を思い浮かべてみよう。購入したばかりの記録されていない DVD をプレーヤーに挿入しても音も出ないし映像も見えない。情報を書き込んだ DVD からは音や映像が再生される。同じ素材の DVD にもかかわらず，情報があったり，なかったりするのは，DVD に書かれているデータのゼロと 1 の並び順に，意味があるかないかによる。DNA の A，T，G，C の並び順に意味がある領域が遺伝子，ない領域が非遺伝子といえる。

表 5･1　RNA の種類

RNA の種類	役割
mRNA	messenger RNA。タンパク質のアミノ酸配列を指定する。
rRNA	ribosomal RNA。リボソームの構成要素であり，タンパク質合成を触媒するはたらきもある。
tRNA	transfer RNA。アミノ酸をリボソームに運搬する。
snRNA	small nuclear RNA。mRNA 前駆体のスプライシングではたらく。
snoRNA	small nucleolar RNA。rRNA のプロセシングと修飾にかかわる。
miRNA	micro RNA。ゲノム DNA から転写され，特定の mRNA の翻訳抑制，分解により遺伝子発現を調節する。
siRNA	small interfering RNA。RNA ウイルスや転移因子に対する防御機構であり，特定の mRNA の分解や，転移因子が侵入したクロマチンを凝縮させることにより転移因子を不活性化する。
piRNA	piwi RNA。動物の生殖細胞の piwi に結合して，トランスポゾンから生殖細胞を守る。
lncRNA	long non-coding RNA。長さ 200 塩基以上の非コード RNA。X 染色体の不活性化や，転写因子の活性調節にかかわることが報告されているが，多くの lncRNA の機能は不明。

参考 5.1　ヒトのタンパク質をコードする遺伝子の推定数

DNA の塩基配列上に任意の読み枠（reading frame）を設定した場合，終止コドン（☞ 6.1 節）が出現するまでにアミノ酸を指定するコドンが長く続くような塩基配列の領域を **ORF**（open reading frame）という。塩基配列の情報の意味が解明されていなくても，ORF が存在すれば，そこにタンパク質をコードする遺伝子が存在する可能性がある。

ヒトのゲノムの塩基配列がすべて明らかにされた 2003 年に，**cDNA**（mRNA を逆転写して得られた DNA：complementary DNA）の塩基配列とゲノムの塩基配列の情報から，コンピューターを用いて ORF を検出することで，タンパク質をコードする遺伝子の数は約 24,500 と推定された。しかし，推定された遺伝子の ORF の中には，タンパク質として機能しそうもないアミノ酸配列もあった（☞ 2.4.6 項）。また，非コード RNA の存在も明らかになってきたことから，実際にはもっと少ないと予想されていた。そこで，タンパク質をコードする遺伝子として紛れ込んでいた遺伝子を排除する試みがなされた。ヒトのタンパク質の遺伝子は，近縁の動物にも保存されているはずであり，保存されていない配列は非コード遺伝子の可能性が高い。2007 年に，ヒト，マウス，イヌの遺伝子を比較して保存されてない遺伝子を除いたところ，20,470 となり，ヒトのタンパク質の遺伝子の数は約 20,500 とされている。しかし，その後も議論が続いており，コード遺伝子が 21,306，非コード遺伝子が 21,856 とする説もある[5-1]。

コラム 5.2　遺伝子がタンパク質をコードすることを示した研究史

DNA が遺伝子の本体であることが明らかになる以前から，アカパンカビを用いた遺伝学的研究により，遺伝子は特定の酵素の合成を支配すると考えられるようになっていた。1940 年代当時，酵素はタンパク質でできており，タンパク質が 20 種類のアミノ酸からできていることが知られていたので，遺伝情報はアミノ酸の配列を指定していると予想された。しかし，遺伝子の本体がタンパク質か核酸か決着しておらず，アミノ酸の配列を指定する機構は想像できなかった。

やがて，1952 年には，遺伝子の本体は DNA であることが明らかになり（☞ 1.3.1 項），1953 年に DNA が二重らせん構造をとることが示されると，遺伝病の鎌状赤血球貧血症のヘモグロビンの研究で，DNA がアミノ酸の配列を決めていることが証明された（1957 年）。鎌状赤血球貧血症を引き起こすヘモグロビンの β 鎖と，正常なヘモグロビンの β 鎖のアミノ酸配列を比較したところ，N 末端から 6 番目のアミノ酸がグルタミン酸からバリンに置き換わっていた。また，他の型の遺伝性貧血症では，ヘモグロビンの β 鎖の別のアミノ酸が置き換わっていたのである。では，DNA がどのように，タンパク質のアミノ酸の順番を決めているのだろうか。

DNA は核に存在することがわかっていたが，生化学的研究が進むと，タンパク質は細胞質で合成されることが明らかになった。細胞質は核膜で DNA と隔てられているので，DNA とタンパク質をつなぐ遺伝情報伝達物質が存在するに違いないと考えられるようになった。そこで，もう 1 つの核酸の RNA が注目された。RNA が細胞質に存在することと，DNA と構造がよく似ており，DNA の塩基と水素結合により相補的に結合する可能性があることから，DNA を鋳型に RNA が合成され，RNA の鋳型によってタンパク質のアミノ酸配列が決まるという仮説が提唱された（1956 年）。

A，G，C，T で書かれた遺伝情報は分子の凹凸として記録されている。したがって，DNA の塩基配列の凹凸を鋳型に，RNA の塩基配列の凸凹として情報を写し取ることは理解できる。しかし，RNA の塩基配列の凸凹はアミノ酸の立体構造とは相補性がなく，アミノ酸の鋳型になることはない。そこで，アミノ酸はアダプターに結合し，アダプターが RNA の塩基と相補的に結合するというアイデアが提唱された。特定のアダプターに 20 種類のアミノ酸のうちの 1 つが特異的に結合されるという機構である。その後，アダプターの tRNA と，mRNA が発見され（1956 年），1960 年代に入ると mRNA の鋳型情報がリボソームでタンパク質に変換されることが示され，遺伝情報は DNA → RNA →タンパク質の順に伝わることが明らかになった。

5.2 転　写

DNA の遺伝情報は，RNA ポリメラーゼのはたらきにより，鋳型から鋳物がつくられるように RNA に写し取られる。したがって，この過程を**転写**という。

5.2.1 RNA の構造

RNA は，リボースの 1 位の炭素に塩基が結合し，5 位の炭素と次のリボースの 3 位とリン酸ジエステル結合によって結びつけられた鎖状のポリヌクレオチドである。DNA と似た構造をしているが，DNA の糖は 2- デオキシリボースであるのに対し RNA ではリボース，塩基は DNA では A，G，C，T であるのに対し RNA では A，G，C，U（ウラシル）となっている。なお，U は T と同様に A と相補的な水素結合を形成する（図 5·2）。

RNA は基本的には 1 本鎖であるが，分子内に相補する塩基配列があると部分的に二重らせん構造をとる。また，DNA の塩基配列と相補する配列をもつ RNA は，DNA・RNA ハイブリッド二重らせん構造をとる。

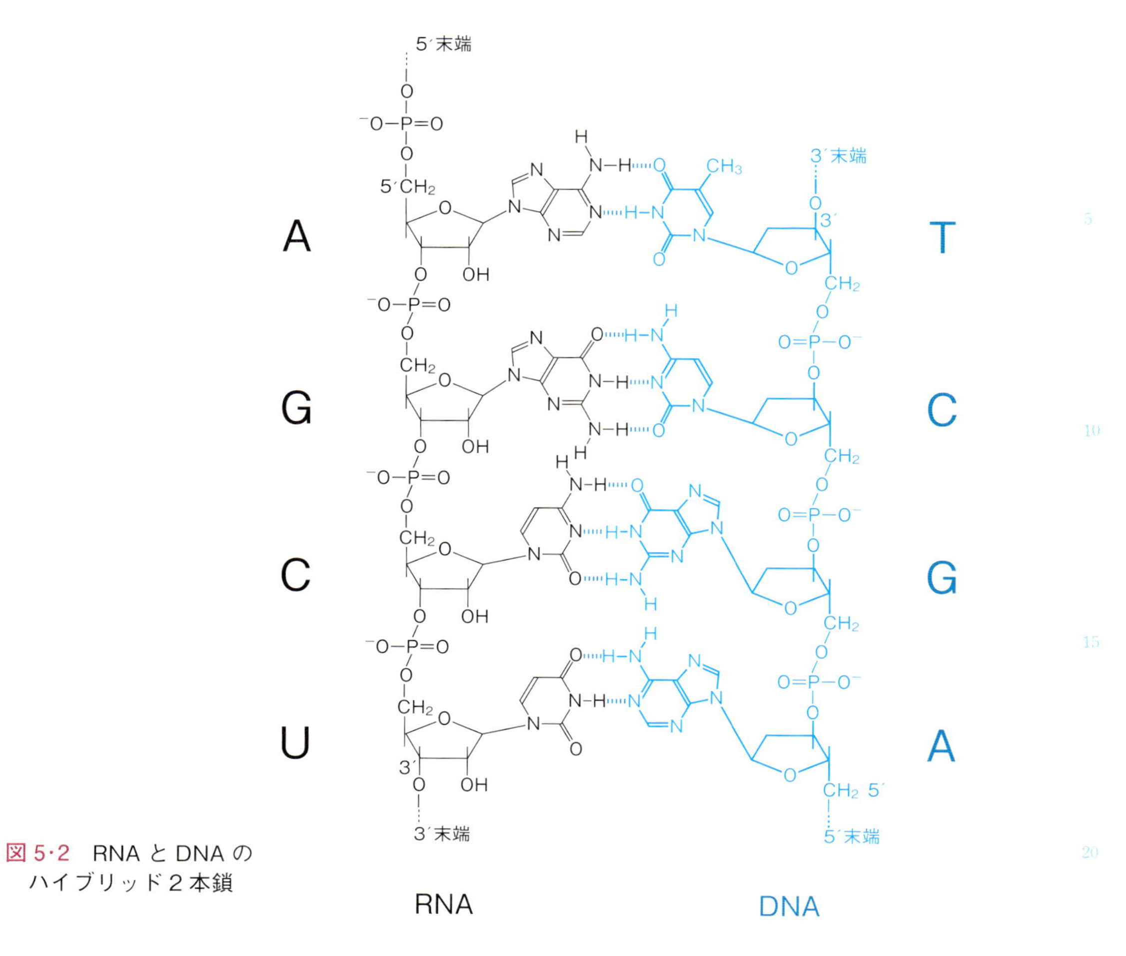

図 5·2　RNA と DNA のハイブリッド 2 本鎖

5.2.2　RNA ポリメラーゼ

RNA ポリメラーゼは，DNA を鋳型として，ATP，GTP，CTP，UTP を基質に，相補するヌクレオチドを連結していく。この酵素はヌクレオチドの 3′ OH にだけヌクレオチドを付加し，5′ OH には付加しない。RNA ポリメラーゼは，DNA 鎖の 3′ → 5′ 方向に移動しながら RNA を 5′ → 3′ に向けて合成する（図 5·3）。

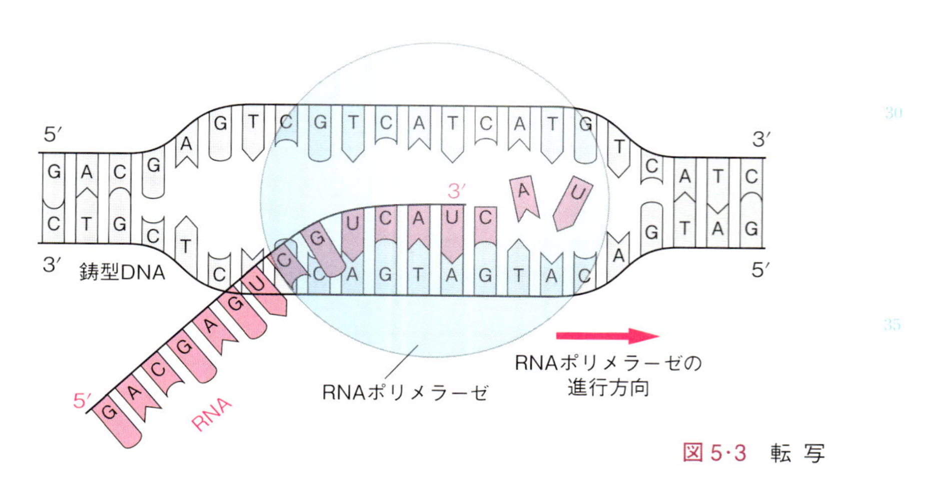

図 5·3　転 写

RNA ポリメラーゼは DNA ポリメラーゼとは異なり，プライマーがなくても転写を開始することができる。

DNA は 2 本鎖からなるが，遺伝情報の鋳型となるのは片側だけである。しかし，DNA 鎖の片側だけにすべての遺伝子の情報があるわけではない。RNA の合成の方向は常に 5′ → 3′ で，鋳型となる DNA は 3′ → 5′ に読まれるので，どちらの鎖を鋳型にするかによって転写の方向は逆になる（図 5･4）。DNA 2 本鎖のうち，RNA の鋳型となる鎖をアンチセンス鎖といい，RNA と同じ塩基配列の鎖をセンス鎖という。DNA の塩基配列を表す場合は，センス鎖の配列のみを示す。

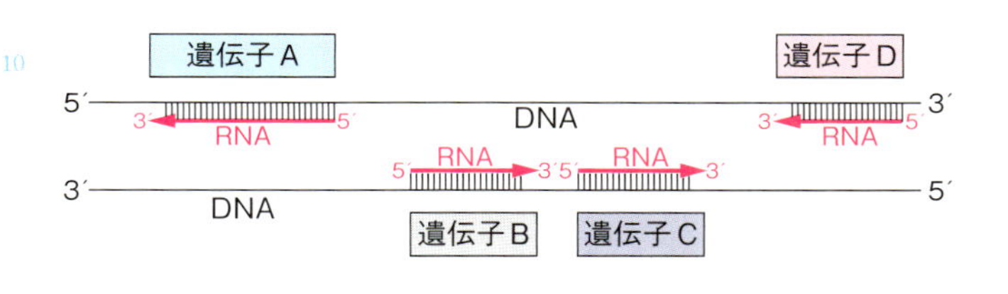

図 5･4　転写の方向

真核生物の核の遺伝子を転写する RNA ポリメラーゼは 3 種類あり，それぞれ転写する遺伝子が異なる（表 5･2）。タンパク質をコードする領域の遺伝情報を写し取った RNA を mRNA（messenger RNA：伝令 RNA）といい，RNA ポリメラーゼⅡにより転写される。スプライシング（☞ 5.3.3 項）ではたらく snRNA も RNA ポリメラーゼⅡが転写する。リボソームの構成成分である rRNA は RNA ポリメラーゼⅠが転写し，tRNA や 5S rRNA は RNA ポリメラーゼⅢが転写する。

表 5･2　真核生物の核の遺伝子を転写する RNA ポリメラーゼ

RNA ポリメラーゼの種類	転写される遺伝子
RNA ポリメラーゼⅠ	5.8S rRNA 遺伝子，18S rRNA 遺伝子，28S rRNA 遺伝子
RNA ポリメラーゼⅡ	タンパク質をコードする遺伝子。snoRNA 遺伝子，miRNA 遺伝子，siRNA 遺伝子，lncRNA 遺伝子，ほとんどの snRNA 遺伝子
RNA ポリメラーゼⅢ	tRNA 遺伝子，5S rRNA 遺伝子，一部の snRNA 遺伝子，その他の小分子 RNA 遺伝子

コラム 5.3　RNA ポリメラーゼの転写の正確性は高くない

RNA ポリメラーゼには 3′ → 5′ エキソヌクレアーゼ活性もあり，校正機能が備わっているが，DNA ポリメラーゼの 10^7 塩基あたり 1 か所の誤りに対し，10^4 塩基に 1 か所である。DNA 複製では，誤った塩基は娘細胞や子孫に伝わるが，RNA の誤りは伝わらない。RNA の誤った塩基がタンパク質のアミノ酸配列に影響して変異タンパク質が生成されたとしても，大部分は正常なタンパク質が占めるため，生命活動にはほとんど影響しない [5-2]。

5.2.3　転写開始点

転写の開始点と，転写の方向（どちらの鎖を鋳型にするか）の情報は塩基配列として DNA 上に記されており，この塩基配列の部分をプロモーターという。転写開始点を基点として，転写される側を下流といい，転写開始点の塩基を + 1 として，それより下流にある塩基の位置をプラスの整数で表す。下流の反対側を上流といい，転写開始点の塩基より1塩基上流の塩基を－1として，それより上流にある塩基の位置をマイナスの整数で表す。転写開始点を図示する場合は，「カギ矢印」を用い，矢印で転写の方向を示す。

真核生物のタンパク質をコードする遺伝子のプロモーターは約－30塩基付近にあり，多くは**TATAボックス**とよばれる転写開始に重要なはたらきをするコンセンサス配列を含む。他に，コンセンサス配列BRE（B recognition element），Inr（initiator），DPE（down-stream promoter element）があり，RNAポリメラーゼⅡのプロモーターはこれらのうち，2つか3つをもつ（図5･5）（表5･3）。

真核生物のRNAポリメラーゼは，単独ではプロモーターを認識して結合することができない。**基本転写因子**とよばれるタンパク質がプロモーターに結合すると，基本転写因子にRNAポリメラーゼが結合し，RNAポリメラーゼがDNAにセットされる。プロモーター上に構築される基本転写因子とRNAポリメラーゼの複合体を**転写開始複合体**とよぶ（図5･5）（表5･4）[5-3]。

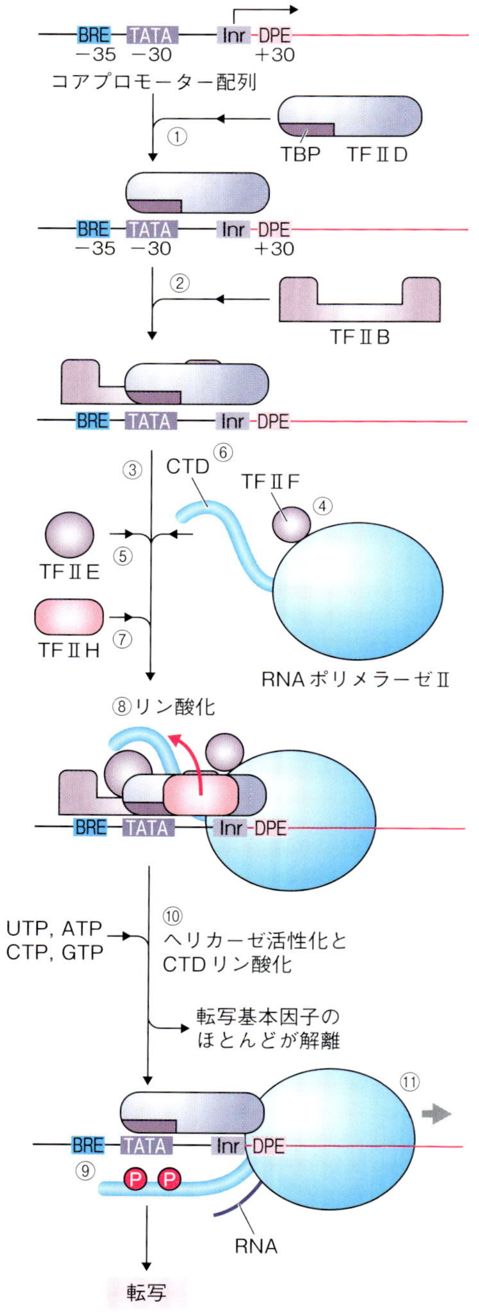

図5･5　プロモーターコア配列と転写開始複合体
TATA：TATA-box，BRE：B recognition element，Inr：initiator，DPE：down-stream promoter element。①TFⅡDがサブユニットのTBPを介してTATAボックスに結合すると，②TFⅡBが結合できるようになる。BREに結合したTFⅡBはプロモーターへのRNAポリメラーゼⅡの結合を促進する。③RNAポリメラーゼⅡと，その他の基本転写因子が次々と結合して転写開始複合体が形成される。④TFⅡFはTATAボックスに結合したTFⅡDとTFⅡBへのRNAポリメラーゼⅡの結合を安定化させる。⑤TFⅡEはTFⅡHの結合を促進する。⑥CTD（C terminal domain）は，アミノ酸7個からなる配列が52回繰り返す配列であり，7アミノ酸の繰り返しの5番目にセリンがある。RNAポリメラーゼⅡは，CTDで基本転写因子群と連結している。⑦TFⅡHのサブユニットの一つがもつキナーゼ活性により，⑧CTDのセリンがリン酸化を受ける。⑨リン酸化されたCTDは立体構造が変化し，基本転写因子群との結合が解除される。⑩TFⅡHのサブユニットの一つはヘリカーゼ活性をもっており，DNA2本鎖をほどいて鋳型鎖を露出させる。⑪基本転写因子群から解離したRNAポリメラーゼⅡが転写を開始する。（文献0-1を参考に作図）

表 5·3 RNA ポリメラーゼⅡのコアプロモーターのコンセンサス配列

配列名	コンセンサス配列	結合する基本転写因子
BRE	G/C G/C G/A C G C C	TFⅡB
TATA	T A T A A/T A A/T	TBP
INR	C/T C/T A N T/A C/T C/T	TFⅡD
DPE	A/G G A/T C G T G	TFⅡD

表 5·4 転写開始複合体形成にかかわる基本転写因子の機能

基本転写因子	転写開始における役割
TFⅡD	サブユニットの TBP は TATA ボックスに結合，TAFs はプロモーターの他のコンセンサス配列を認識して TBP の TATA ボックスへの結合を調節。
TFⅡA	TFⅡD の TATA ボックスへの結合の安定化。
TFⅡB	BRE に結合し，RNA ポリメラーゼⅡを転写開始点にセットする。
TFⅡF	TFⅡB と RNA ポリメラーゼⅡの結合の安定化と，TFⅡE と TFⅡH の結合の促進。
TFⅡE	TFⅡH を結合して TFⅡH の機能を調節。
TFⅡH	DNA ヘリカーゼ活性をもつサブユニットと，タンパク質キナーゼ活性をもつサブユニットをもつ。DNA ヘリカーゼ活性により DNA をほどき，転写の鋳型を露出させ，キナーゼ活性により RNA ポリメラーゼⅡの CTD をリン酸化して RNA ポリメラーゼⅡをプロモーターから解離させ，転写を開始させる。

参考 5.2 RNA ポリメラーゼⅡの基本転写因子

RNA ポリメラーゼⅡの基本転写因子は，TFⅡA，TFⅡB，TFⅡD，TFⅡE，TFⅡE，TFⅡF があり，最初に TFⅡD がプロモーターに結合する。TFⅡD は TATA ボックスに結合する TBP（TATA-binding protein）と複数の TAFs（TBP-associated factors）からなる複合体である。TFⅡD が TATA ボックスに結合すると DNA が曲がり，その結果，他の基本転写因子が順番に次々と結合できるようになる。

5.2.4 転写開始機構

転写開始複合体が形成されると，RNA ポリメラーゼの活性部位は，TATA ボックスの約 30 塩基下流に配置されることになる。RNA ポリメラーゼの C 末端領域を特に CTD（C-terminal domain）とよぶ。CTD はポリメラーゼの中心から長く伸びており，TBP につなぎ留められているため，このままでは転写を開始することはできない[5-4]。

最後に転写開始複合体に結合した TFⅡH が CTD をリン酸化すると[5-5]，リン酸化された CTD は立体構造を変え，TBP から解離する。その結果，転写が開始される。これを**プロモータークリアランス**という。RNA ポリメラーゼが転写を開始すると，転写開始複合体を構成していた基本転写因子は解離し，次の転写開始複合体の形成に用いられる（図 5·5）。

コラム 5.4　TATA ボックスが転写開始点の 30 塩基対上流にある理由

遺伝子上の位置関係は，転写開始点を起点として表される。転写開始複合体の構築は TFⅡD が TATA ボックスに結合することから始まり，基本転写因子が組み合わされ，RNA ポリメラーゼⅡがセットされる。RNA ポリメラーゼの転写活性部位は TATA ボックスから 30 塩基対下流に位置し，その位置から転写が開始されることになるため，結果的に TATA ボックスは転写開始点から 30 塩基対上流に位置することになる。

参考 5.3　RNA ポリメラーゼⅠ，Ⅲのプロモーターと基本転写因子

RNA ポリメラーゼⅠ，Ⅱ，Ⅲのプロモーターの塩基配列は異なり，基本転写因子の構成も異なるが，サブユニットは共通しているものもある[5-6]。RNA ポリメラーゼⅠの転写の開始は，－45 塩基から＋20 塩基にあるコアプロモーターと，－156 塩基から－107 塩基にある UCE（upstream control element）がかかわる[5-7]（図 5·6）。SL1（マウスでは TIF-IB とよばれる）がコアプロモーターに結合し，UBF（upstream binding factor）二量体が結合すると，RNA ポリメラーゼⅠが転写開始点にセットされる[5-8]。

RNA ポリメラーゼⅢで転写される tRNA 遺伝子のコアプロモーター A，B は，転写開始点の下流にある[5-9]（図 5·7）。コアプロモーターに TFⅢC が結合し，これに TFⅢB が結合して，RNA ポリメラーゼⅢが転写開始点に配置される[5-10]。rRNA 遺伝子，tRNA 遺伝子ともに TATA ボックスはないが，SL1 と TFⅢB はサブユニットとして TBP をもつ[5-11]。RNA ポリメラーゼⅢで転写される snRNA の *U6* 遺伝子のプロモーターには転写開始点の上流に TATA ボックスがあり，TFⅢB の TBP が TATA ボックスに結合することにより RNA ポリメラーゼⅢを転写開始点に配置する。

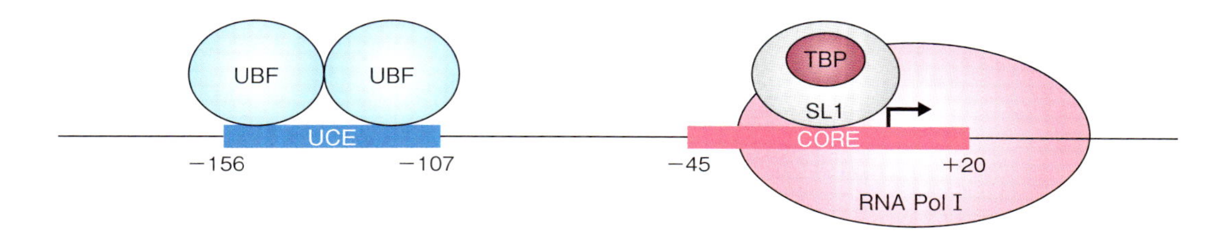

図 5·6　ヒト rRNA 遺伝子のプロモーターと基本転写因子

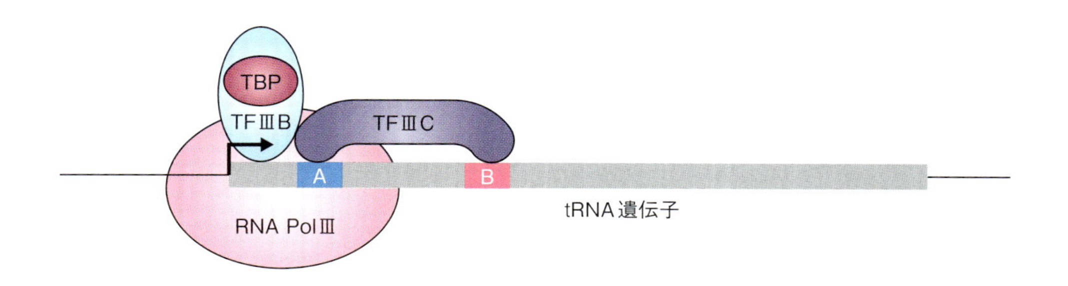

図 5·7　tRNA 遺伝子のプロモーターと基本転写因子

参考 5.4　ミトコンドリアと葉緑体の RNA ポリメラーゼ

ミトコンドリアと葉緑体の mRNA は，RNA ポリメラーゼⅡとは異なるポリメラーゼによって転写される。ミトコンドリアの RNA ポリメラーゼは mtRNAP であり，核ゲノムにコードされている[5-12]。葉緑体の RNA ポリメラーゼには，核ゲノムにコードされる NEP と葉緑体ゲノムにコードされる PEP があり，それぞれ葉緑体の異なる遺伝子を転写する[5-13]。

参考 5.5　RNA ポリメラーゼの転写速度

RNA ポリメラーゼⅡの転写速度をヒトの培養細胞を用いて調べると，細胞株によらず 1 分間に平均約 1500 塩基であるが[5-14]，遺伝子によって転写速度が大きく異なる（図 5·8）。一般にヒストン H3 のリシン 79 の 2 メチル化と，ヒストン H4 のリシン 29 の 1 メチル化されている領域では転写速度が大きい。また，長い遺伝子ほど転写速度が大きく，高密度にエキソンが分布する領域や，GC 含量が高い領域，高メチル化 DNA の領域は転写速度が低い。rRNA を転写する RNA ポリメラーゼⅠは，RNA ポリメラーゼⅡより転写速度が大きく，約 5700 塩基 / 分である[5-15]。rRNA 遺伝子（rDNA）は，ヒトでは約 200 個が縦列していて，そのうち約 100 個が転写されている。高速の転写とコピー数の多さ，転写が終結する前に次の転写を開始することで，24 時間に約 10^7 分子の rRNA の生産をまかなっている。

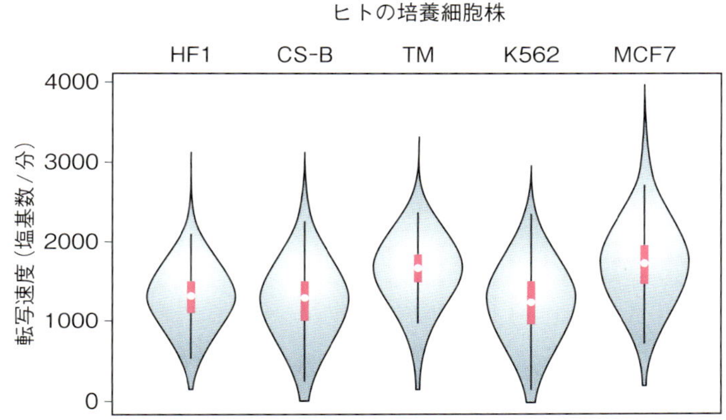

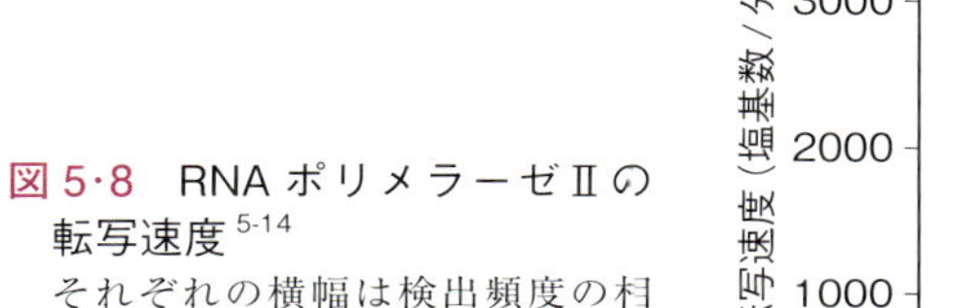
図 5·8　RNA ポリメラーゼⅡの転写速度[5-14]
それぞれの横幅は検出頻度の相対値を表し，バーは四分位範囲，白点は中央値を表す。

コラム 5.5　RNA を介した遺伝情報の伝達の有利な点

遺伝情報は，細胞や個体にとって大切であり，一部でも失われたり傷ついたりしてはならない。遺伝情報の原本である DNA は大切に核の中に収めておき，RNA としてコピーした情報を用いることにより，情報の原本の安全性が高められている。また，必要な情報を必要な量だけコピーすることができるとともに，RNA は細胞質で分解されやすいので，継続して転写し続けない限り，発せられた情報はすみやかに消失する。したがって，環境に対する臨機応変な遺伝子発現の調節が可能である。さらに，RNA の情報を編集することにより（☞ 5.3.3 項），1 つの遺伝子から複数の性質をもつタンパク質をつくり出すことが可能となり，遺伝情報に多様性をもたせることができる。

参考 5.6　大腸菌の転写

大腸菌などの細菌では，転写は 1 種類の RNA ポリメラーゼによって行われる。大腸菌の RNA ポリメラーゼは複数のサブユニットからなるコア酵素と，プロモーターの塩基配列を認識してコア酵素に転写を開始させる σ（シグマ）因子からなる。

σ 因子の種類は種によって異なる。大腸菌の σ 因子には 19，24，28，32，38，54，70 がある。数字は分子量を示している。大腸菌は，これらの因子を環境に応じて使い分け，適切な遺伝子を発現させている。

基本的な生命活動に必要な遺伝子をハウスキーピング遺伝子といい，ハウスキーピング遺伝子は常に発現している。σ70 は，さまざまなハウスキーピング遺伝子の転写を開始させるはたらきがある。σ32 は，熱にさらされるヒートショックな状態ではたらき，熱変性による異常なタンパク質の折りたたみを正常に戻す遺伝子を発現させる。σ38 は飢餓状態ではたらき，飢餓に耐えるための遺伝子を発現させる。

転写が開始されると σ 因子は RNA ポリメラーゼから離れ，RNA ポリメラーゼは転写終結シグナルまで転写を続ける。転写終結シグナルで RNA ポリメラーゼは，DNA と転写していた RNA から遊離し，再び σ 因子が RNA ポリメラーゼに結合する。

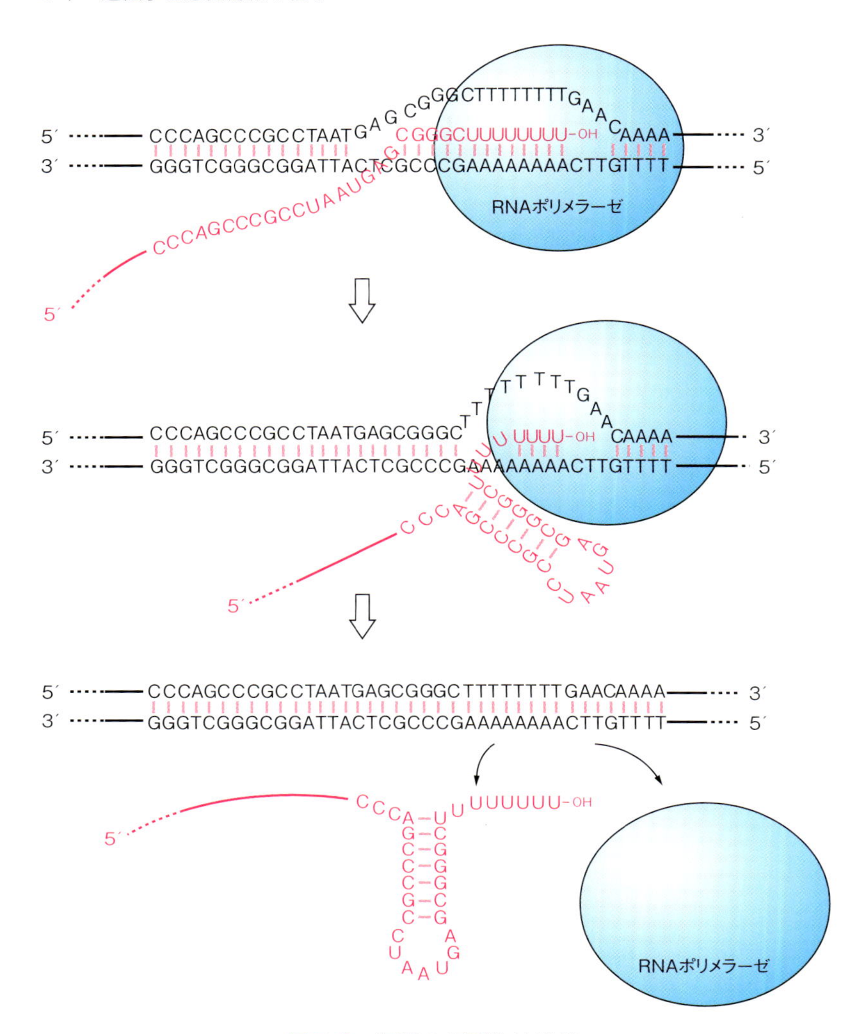

図 5·9　細菌の転写終結機構

5.2.5　転写終結

大腸菌では，転写を終結させるための目印となる配列があり，これをターミネーターという。ターミネーターは転写終結点から上流 15 ～ 20 塩基対にあり，逆方向反復配列と，そのすぐ下流に T の連続（鋳型となる反対鎖は A の連続）をもつ。

RNA ポリメラーゼが RNA を合成している点では DNA の 2 本鎖が開き，10 数塩基にわたって鋳型になる DNA と，転写された RNA が相補的に結合している。この RNA-DNA の結合が安定ならば RNA の伸長反応は続けられる。しかし，ターミネーター部分が転写されると逆方向反復配列のため，RNA 鎖内で相補的結合が形成され，転写された RNA はヘアピン構造をとる（図 5·9）。RNA と RNA の相補的結合は，RNA-DNA の結合より安定なため，RNA-DNA の相補的結合を妨げることになる。

さらに，そのすぐ下流に T の連続が転写されると，U の連続と鋳型の A の連続との水素結合は弱いので結合が不安定となり，RNA は DNA から離れ，転写が終結する。

真核生物の転写終結機構についてはほとんどわかっていない。mRNA の転写では，タンパク質のコード領域の転写が完了してしばらくすると転写終結前に mRNA が切断され，転写終結点が正確につかめないからである。実際の転写終結は切断点の 1kb 以上も下流で起こる例も知られている。

5.3　転写後の修飾

真核生物では，mRNA や rRNA，tRNA は，RNA 前駆体として合成され，さまざまな加工（**プロセッシング**：processing）を受けた後に，機能をもつ RNA

になる。真核生物の mRNA 合成過程では，転写が開始された直後，1 本の RNA 分子の合成が完了する前に，5′ 末端の修飾，RNA 分子の切断，断片の除去，残ったRNA 断片の再結合が行われる。また，転写終結にともなって3′ が修飾を受ける。これらは，翻訳効率，情報の多様化にかかわっている。

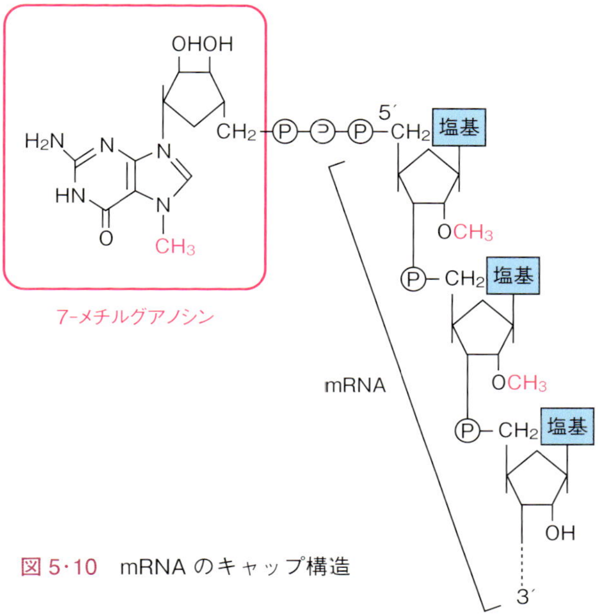

5.3.1　mRNA の 5′ 末端へのキャップ構造の付加

RNA ポリメラーゼⅡで転写される mRNA などの RNA は，転写開始にともなって 5′ 末端にグアノシンが付加され，引き続き G の 7 位がメチル化を受ける（図 5･10）。多細胞生物ではさらに，2 番目の塩基の 2′ OH がメチル化される。3 番目の塩基の 2′ OH もメチル化されることがある。これらの修飾を**キャップ**といい，キャップ構造はリボソームが mRNA に結合するのを促進し，正しい開始コドンから翻訳させるはたらきがある[5-16]。ミトコンドリアと葉緑体の mRNA にはキャップ構造がない。

図 5･10　mRNA のキャップ構造

5.3.2　mRNA の 3′ 末端へのポリ（A）付加

真核生物の mRNA のほとんどは，3′ 末端に約 200 塩基に及ぶ A の連続があり，これを**ポリ（A）**という。ポリ（A）は遺伝子の配列で指定されているのではなく，鋳型に依存しないポリ（A）ポリメラーゼによって RNA に付加される（図 5･11）。

ポリ（A）は，転写が完了した RNA の 3′ 末端に付加されるのではない。転写終結点の少し上流にポリ（A）付加シグナル（5′-AATAAA-3′）があり，多くの場合，10 ～ 30 塩基下流に 5′-CA-3′，その 10 ～ 20 塩基下流に 5′-GU-3′ に富む領域がある。RNA ポリメラーゼⅡがポリ（A）付加シグナルとその下流を転写すると，複合体 CPSF（cleavage and polyadenylation specificity factor：切断およびポリ（A）付加特異性決定因子）がポリ（A）付加シグナルに結合し，複合体 CstF（cleavage stimulation factor：切断促進因子）が 5′-GU-3′ に富む領域に結合する。ここに，ポリ（A）ポリメラーゼとポリ（A）結合タンパク質 PABP（polyadenylate-binding protein）が結合し，配列 CA の 3′ 末端で RNA が切断され，ポリ（A）が付加される。PABP はポリ（A）ポリメラーゼの活性を促進し，ポリ（A）配列を維持するはたらきがある[5-17]。

ポリ（A）の長さは翻訳開始頻度と相関しており，翻訳開始にかかわる。なお，

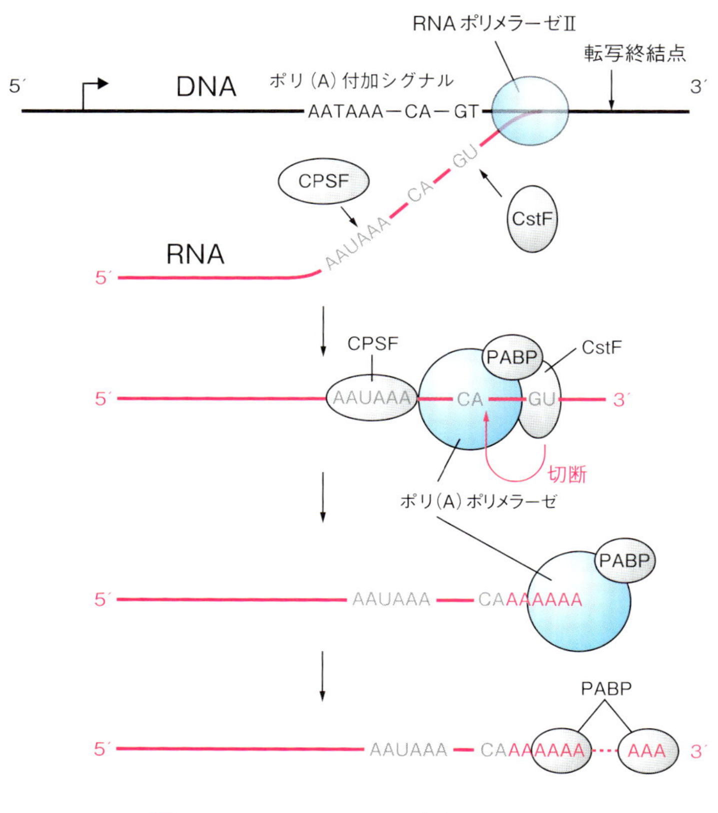

図5・11　mRNAへのポリ(A)付加機構

ミトコンドリアmRNAは，RNAポリメラーゼⅡとは異なるmtRNAPで転写されるが，ポリ(A)が付加される[5-18]。葉緑体mRNAにはポリ(A)がない。

5.3.3　スプライシング

一次転写産物が，成熟RNAになる過程で，一部が切り取られ，残った部分が連結される。これを**スプライシング**といい，切り取られる部分を**イントロン**，成熟RNAとして残る部分を**エキソン**という。

真核生物においては，mRNAとなる一次転写産物のイントロンのほとんどは，5′末端が5′-GU-3′であり，3′末端は5′-AG-3′である。このイントロンのグループを**GU-AGイントロン**といい，同じ機構でスプライシングを受ける。イントロンとエキソンの境目には目印となる共通配列があり，イントロンの内部にも共通配列（酵母では5′-UACUAAC-3′）がある（図5・12）。

これらの共通配列を**核内低分子リボ核タンパク質**（**snRNP**：small nuclear ribonucleoprotein）が認識し，切断と再結合を行う。snRNPは，U1～U6とよばれる150塩基ほどの短い**snRNA**（small nuclear RNA）とタンパク質の複合体である。イントロンの5′切断部位を**供与部位**（donor site），3′切断部位を**受容部位**（acceptor site）という。

5′側の切断にはイントロンの中にある共通配列がかかわる。共通配列の最も3′側のAと，供与部位のイントロンの末端のGが反応し，5′切断部位のホスホ

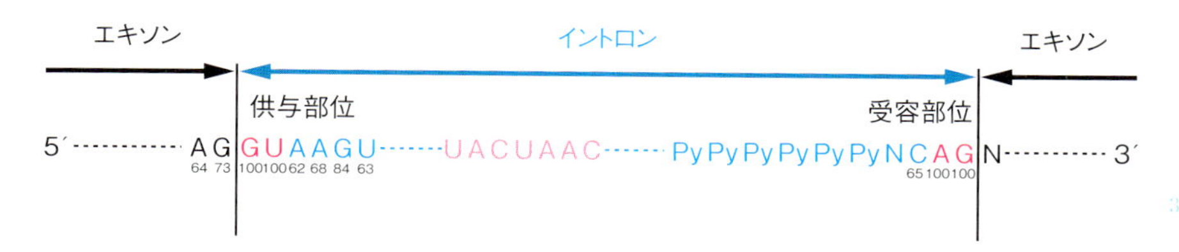

図5・12　出芽酵母mRNA前駆体のエキソン-イントロンの境界共通配列
塩基の下の数は存在する確率（%）を表す。Py：ピリミジン塩基（UまたはC），N：任意の塩基。

ジエステル結合が切断されると同時に，A と G は 5′-2′ ホスホジエステル結合で結ばれる。この段階でイントロンは投げ縄構造をとる。5′ 側の切断で生じた上流のエキソンの 3′ 末端の G とイントロンの 3′ 末端の G が反応すると，3′ 末端のホスホジエステル結合が切断され，イントロンが放出される。さらに，上流のエキソンの 3′ 末端と下流のエキソンの 5′ 末端がホスホジエステル結合で連結され，スプライシングが完了する（図 5･13）[5-19]。

スプライシングに伴い，エキソンとエキソンの接合部の 20 ～ 24 塩基に**エキソン接合部複合体（EJC）**が形成される[5-20]。EJC は，翻訳において最初のリボソームが通過するときに mRNA から解離する。スプライシングが不全で ORF（☞参考 5.1）の途中に終止コドンが生じると，リボソームは終始コドンで停止するため，生じた終止コドンより 3′ 末端側の EJC を解離させることができない。EJC はスプライシング不全の目印としてはたらき，その mRNA は選択的に分解される（☞図 6･10）。

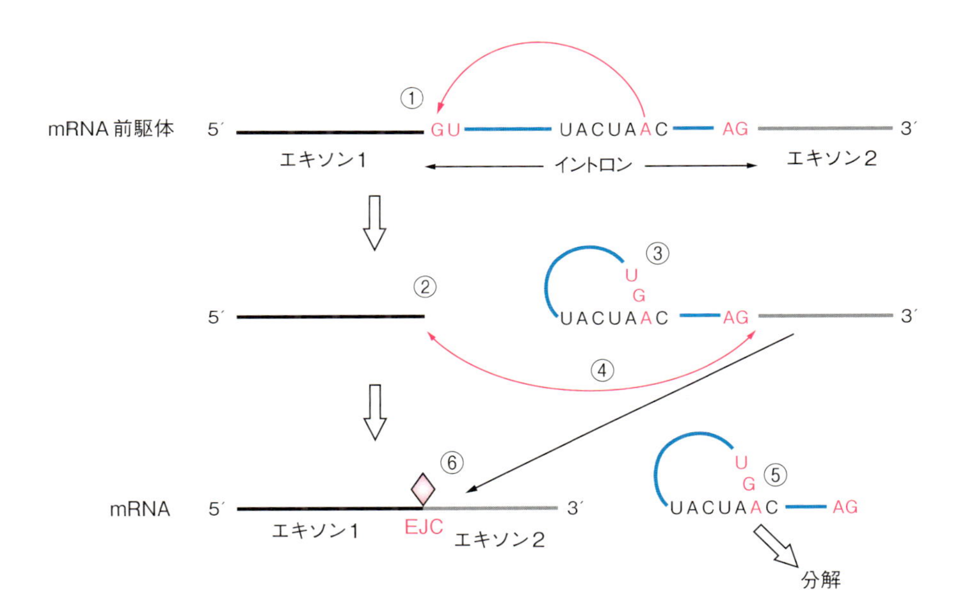

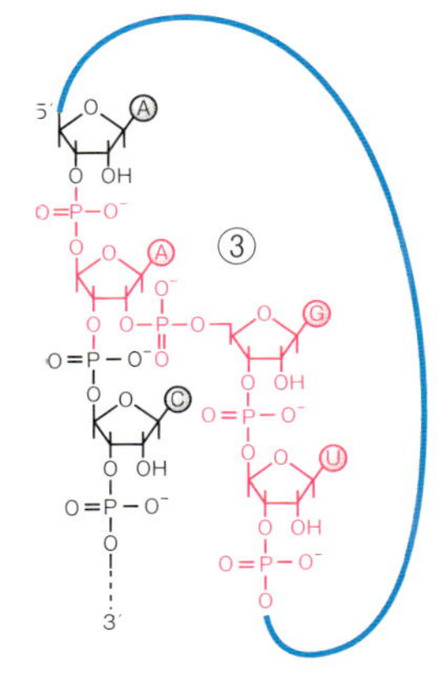

図 5･13　mRNA 前駆体のスプライシング機構
①イントロンの分岐点のアデニンヌクレオチドが，イントロンの 5′ スプライシング部位を攻撃し，②エキソンの 3′ 末端のリボースとグアニンヌクレオチドのリン酸との結合を切断する。③切断されたイントロンの 5′ 末端のリン酸は，イントロン分岐点配列のアデニンの 2′ OH と結合する。④エキソンの 3′ OH 末端は，次のエキソンの 5′ 末端と結合する。⑤投げ輪状になったイントロンは遊離し，分解される。⑥連結されたエキソンの接点に EJC が結合する。

参考 5.7　スプライシングの詳しいしくみ

スプライシングには，U1 ～ U6 の snRNP と，BBP（branchedpoint binding protein）と U2 補助因子の U2AF がかかわる（図 5･14）。snRNP はスプライソソームとよばれる複合体を形成し，スプライソソームが mRNA 前駆体からイントロンを取り除き，成熟 mRNA にする。

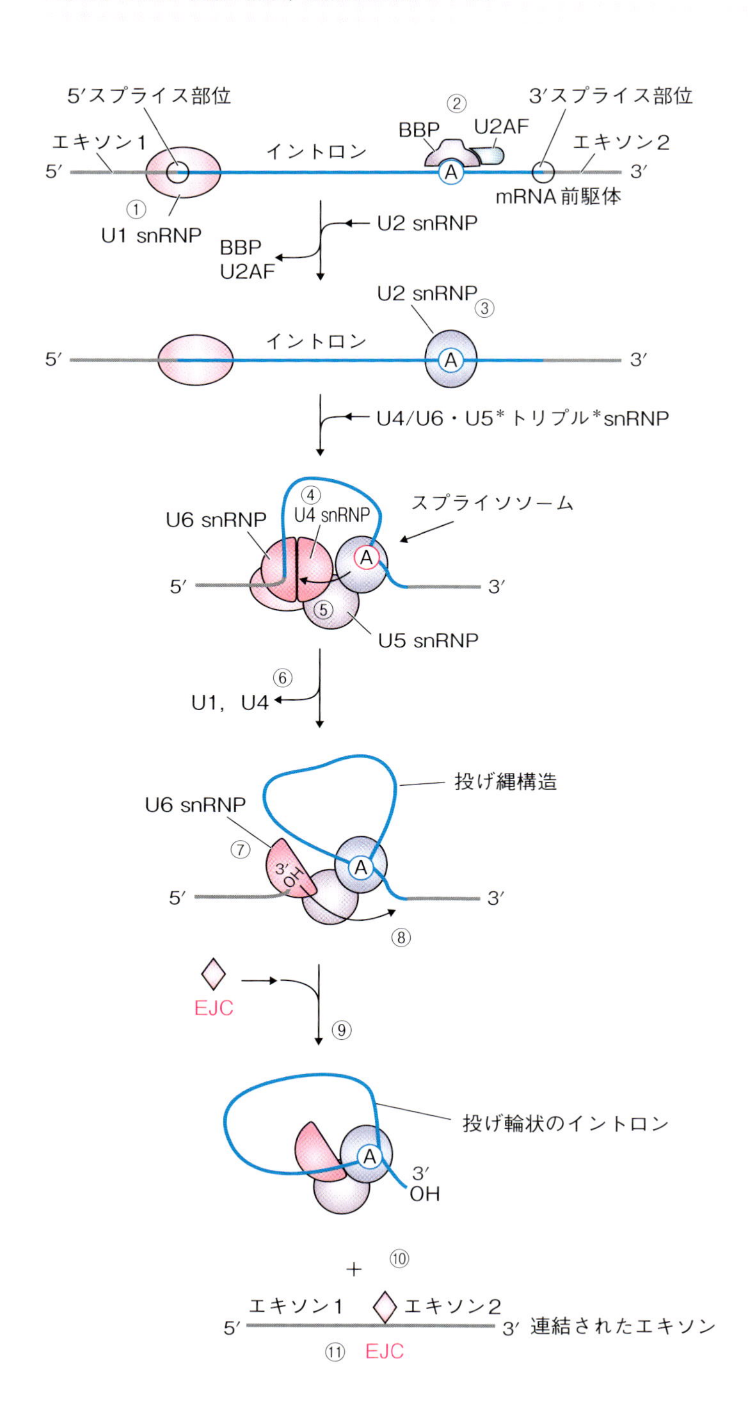

図 5･14　スプライシングの詳しいしくみ
① U1 snRNP の RNA がイントロンの 5′ スプライス部位と相補的に塩基対をつくり，U1 snRNP が 5′ スプライス部位に結合する。② BBP と U2AF が分岐点に結合する。③ U2 snRNP の RNA がイントロンと相補的に塩基対をつくり，U2 snRNP が，BBP と U2AF に代わって分岐点に結合する。④ U4/U6 snRNP と U5 snRNP が加わる。U4 snRNP と U6 snRNP はそれぞれの RNA が相補的に結合して U4/U6 snRNP 複合体を形成している。⑤ U2 snRNP が結合した分岐点のアデノシンヌクレオチドが 5′ スプライシング部位を攻撃して RNA 鎖を切断する。⑥ U4/U6 snRNP の相補的塩基対が解離し，U4 snRNP と U1 snRNP が離脱する。その結果，⑦ U6 snRNP が U1 snRNP と入れ替わり，⑧ 3′ スプライス部位が切断される。⑨投げ輪状のイントロンは遊離し，分解される。⑩エキソンの 3′ 末端と，次のエキソンの 5′ 末端が連結し，⑪エキソン接合部位に EJC が結合する。

5

参考 5.8　エキソン内スプライシング促進配列

エキソンの中にもスプライシングを促進する配列 ESE（exonic splicing enhancer）がある。ESE にスプライシングを調節する SR タンパク質が結合すると，U1 snRNP と U2 snRNP がスプライシングサイトにリクルートされ，スプライシングが促進される。エキソンの中にはスプライシングを抑制する配列 ESS（exonic splicing silencer）もあり，ESS には hnRNP（heterogeneous nuclear ribonucleoprotein：RNA とタンパク質の複合体）のタンパク質 hn が結合する（図 5·15）[5-21]。なお，hnRNP 複合体（heterogeneous nuclear ribonucleoprotein particle）は，転写後プロセシングを受ける前の核内に留まる一本鎖 RNA のイントロンに局在する。

10

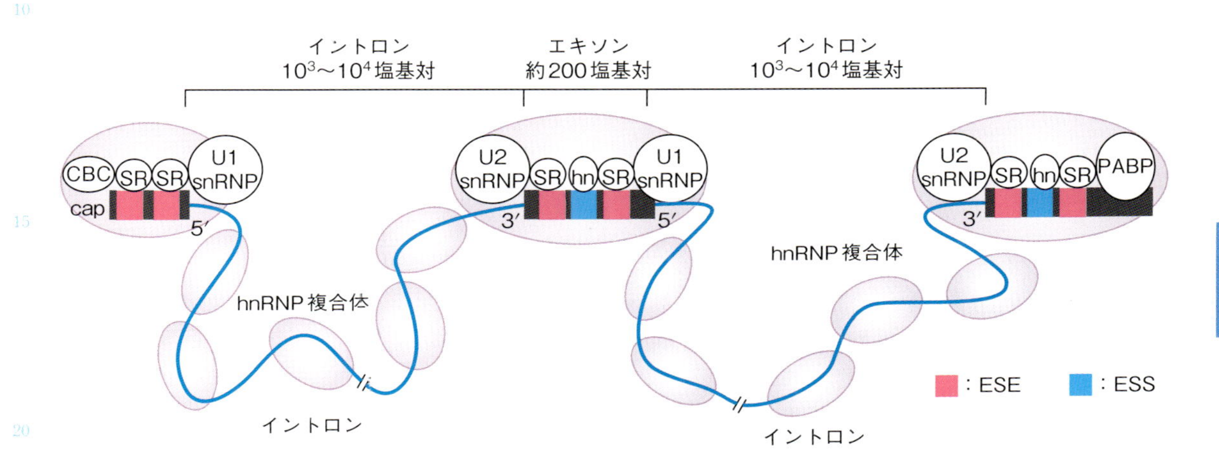

15

20

図 5·15　エキソン内スプライシング促進配列[5-21]
CBC：キャップ結合複合体。CBC は mRNA の核外輸送にかかわる。
hn：hnRNP タンパク質。PABP：ポリ（A）結合タンパク質。

25

参考 5.9　tRNA のキャップ構造とスプライシング

RNA ポリメラーゼⅢで転写される tRNA 前駆体も，5′ 末端にキャップ構造が付加される（図 5·16）。tRNA 前駆体 5′ 末端のキャップ構造は，酵母からヒトまで保存されており，5′ エキソヌクレアーゼによる分解から保護するはたらきがある。キャップ構造は，tRNA の成熟過程で除去される[5-22]。真核生物とアーキアにはイントロンをもつ tRNA があり，イントロンはスプライシングにより除去される[5-23]。出芽酵母の tRNA は 43 種類あり，274 個の tRNA 遺伝子から合成される。このうち，59 個の tRNA 遺伝子がイントロンをもつ（図 5·16）。tRNA のスプライシングには，mRNA とは異なり，タンパク質だけからなる酵素がかかわる。

30

35

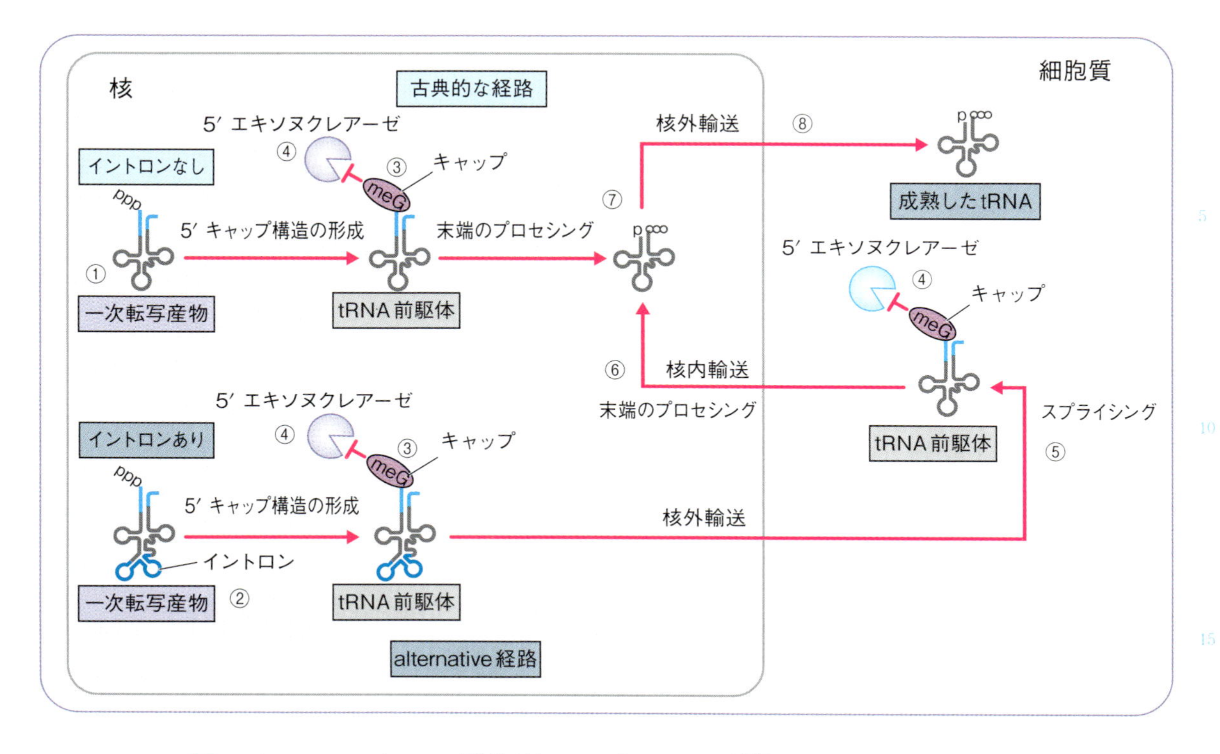

図 5･16　tRNA のキャップ構造付加とスプライシング [5-23]
①イントロンをもたない tRNA 一次転写産物と，②イントロンをもつ tRNA 一次転写産物がある。③いずれも 5′ 末端にキャップが付加される。④キャップがあることにより，エキソヌクレアーゼによる分解を免れる。⑤イントロンをもつ tRNA 前駆体が細胞質に輸送されるとスプライシングを受ける。⑥スプライシングを受けた tRNA 前駆体は核内に戻り，⑦末端のプロセシングを受けてキャップが外され，⑧成熟した tRNA が細胞質に輸送される。

参考 5.10　rRNA のイントロンと細菌の tRNA のイントロン

rRNA のイントロンも一部の生物種で知られている。リボザイムの発見に貢献したテトラヒメナの rRNA イントロンは，自己スプライシングにより除去される。細菌の tRNA にもイントロンをもつ遺伝子が稀にあり，細菌のイントロンは，tRNA による自己スプライシングにより除去される [5-24]。

5.3.4　真核生物の mRNA の構造

完成した mRNA の 5′ 末端にはキャップ構造があり，5′ 末端領域にはタンパク質に翻訳されない 5′ 非翻訳領域（5′ UTR：5′ untranslated region）がある。5′ UTR の 3′ 末端に続いて，翻訳開始点があり，タンパク質の情報をもつコード領域がある。コード領域の 3′ 末端側には 3′ UTR がある。3′ UTR には mRNA の安定性を調節する領域や，翻訳を調節する領域と，ポリ(A)付加シグナルがある（図 5･17）。

ほとんどの mRNA の 3′ 末端が付加されるが，動物のヒストン mRNA は例外的にポリ（A）をもたない [5-25]。

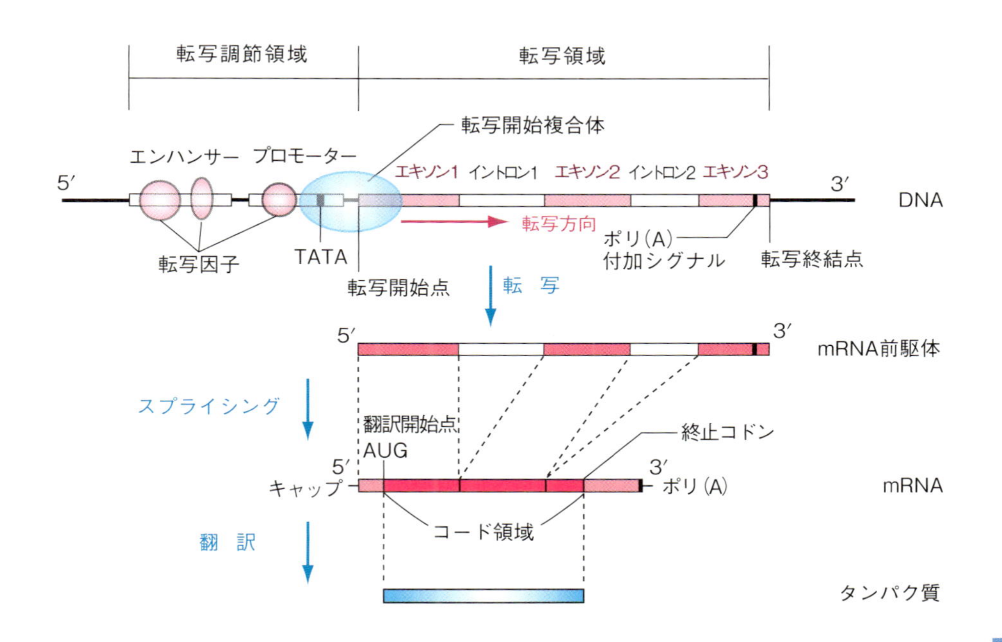

図 5·17　成熟 mRNA の構造

5.3.5　選択的スプライシング

スプライス部位を変えることにより発現を調節する遺伝子が多数知られている（図 5·18）[5-26]。エキソンの組み合わせが変わることにより，1 つの遺伝子から複数種類のタンパク質が合成される。ヒトの遺伝子の数は約 20,500 であるが，約 10 万種類のタンパク質が合成される。

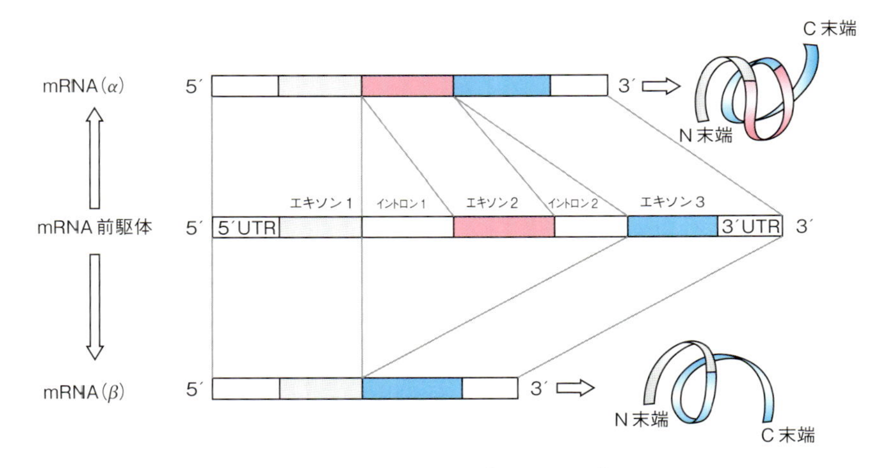

図 5·18　選択的スプライシング

コラム 5.6　イントロンの数

酵母では約 6000 個ある遺伝子のうち，イントロンは 239 個しかないが，哺乳類の遺伝子の多くは，1 つの遺伝子あたり 1～50 個ほどあり，VII 型コラーゲン遺伝子では 117 個もある。

5.3.6 rRNA の転写とプロセッシング

ヒトの45S rRNA遺伝子は，縦列に繰り返して並んでおり，それらは13, 14, 15, 21, 22番染色体に分散している。縦列に反復する45S rRNA遺伝子の総数は個人によって異なり，ゲノムあたり30～400個の開きがある[5-27]。1つの45S rRNA遺伝子の長さは約43 kbであり，RNAポリメラーゼⅠにより45S rRNA前駆体（約13.3 kb）として転写される。45S rRNA前駆体はリボヌクレアーゼMRPなどにより，配列の特定の箇所で切断され，さらにトリミングを受けて完成した5.8S, 18S, 28S rRNAになる（図5･19）。

ヒトの5S rRNA遺伝子は1番染色体にあり，縦列に並んでいる。ゲノムあたりのコピー数は個人によって異なり，ゲノムあたり150～200以上まで開きがある[5-28]。5S rRNAはRNAポリメラーゼⅢによって転写される。45S rRNA遺伝子は異なる染色体に分散して存在しているが，核の中では核小体に局在する。そのため，45S rRNA遺伝子領域は**核小体形成領域**（NOR：nucleolar organizer region）とよばれる[5-29]。

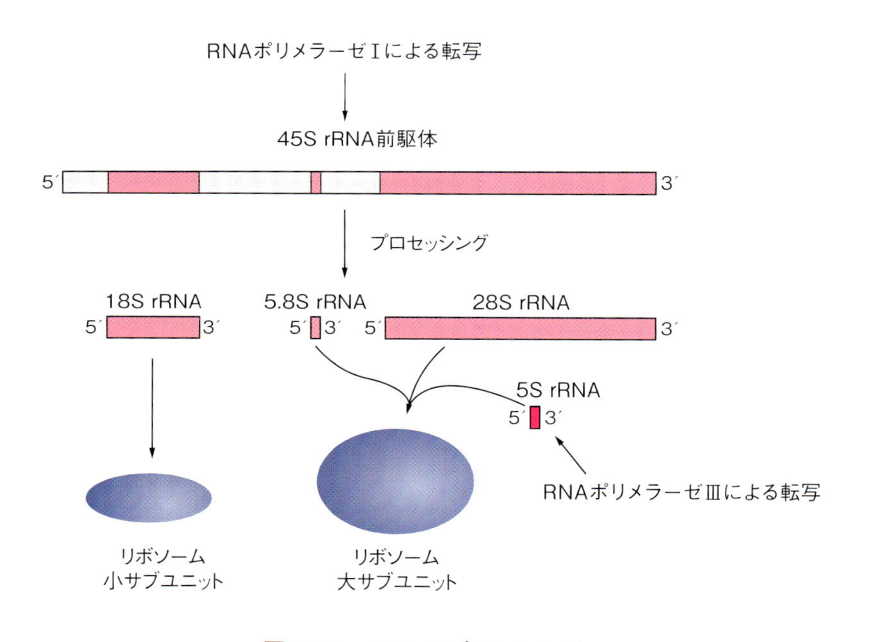

図5･19　rRNAのプロセシング

5.3.7 イントロンRNAの分解とmRNAの核外への運搬

転写されたばかりのmRNA前駆体には，hnRNP（heterogeneous nuclear ribonucleoprotein），SRタンパク質（serine arginine-rich proteins）とよばれるタンパク質が結合している。

hnRNPはmRNAの核外輸送にかかわる[5-30]。ヒトのhnRNPは約30種類もあり，核のタンパク質の約30%を占め，ヒストンの量に匹敵する。hnRNPは，すべてRNA結合ドメインをもつ。SRタンパク質はスプライシングを調節する[5-31]。スプライシングによって切り取られたイントロンRNAは，核内のエキソソームとよばれるタンパク質複合体によって分解される。真核生物のエキソソームは，11個のサブユニットのうち8個が3′→5′ RNAエキソヌクレアーゼ活性をもつ[5-32]。

mRNAが成熟すると核外輸送受容体が結合し，mRNAのキャップにはmRNAの核外輸送にかかわる**キャップ結合複合体（CBC）**が結合する[5-33]。核外輸送受容体はTREX（transcription-export）複合体[5-34]とAREX（alternative mRNA export）複合体[5-35]があり，核外輸送受容体はhnRNPやSR，EJCなどのRNA結合タンパク質と相互作用して未成熟・成熟mRNAを識別し，成熟mRNAだけを核膜孔複合体を通して細胞質に輸送する。エキソンとエキソンの接合部にはEJCが結合する[5-36]（図5･20）。CBCとEJCはスプライシングが正しく行われなかったmRNAの分解にかかわる（☞図6･10）。

mRNAが核から細胞質に輸送されると，核外輸送受容体がmRNAから離れ，核内に戻り再利用される。翻訳開始因子のeIF4Eがキャップに結合し，eIF4EにeIF4Gが結合するとCBCはキャップから離れ，本格的な翻訳が開始される。

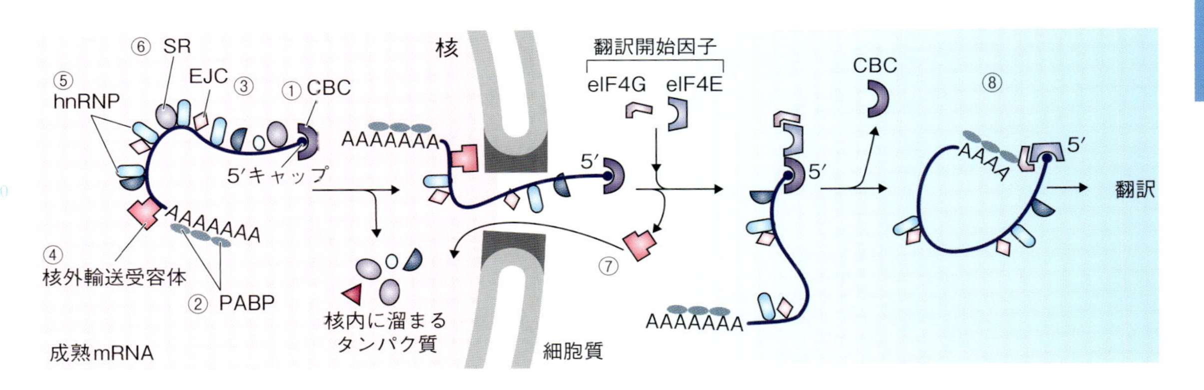

図5･20 mRNAの核外輸送
①成熟したmRNAの5′末端にはCBCが結合しており，② 3′末端のポリ(A)にはPABP，③エキソンとエキソンの接合部にはEJCが結合しており，その他の領域には④核外輸送受容体や，⑤ hnRNPと⑥ SRが結合している。⑥ CBC，PABPと核外輸送受容体を除いて，ほとんどのタンパク質は核内に留まる。⑦核外輸送受容体はmRNAが核外に出るとmRNAから離れ，核に戻って再利用される。⑧ CBCがキャップから離れ，翻訳開始因子がキャップに結合して，3′末端のポリ(A)に結合しているPABPと翻訳開始因子が結合すると（☞図6･7），翻訳が開始される。（文献0-1より改変）

6章 翻訳

複製ではDNAを鋳型にDNAを合成し，転写ではDNAを鋳型にRNAを合成する。しかし，RNAの構造と，タンパク質を構成するアミノ酸の構造は相補性がなく，RNAはタンパク質の鋳型にはなれない。RNAの情報をもとにタンパク質を合成する過程は，複製や転写よりもはるかに複雑な機構で行われているため，これを**翻訳**という。

6.1 アミノ酸を指定する遺伝暗号

アミノ酸は，mRNAに転写された塩基配列の連続した塩基3個で指定される。アミノ酸を指定する連続した3塩基をトリプレット（triplet）という。トリプレットが1種類のアミノ酸を指定する現象は，転写とは異なり，鋳物と鋳型の関係にない3塩基配列とアミノ酸が対応するということになる。研究者は，この謎めいた現象を暗号解読に見たてて，アミノ酸を指定する3塩基配列を**コドン**（暗号）とよんだ。合成されたばかりのタンパク質のN末端はメチオニンに決まっており，メチオニンを指定するAUGを開始コドンとよぶ。N末端のメチオニンは，翻訳後のプロセシングにより，原核生物では約60%，真核生物では約80%が除去される[6-1]。ポリペプチドの伸長はUAAまたはUAG，UGAの部分で停止する。このため，これらのコドンを**終止コドン**とよぶ。

コラム 6.1　遺伝暗号解明の歴史

RNAの遺伝情報はA，G，C，Uの4文字で書かれており，これが20種類のアミノ酸の並び方を指定している。1文字で1つのアミノ酸を指定しているとすると4種類のアミノ酸だけしか対応できない。2文字でも16種類のアミノ酸しか対応できないが，3文字ならば64通りの組み合わせができることから，物理学者のガモフ（George Gamow）は，3文字（トリプレット）で20種類のアミノ酸を指定していると予言した。1955年のことである。

1960年頃になると，活発にタンパク質を合成している大腸菌の抽出物にRNAを加えるとタンパク質合成が促進されることがわかってきた。そこで，ニーレンバーグ（Marshall Warren Nirenberg）は，塩基配列のわかった合成RNAを大腸菌の抽出物に加え，生成されたタンパク質のアミノ酸配列を調べる実験を行った。最初に意味が明らかにされたトリプレットはUUUである。合成ポリUを大腸菌の抽出物に加えるとフェニルアラニンのホモポリマーが合成されたのである。このようにして様々な組み合わせの塩基からなるRNAを合成して，64種類すべてのトリプレットとアミノ酸との対応がついたのは1966年のことだった。1968年，ニーレンバーグは，ホリー（Robert William Holley），コラナ（Har Gobind Khorana）とともにノーベル生理学・医学賞を受賞した。64種類のトリプレットとアミノ酸との対応表をコドン表とよぶ（表6·1）。

表 6·1　コドン表

1文字目（5′末端）＼2文字目	U	C	A	G	3文字目（3′末端）
U	UUU Phe (F) UUC Phe (F) UUA Leu (L) UUG Leu (L)	UCU Ser (S) UCC Ser (S) UCA Ser (S) UCG Ser (S)	UAU Tyr (Y) UAC Tyr (Y) UAA 終止 UAG 終止	UGU Cys (C) UGC Cys (C) UGA 終止 UGG Trp (W)	U C A G
C	CUU Leu (L) CUC Leu (L) CUA Leu (L) CUG Leu (L)	CCU Pro (P) CCC Pro (P) CCA Pro (P) CCG Pro (P)	CAU His (H) CAC His (H) CAA Gln (Q) CAG Gln (Q)	CGU Arg (R) CGC Arg (R) CGA Arg (R) CGG Arg (R)	U C A G
A	AUU Ile (I) AUC Ile (I) AUA Ile (I) AUG Met (M)(開始)	ACU Thr (T) ACC Thr (T) ACA Thr (T) ACG Thr (T)	AAU Asn (N) AAC Asn (N) AAA Lys (K) AAG Lys (K)	AGU Ser (S) AGC Ser (S) AGA Arg (R) AGG Arg (R)	U C A G
G	GUU Val (V) GUC Val (V) GUA Val (V) GUG Val (V)	GCU Ala (A) GCC Ala (A) GCA Ala (A) GCG Ala (A)	GAU Asp (D) GAC Asp (D) GAA Glu (E) GAG Glu (E)	GGU Gly (G) GGC Gly (G) GGA Gly (G) GGG Gly (G)	U C A G

括弧内の文字はアミノ酸の一文字表記

6.2　コドンとアミノ酸

AUG 以外のコドンは重複して 1 つのアミノ酸をコードしている。これを**コドンの縮重**という。多くのアミノ酸は最初の 2 文字で指定されており，3 文字目は柔軟性に富んでいる。同じアミノ酸をコードする異なる配列のコドンを**同義コドン**という。

どのコドンがより頻繁に用いられるかは生物種により異なるが，どのコドンがどのアミノ酸に対応するかは，ほぼすべての生物種で共通である。地球上に棲息するすべての生き物が共通の祖先から発している 1 つの証拠である。しかし，生物種によって使われるコドンの頻度が異なる。例えば遺伝子操作により，ヒトのタンパク質を大腸菌に合成させる場合は，大腸菌が好んで使うコドンに変換する必要がある。米国生物工学情報センター（NCBI：National Center for Biotechnology Information）の GenBank，コドン使用頻度データベース Codon Usage Database（https://www.kazusa.or.jp/codon/）を参照するとよい。

参考 6.1　ミトコンドリアのコドンは少し異なる

ミトコンドリアのコドンは生物種によって一部が異なる。標準コドン表では UGA は終止コドンであるが，脊椎動物のミトコンドリアではトリプトファンを指定する。同様に，イソロイシンを指定する AUA は脊椎動物のミトコンドリアではメチオニン，アルギニンを指定する AGA，AGG は脊椎動物のミトコンドリアでは終始，ホヤのミトコンドリアではグリシン，ナメクジウオのミトコンドリアではセリンを指定する。

また，ウシのミトコンドリアの開始コドンは標準コドン表と同様に AUG であるが，ヒトのミトコンドリアでは AUA，AUU，マウスのミトコンドリアでは，これらに加えて AUC も開始コドンになっている[6-2]。コドンは全生物に共通と考えられてきたが，ミトコンドリアに限らず，細菌のマイコプラズマなどでも非標準コドンがあることがわかってきている。

6.3　tRNA の構造

mRNA の塩基配列は直接にはタンパク質のアミノ酸配列の鋳型にならない。mRNA とアミノ酸をつなぐのは tRNA（transfer RNA）とよばれる約 75 塩基からなる RNA で，これがアダプターの役割をしている。tRNA は分子内で塩基対を形成しており，どの tRNA も平面的にはクローバー葉構造，立体的には L 字型構造をしている。クローバーの中央の葉の先端には**アンチコドン**とよばれるトリプレットがあり，これが mRNA のコドンと相補的な塩基対を形成して結合する。tRNA の 3′ 末端の配列は −CCA 3′ であり，A のリボースにアミノ酸が結合する（図 6·1）。

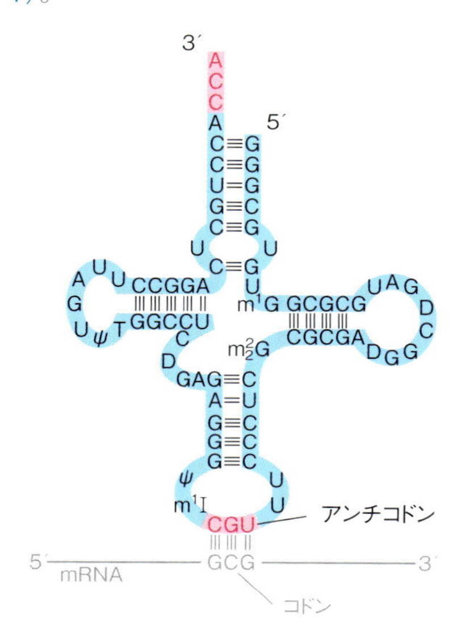

図 6·1　アラニン tRNA の平面構造と修飾塩基

m^1G：1- メチルグアノシン，D：5,6- ジヒドロウリジン，m^2_2G：N2- ジメチルグアノシン，m^1I：1- メチルイノシン，ψ：シュードウリジン，T：リボチミジン（5- メチルウリジン）

参考 6.2　tRNA の塩基の修飾

プロセシングや，スプライシングを受けた tRNA はさらに，塩基が 50 種類以上ものパターンに修飾され，tRNA の修飾塩基の割合は 10％にもなる（図 6·1）。塩基の修飾は，tRNA の立体構造や，アンチコドンとコドンとの塩基対形成にかかわる。

6.4　コドンとアンチコドンの相補的結合

mRNA 側のコドンの配列は，終止コドンを除くと 61 通りあり，これが 20 種類のアミノ酸を指定している。tRNA のアンチコドンの配列も，いくつかのアミノ酸に対しては複数種類ある。しかし，61 通りの個々のコドン配列に対応するアンチコドンがあるわけではない。少ないアンチコドンで 61 通りのコドンにどのように対応しているのだろうか。

コドンの 3 番目の塩基は，多くの場合 1 つの塩基に限定されているわけではなく，柔軟性に富んでいる。mRNA のコドンの 1 番目，2 番目の塩基に対する

tRNAのアンチコドンの塩基は，厳密に相補的である必要があるが，3番目の塩基対は比較的弱い水素結合によって結びつけられている。これを**ゆらぎ**(wobble)とよぶ。

コドン認識のゆらぎは，アンチコドンがtRNAの湾曲している部分に存在するために生じる。アンチコドンが湾曲しているため，コドンと通常の水素結合による相補的結合をせず，コドンの3番目の塩基と，アンチコドンの1番目の塩基が変則的な水素結合をする。その結果，複数種類の塩基と反発することなく水素結合が形成される（図6･2左，表6･2）。

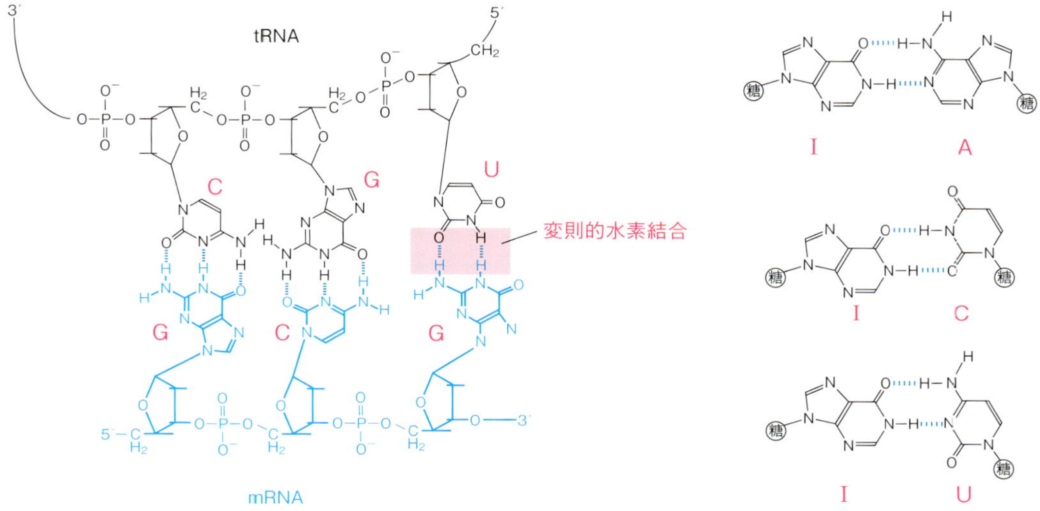

図6･2　アンチコドンの変則的水素結合

表6･2　結合可能なアンチコドン塩基

大腸菌

3番目のコドン塩基	結合可能なアンチコドン塩基
U	A，G，I
C	G，I
A	U，I
G	C，U

真核生物

3番目のコドン塩基	結合可能なアンチコドン塩基
U	A，G，I
C	G，I
A	U
G	C

また，tRNAによっては，コドンの3番目の塩基に対応するアンチコドンの1番目の塩基として，変則的なイノシンが存在する。イノシンはグアノシンから脱アミノ基反応により合成され，アデニン，シトシン，ウラシルと水素結合する（図6･2右）。これらのゆらぎによって，少ない種類のtRNAでも，すべてのコドンに対応できている。

参考6.3　tRNAの塩基配列の種類

大腸菌のアンチコドンの配列は31種類ある。ヒト染色体ゲノムには497個のtRNA遺伝子があるが，アンチコドンの配列は49種類である[6-3]。大腸菌とヒトでアンチコドンの配列の種類の数が違うのは，リボソームの構造が少し違うことによると考えられている。なお，ミトコンドリアゲノムにもtRNA遺伝子があり，ヒトのミトコンドリアのtRNA遺伝子は22個ある。

6.5　アミノアシルtRNA合成酵素

特定のtRNAには特定のアミノ酸が結合する。tRNAにアミノ酸を結合するのはアミノアシルtRNA合成酵素である。真核生物では，20種類のアミノ酸それぞれを専門とするアミノアシルtRNA合成酵素があり，特定のアミノ酸と，それに対応する特定のtRNAを連結する。tRNAは1本鎖であるが，分子内で相補的に結合して2本鎖部分が生じ，特定の立体構造をとる。アミノアシルtRNA合成酵素は，特定のアミノ酸の立体構造と，それに対応する特定のtRNAの立体構造に相補的に結合するポケット状の立体構造をもつ。特に，アンチコドンを認識するポケット構造は，アンチコドンの立体構造および電荷と相補的になっている。アミノアシルtRNA合成酵素は，結合したアミノ酸とtRNAをATPのエネルギーを用いて連結する（図6･3）。

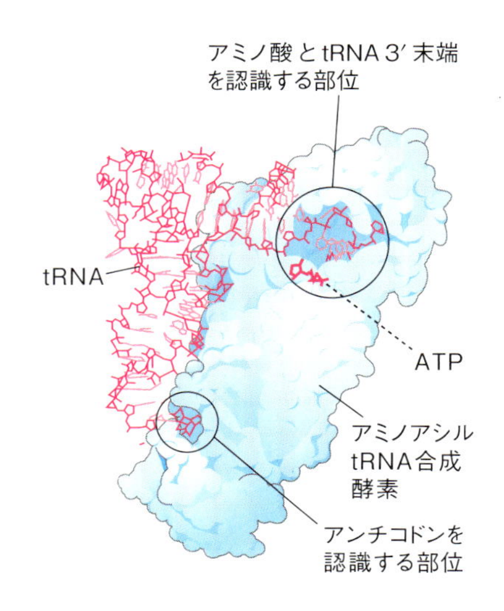

図6･3　アミノアシルtRNA合成酵素によるアミノ酸とtRNAの識別

アミノアシル tRNA 合成酵素が触媒する tRNA とアミノ酸の結合過程は，2 段階に分けられる（図 6･4）。第一段階は，ATP とアミノ酸を基質として，アミノアシル AMP を合成する。アミノ酸のカルボキシ基に AMP を結合させる過程で，ATP のエネルギーが，アミノ酸と AMP を結びつける高エネルギー結合に移動する。このエネルギーは，後にリボソーム上でアミノ酸を連結するペプチド結合をつくるのに用いられる。次に，アミノアシル AMP はアミノアシル tRNA 合成酵素に結合したまま，tRNA の 3′ 末端のリボースのヒドロキシ基に転移され，アミノアシル -tRNA となる。真核生物では，アミノアシル tRNA は伸長因子 eEF-1（eukaryotic elongation factor）（☞図 6･5）と結合し，リボソームに移行する。

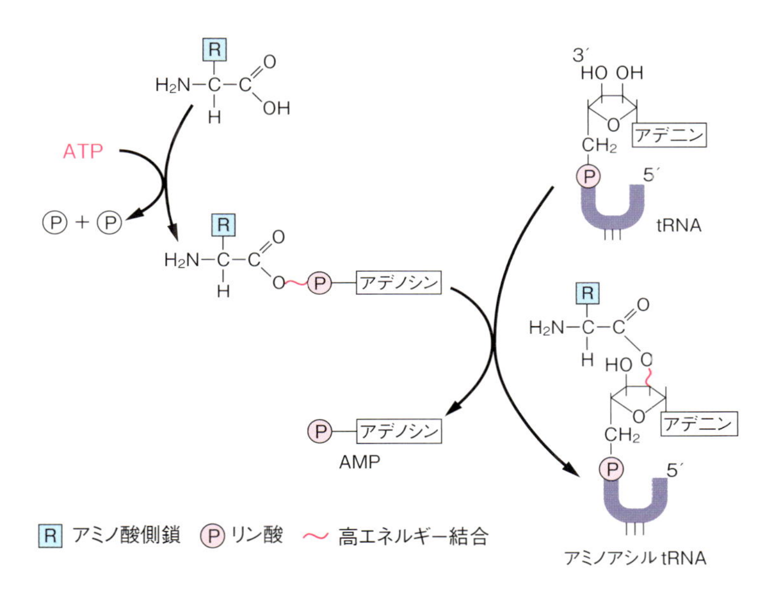

図 6･4　アミノアシル tRNA 合成酵素の反応

参考 6.4　細菌のアミノアシル tRNA 合成酵素

多くの細菌では，アミノアシル tRNA 合成酵素の種類は，タンパク質のアミノ酸の種類の 20 より少ない。アミノアシル tRNA 合成酵素の種類によっては，2 種類の tRNA に 1 種類のアミノ酸を連結する。

アンチコドンの情報が指定するアミノ酸と異なるアミノ酸が tRNA に連結された場合，そのアミノ酸をアンチコドンに対応するアミノ酸に変える修飾システムが備わっており，結果的にコドンに対応するアミノ酸が連結される[6-4]。

参考 6.5　アミノアシル tRNA 合成酵素の校正機能

アミノアシル tRNA 合成酵素の活性部域にやってくるのは，特定のアミノ酸や tRNA ばかりではなく，すべての種類のアミノ酸や tRNA がやってきて結合する。しかし，非特異的なアミノ酸や tRNA の立体構造との相補性は低く，結合時間が短いため，連結されてアミノアシル tRNA になる確率は低い。それでも，誤ったアミノ酸や tRNA を結合する可能性はある。アミノアシル tRNA 合成酵素には校正機能があり，誤ったアミノアシル AMP やアミノアシル tRNA が生じると，アミノアシル tRNA 合成酵素の立体構造が変化し，加水分解酵素となり，除去される。

6.6　リボソーム

タンパク質の合成はリボソームで行われる。真核生物のリボソームは60Sの大サブユニットと40Sの小サブユニットからなり，いずれも複数のrRNAと多種類のタンパク質からなる複合体である。これら大小のサブユニットは翻訳していないときは解離しているが，翻訳開始とともに会合して80Sリボソームとなり，翻訳終了とともに解離する。

rRNAはリボソームの質量の60%を占める。rRNAは分子内で塩基対を形成しており，折りたたまれて一定の立体構造をとる。rRNAはタンパク質のアミノ酸配列をコードしていないが，リボソームの構造体として機能しているばかりでなく，大サブユニットのrRNAはペプチジル基転移酵素活性があり，タンパク質合成にかかわる酵素として重要な役割を果たしている。

参考 6.6　リボソーム形成

高等真核生物の45S rDNA領域を**核小体形成部位**（NOR：nucleolar organizer region）とよび，45S rDNA領域は核小体に局在する。リボソームタンパク質は，細胞質で合成され，核内に運搬された後，核小体でrRNAと結合してリボソームとなり，リボソームは細胞質に運搬されて，タンパク質を合成する。

6.7　ポリペプチド鎖の伸長反応

合成中のポリペプチドはtRNAに結合しており，これを**ペプチジルtRNA**とよぶ。ペプチジルtRNAはリボソームのP部位（peptidyl-tRNA結合部位）にあり，アンチコドンでmRNAのコドンと結合している（図6·5）。ペプチジルtRNAのポリペプチドは，ペプチジル基転移酵素により切断され，リボソームのA部位に入ったアミノアシルtRNAのアミノ酸に転移される。リボソームがmRNAの3′方向に3塩基移動し，引き続き同じ反応が繰り返されることにより，ポリペプチドが伸長する。

コラム 6.2　酵素活性をもつRNA

酵素活性をもつRNAを**リボザイム**とよぶ。ペプチジル基転移酵素以外にも，たとえばテトラヒメナのrRNAは，自身のRNAの特定の個所を切断し，断片を除去したのち，再び連結させる**自己スプライシング**（☞参考5.10）の活性をもつ。RNAは1本鎖であるが，分子内の特定の配列が相補的2本鎖構造を形成すると，折りたたまれて一定の立体構造をとる。地球の歴史の中で，生命が誕生して間もない頃，タンパク質ではなくRNAが代謝における酵素の役割を担っていたと考えられている。この時代を**RNAワールド**という。

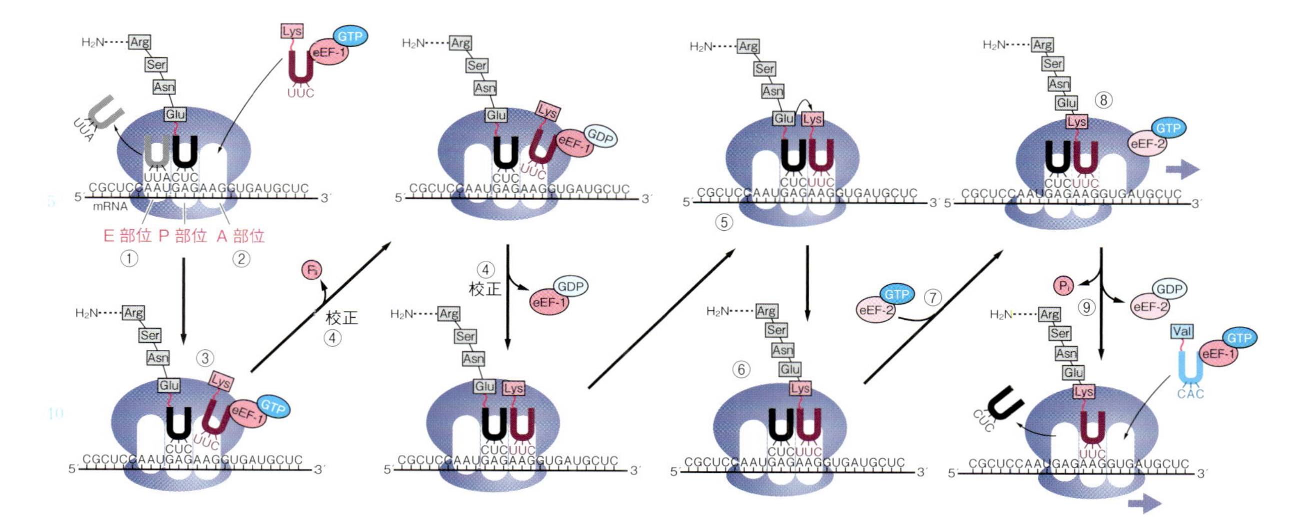

図 6·5　真核生物のポリペプチド鎖の伸長

①P 部位の上流に隣接する E 部位（Exit）には，合成中のポリペプチドを結合していた tRNA がある。E 部位にある tRNA は，すでにポリペプチドを P 部位の tRNA に受け渡している。②P 部位の下流に隣接して A 部位（aminoacyl-tRNA 結合部位）がある。③GTP 結合伸長因子 eEF-1 が結合したアミノアシル tRNA が A 部位に来ると，GTP のエネルギーを用いて，アミノアシル tRNA は A 部位にはまり込む。④誤ったアミノアシル tRNA が A 部位に入ると，eEF-1-tRNA- リボソームの校正機能がはたらいてアミノアシル tRNA が放出される。正しいアミノアシル tRNA が A 部位に結合していることが確認されると，⑤ペプチジル tRNA のポリペプチドは，リボソームのペプチジル基転移酵素によって tRNA から切り離され，A 部位に運ばれて，アミノアシル tRNA のアミノ酸と結合する。ペプチド結合に必要なエネルギーは，アミノアシル tRNA が合成される過程で ATP から受け取ったエネルギーが用いられる。⑥アミノアシル tRNA のアミノ酸にポリペプチドが転移すると，⑦GTP を結合した伸長因子 eEF-2 がリボソームに結合し，⑧リボソーム小サブユニットの位置はそのままに，大サブユニットが，1 コドンに対応する 3 塩基だけ mRNA の 3′ 方向に移動する。続いて，⑨小サブユニットが GTP のエネルギーを用いて，mRNA の 3′ 方向に移動する。その結果，E 部位に P 部位の tRNA が移動し，P 部位に A 部位のペプチジル tRNA が移動して，A 部位が空き，次の連結反応が始まる。このサイクルが回ることにより，ポリペプチド鎖が N 末端から C 末端に向けて合成される。なお，mRNA の 5′ → 3′ の方向にタンパク質の N 末端→ C 末端のアミノ酸配列の情報があり，タンパク質は N 末端から合成されるので，mRNA の 5′ 側を上流，3′ 側を下流という。DNA も 2 本の鎖のうち，mRNA と同じ塩基配列をもつ鎖の 5′ 側を上流，3′ 側を下流という約束になっている。

6.8　翻訳開始機構

mRNA は 3 文字一組のコドンでアミノ酸配列を指定しているが，どの組み合わせの 3 文字を用いるか（読み枠）によって意味がまったく異なる。たとえば，ハラガ・スイタ・パンヲ・タベルは意味をなすが，ハ・ラガス・イタパ・ンヲタ・ベルとハラ・ガスイ・タパン・ヲタベ・ルは意味不明である。3 つの読み枠のどれを選択するかは，翻訳開始点が決める。 翻訳は必ず **AUG**（メチオニン）から始まる。真核生物の翻訳開始の目印は，AUG とその周囲の塩基配列が担っており，これを発見者の名前に因んで**コザック共通配列**（Kozak consensus sequence：5′-ACCAUGG-3′）という[6-5]。

コザック共通配列のうち AUG 以外は多少の揺らぎがある（図 6·6）[6-6]。翻訳開始点の AUG に結合する tRNA は，それ以外の AUG に結合する tRNA とは異なり，**開始 tRNA** とよぶ。翻訳開始前のリボソームの小サブユニットと大サブユニットは解離した状態にある。翻訳開始はメチオニンを結合した開始 tRNA が小サブユニットに結合することから始まる。この複合体を**開始前複合体**という。開始前複合体が mRNA の 5′ 末端に結合すると，**開始複合体**となり，開始複合体は mRNA の 3′ 方向に移動する。コザック共通配列に到達すると大サブユニットが小サブユニットに結合して，完成されたリボソームとなり，翻訳が開始される（図 6·7）[6-8]。

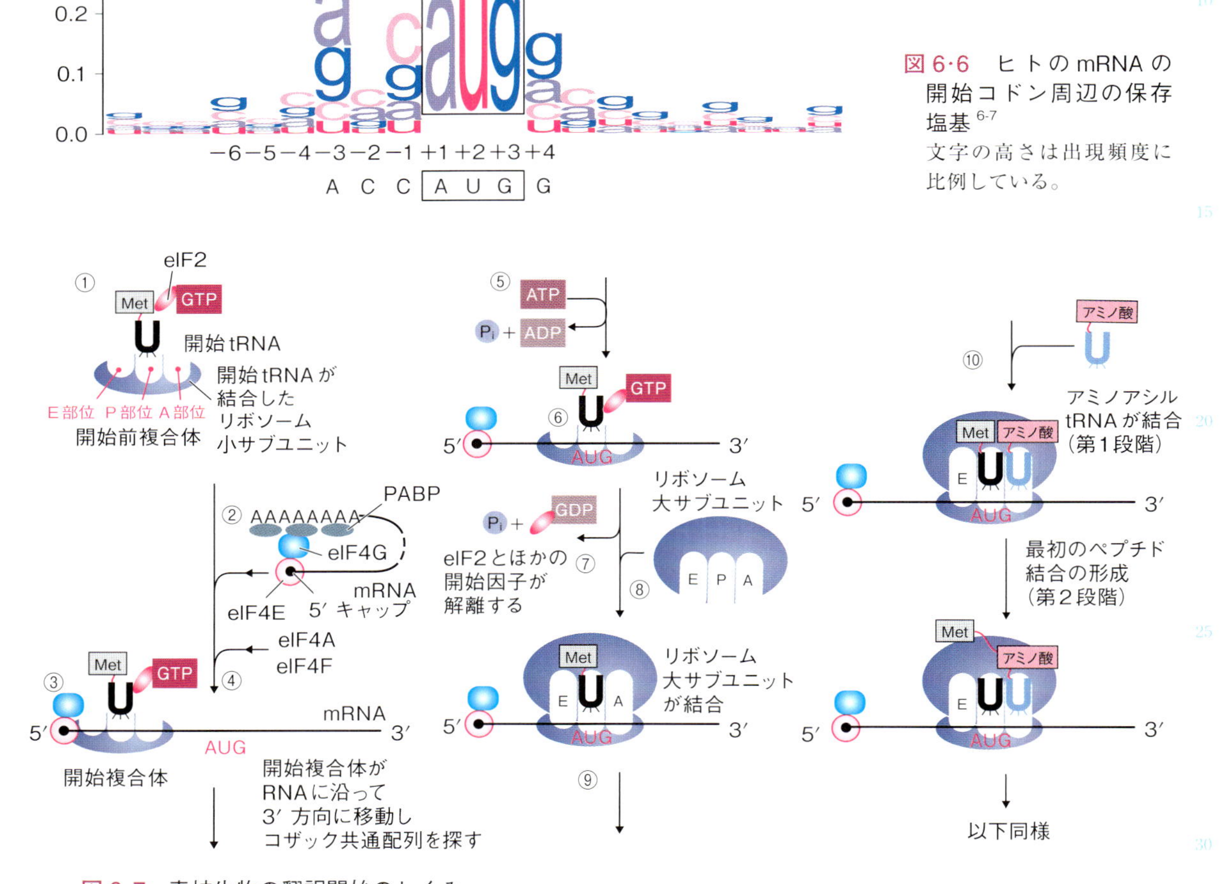

図 6·6　ヒトの mRNA の開始コドン周辺の保存塩基 [6-7]
文字の高さは出現頻度に比例している。

図 6·7　真核生物の翻訳開始のしくみ
翻訳開始は，①メチオニンを結合した開始 tRNA が開始因子 eIF2（eukaryotic translation initiation factor 2）とともに，小サブユニットの P 部位に結合し，開始前複合体となることから始まる。②翻訳を開始する前の mRNA の 3′ 末端のポリ(A)には PABP が結合しており，キャップには eIF4E が結合している。eIF4G が eIF4E と結合すると，eIF4G を介して，PABP と結合して mRNA の 5′ 末端と 3′ 末端が結合してループ構造をつくる（☞図 6·9）。次に，③開始前複合体は eIF4E と eIF4G を目印に mRNA の 5′ 末端に結合する。この状態を開始複合体という。④ RNA ヘリカーゼ活性をもつ eIF4A と，eIF4F が結合すると，⑤小サブユニットは ATP のエネルギーを用い，翻訳開始点を探しながら mRNA の 3′ 方向に進む。⑥コザック共通配列に到達すると，⑦開始複合体から開始因子が遊離し，⑧リボソーム大サブユニットがリボソーム小サブユニットに結合できるようになる。⑨リボソーム大サブユニットがリボソーム小サブユニットに結合すると，⑩リボソームが完成して翻訳が開始される。

参考 6.7　インフレーム終止コドン

翻訳の読み枠を**フレーム**といい，正しい読み枠のことを**インフレーム**という。スプライシングが正確に行われないとイントロンが mRNA に残り，読み枠内に終止コドンが生じることがある。これを**インフレーム終止コドン**といい，翻訳されると不完全なタンパク質を生じる。

コラム 6.3　翻訳開始は AUG だけでは決まらない

AUG は 3 文字で表されているので，AUG が存在する確率は 4^3 分の 1（64 塩基：約 21 アミノ酸に 1 か所）となる。平均的タンパク質は約 500 アミノ酸からなるので，N 末端だけではなく，ポリペプチド鎖の中にもメチオニンがあるはずであり，実際にメチオニンはポリペプチド鎖の中にも存在する。したがって，翻訳開始点として AUG は必要条件であるが，十分条件ではないと理解できる。

参考 6.8　原核生物の翻訳開始

原核生物では 1 本の mRNA が複数のタンパク質をコードしており，それぞれの翻訳開始点の 3 ～ 10 塩基上流にリボソームが結合する部位がある。大腸菌ではリボソーム結合部位の共通配列は（5′-AGGAGGU-3′）であり，結合したリボソームは，すぐ下流の AUG から翻訳を開始する。

6.9　翻訳終止機構

終止コドンがリボソームの A 部位に来ると，終止コドンに対応するアミノアシル tRNA がないのでポリペプチド鎖の伸長反応が停止する。空いた A 部位に，tRNA と立体構造がよく似たタンパク質の遊離因子が結合すると，リボソーム大サブユニットのペプチジル転移酵素の性質が変わり，ポリペプチド鎖の C 末端に，アミノ酸の代わりにヒドロキシ基（-OH）を付加する（図 6·8）。tRNA から離れ

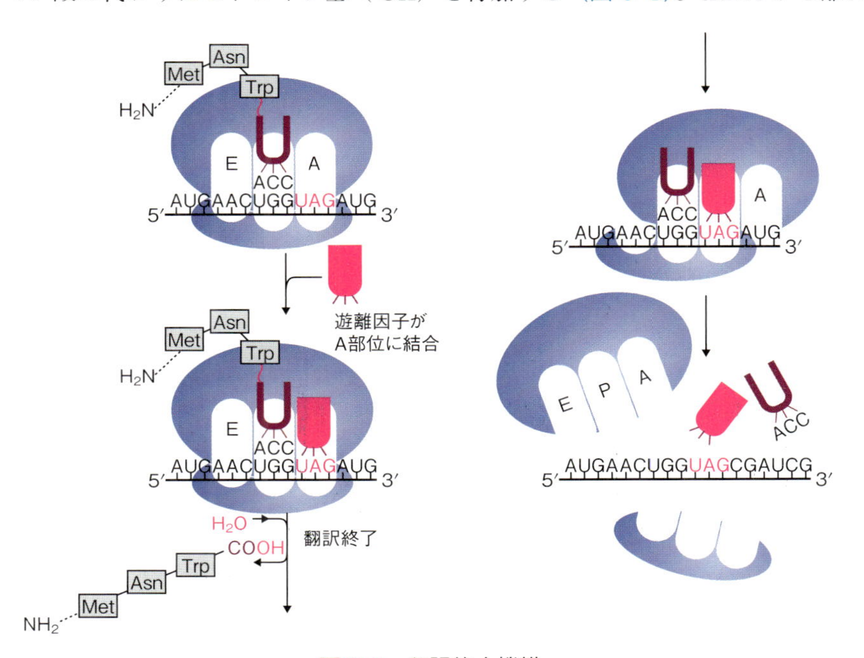

図 6·8　翻訳終止機構

参考 6.9 リボソームの翻訳速度とポリリボソーム

大腸菌では1秒間に約20個のアミノ酸が連結される[6-9]。タンパク質が500アミノ酸で構成されているとすると，約25秒でタンパク質1分子の合成が完了することになる。真核生物のリボソームは，1秒間に平均で約7個のアミノ酸を連結する[6-10]。実際には，1本のmRNA分子に対して1個のリボソームが翻訳するのではなく，1個のリボソームが翻訳を開始すると，約80塩基間隔で次のリボソームが翻訳を開始する。したがって，1本のmRNA分子に多数のリボソームが結合して，次々とタンパク質を合成することになる。この状態のmRNAとリボソームを**ポリリボソーム**という（図6·9）。

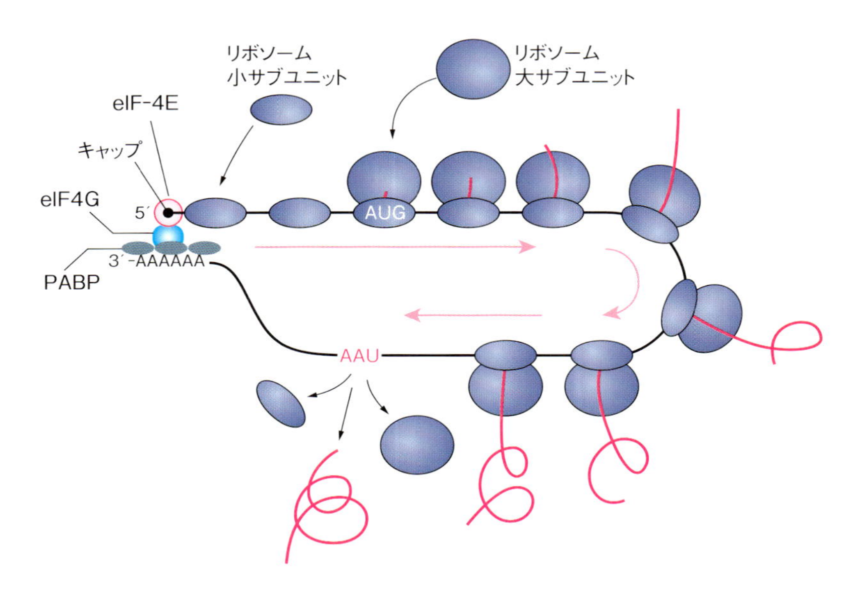

図6·9 ポリリボソーム

たポリペプチド鎖はリボソームを離れ，同時にtRNAと遊離因子，リボソーム大・小サブユニットがmRNAから遊離して，翻訳の過程が完了する。

6.10 壊れたmRNAが翻訳されないしくみ

正しくスプライシングが行われないと，インフレーム終止コドンが入ることがしばしば起こる。このようなmRNAが翻訳されると変異タンパク質が生成され，細胞傷害を引き起こすことがある。真核生物の細胞には壊れたmRNAが翻訳されないしくみが備わっている（図6·10）[6-11]。

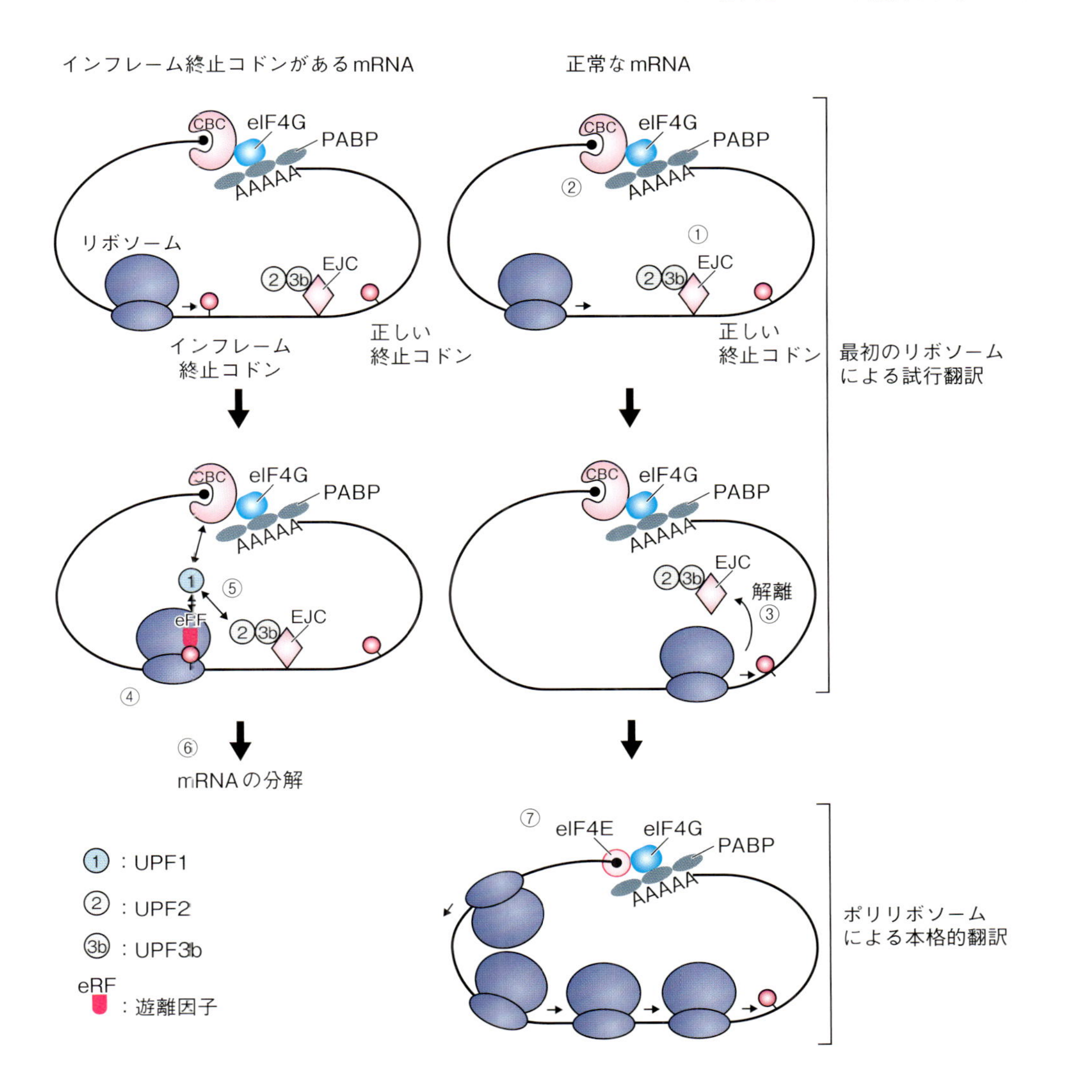

図 6·10 哺乳類のナンセンス変異 mRNA 分解機構[6-11]

①核から細胞質に輸送された直後の mRNA には EJC が結合している。UPF2（up-frameshift protein 2）と UPF3b は EJC の構成要素であり，ナンセンス変異 mRNA 分解にかかわる。②キャップには CBC が結合しており，CBC は eIF4G を介して PABP と結合し，キャップとポリ(A)が接して mRNA はループ構造になる。③最初に結合したリボソームが試行翻訳を開始し，リボソームは EJC を除去しながら翻訳を続ける。④正しい終止コドンより上流にインフレーム終止コドンがあると，そこでリボソームは翻訳を停止する。⑤翻訳を停止したリボソームの下流にある EJC が，リボソームの遊離因子と CBC との UPF1 の結合を促進し，CBC はさらに UPF1 と UPF2 の相互作用を促進する。⑥その結果，UPF1 がリン酸化され，キャップが除去され，ポリ（A）が 3′→5′ 脱アデニル化により除去され，mRNA が不安定化して分解される。⑦試行翻訳で EJC がすべて除去されると，CBC の代わりに翻訳開始因子の eIF4E がキャップに結合し，ポリリボソームによって本格的な翻訳が開始される。

7章 タンパク質の折りたたみと細胞内輸送

リボソームで合成されて，リボソームから出てきたポリペプチド鎖は，折りたたみを調節する**シャペロン**とよばれるタンパク質によって正しい立体構造になる。また，変性したタンパク質は，シャペロンによって絡まったポリペプチド鎖がほどかれ，正しく折りたたまれる。

ポリペプチド鎖には，細胞内外の行き先の目印があり，目印にしたがって，タンパク質が細胞小器官や細胞外に運ばれる。細胞小器官の生体膜をタンパク質が通過するときは，ポリペプチド鎖がほどかれ，通過すると再び折りたたまれる。

7.1 タンパク質の折りたたみ

一部のタンパク質では，リボソームから合成されたポリペプチド鎖がN末端から出ると折りたたみが始まり，数秒以内に二次構造が形成され，数分間で三次構造が形成され，完成した立体構造になる。

しかし，多くのタンパク質は，ポリペプチド鎖伸長途中で折りたたみが始まると，本来の折りたたみができなくなる。そのようなタンパク質では，1本のポリペプチド鎖の合成が完了するまでシャペロンがポリペプチド鎖に結合して折りたたみを抑制し，完成後にシャペロンが解離してタンパク質の折りたたみを開始させる[7-1]。

シャペロンは細菌，アーキア，真核生物すべてに存在する。

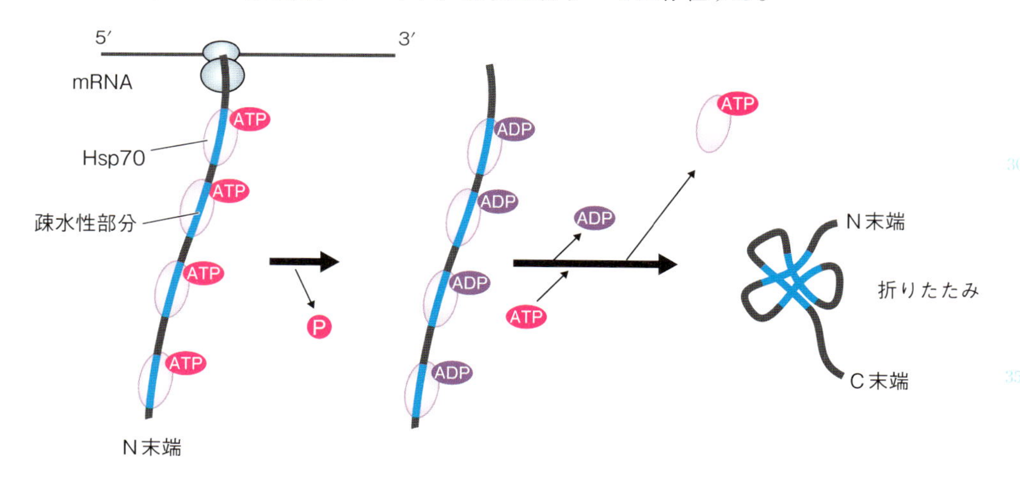

図7·1 シャペロンによるタンパク質の折りたたみ

参考 7.1　ヒートショックプロテイン

37℃で培養していた細胞を短時間42℃に曝すと，あるタンパク質が大量に発現する。そのタンパク質は，熱ショックによって発現が誘導されることから，Hsp（heat-shock protein）と名づけられた。Hsp はシャペロンであり，異常な折りたたみのタンパク質をほどき，正しくたたみ直すはたらきがある。わずか5℃の温度上昇でもタンパク質の折りたたみに異常が生じる。

真核生物の細胞の Hsp70 は，ATP を結合し，リボソームから出てきたポリペプチド鎖の疎水性部分に結合する（図 7·1）。Hsp70 の ATP が加水分解されて ADP になると，Hsp70 の立体構造が変化しさらに強く結合する。ADP が放出されて ATP が再び結合すると，Hsp70 はポリペプチドから解離し，タンパク質が折りたたまれる。Hsp70 はミトコンドリアの外膜，内膜をタンパク質が通過するときにもはたらく。

異常な折りたたみのタンパク質は，疎水性部分が表面に出ている。疎水性部分が表面にあると，タンパク質同士が凝集し，細胞傷害を引き起こす。Hsp60 は疎水性部分に結合し，凝集を抑制するとともに，タンパク質が正しい折りたたみをする機会を提供する（図 7·2）。

Hsp60 は，蓋が開いた樽（たる）型の構造をしている。樽の縁の疎水性の部分で，疎水性の部分が露出した変性タンパク質を捕らえ，変性タンパク質は樽の中に入る。GroES とよばれるタンパク質と ATP が Hsp60 と結合すると，GroES は樽の蓋となり，樽が拡張する。拡張に伴ってタンパク質が引き伸ばされ，ポリペプチドが部分的にほどける。

ATP が加水分解され，再び ATP が結合すると樽の中のタンパク質が放出される。放出されたタンパク質の表面に疎水性部分が残っていれば，変性タンパク質として再び樽に取り込まれ，この過程が繰り返される。その結果，正しい折りたたみのタンパク質となる。

シャペロンのはたらきによっても正しく折りたたまれないタンパク質はユビキチン化され，プロテアソームで分解される。

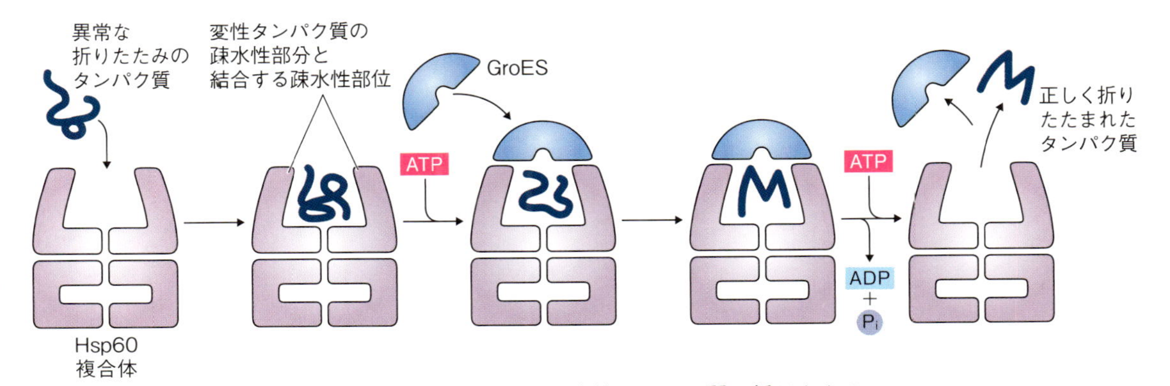

図 7·2　Hsp60 による変性タンパク質の折りたたみ
（文献 0-1 を改変）

7章　タンパク質の折りたたみと細胞内輸送

7.2　シグナル配列

タンパク質には**シグナル配列**とよばれる特定のアミノ酸配列があり，シグナル配列には，そのタンパク質の行き先の情報がある（表7･1）[7-2]。細胞小器官には，その小器官特異的なシグナル配列受容体とタンパク質転送装置があり，リボソームで合成されたタンパク質は，シグナル配列にしたがって，細胞外や，さまざまな細胞小器官に自律的に運ばれる。

ミトコンドリアのように，内部に内膜，膜間部，マトリックスなど，異なる機能をもつ構造がある小器官に輸送されるタンパク質には，小器官内の特定の構造に輸送される情報のシグナル配列があり，小器官内の構造にはそのシグナルに対する受容体がある。葉緑体も同様に，外膜，内膜，チラコイド膜に特異的シグナル配列受容体があり，タンパク質はシグナル配列の情報にしたがって外膜，内膜，膜間，ストロマ，チラコイド膜，チラコイド内腔に選択的に輸送され，配置される。

シグナル配列のアミノ酸配列には保存性がないように見えるものもあるが，疎水性，電荷などのアミノ酸側鎖の性質の並び順は，酵母からヒトの細胞まで保存されており，シグナル配列を予測する解析ソフトSignalP（http://www.cbs.dtu.dk/services/SignalP/）も公開されている。

表7･1　シグナル配列

シグナル配列の情報	シグナル配列の例（アミノ酸1文字表記）
核への輸送	-**K**-**K**-**K**-**R**-**K**-
核外への輸送	-**M**-E-E-**L**-S-Q-**A**-**L**-**A**-S-S-**F**-
小胞体への輸送	$^{+}H_3N$-**M**-**M**-S-**F**-**V**-S-**L**-**L**-**L**-**V**-**G**-**I**-**L**-**F**-**W**-**A**-T-E-**A**-E-Q-**L**-T-**K**-**C**-E-**V**-**F**-Q-
ゴルジ体から小胞体へ返送	-**K**-D-E-**L**-COO^{-}
ミトコンドリアへの輸送	$^{+}H_3N$-**M**-**L**-S-**L**-**R**-Q-S-**I**-R-**F**-**F**-**K**-**P**-**A**-T-**R**-T-**L**-**C**-S-S-**R**-Y-**L**-**L**-
ペルオキシソームへの輸送	-S-**K**-**L**-COO^{-}
色素体への輸送	$^{+}H_3N$-**M**-**V**-**A**-**M**-**A**-**M**-**A**-S-**L**-Q-S-S-**M**-S-S-**L**-S-**L**-S-S-D-S-**F**-**L**-**G**-Q-**P**-**L**-S-**P**-**I**-T-**L**-S-**P**-**F**-**L**-Q-**G**-

青太字：正電荷をもつアミノ酸，赤：負電荷をもつアミノ酸，**黒太字**：非極性アミノ酸，黒：中性極性アミノ酸
$^{+}H_3N$：N末端，COO^{-}：C末端

7.2.1　小胞体輸送シグナル配列

核ゲノムにある遺伝子のタンパク質は，すべて細胞質基質にある遊離のリボソームで翻訳が開始される。小胞体に輸送されるタンパク質のシグナル配列を**小胞体シグナルペプチド**という。N末端にある小胞体シグナルペプチドが翻訳され，リボソームから出てくると，シグナルペプチドは小胞体膜に結合し，翻訳に伴って伸長するポリペプチドは小胞体内に挿入される。粗面小胞体は，リボソームが小胞体シグナルペプチドをもつタンパク質の翻訳を開始した結果，形成される構

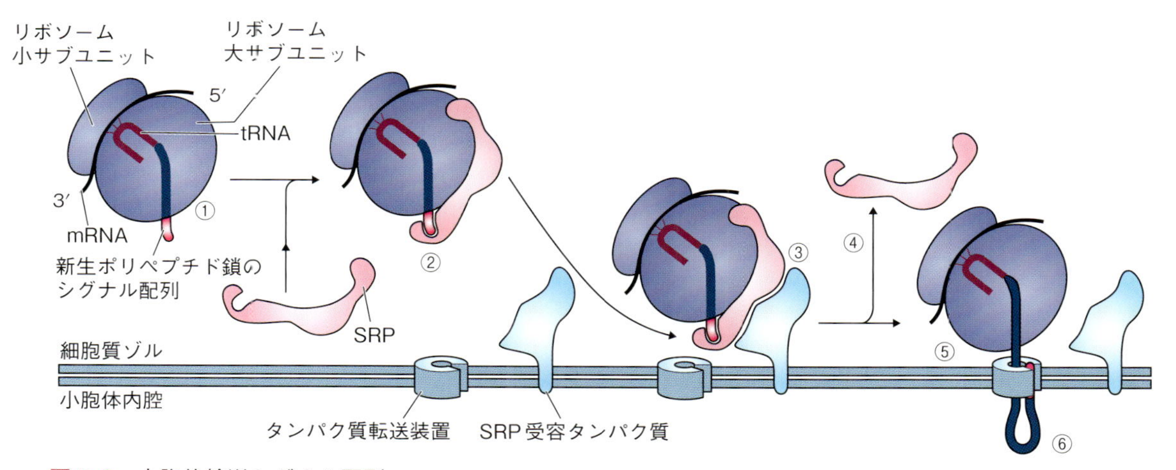

図 7·3　小胞体輸送シグナル配列

①小胞体シグナルペプチドは，タンパク質の N 末端にあり，配列の中央部に 8 個以上の非極性アミノ酸が存在する。②翻訳が開始され，小胞体シグナルペプチドがリボソームから外に出ると，シグナル識別粒子（SRP）が小胞体シグナルペプチドとリボソームに結合し，翻訳が中断される。次に，③リボソームと SRP との複合体が，小胞体膜上の SRP 受容タンパク質に結合すると，④リボソームから SRP が解離し，⑤リボソームとシグナルペプチドが小胞体膜上にあるタンパク質転送装置に結合する。その結果，翻訳が再開され，⑥タンパク質転送装置を通ってポリペプチド鎖が小胞体内に輸送される[7-4]。（文献 0-1 を改変）

造である（図 7·3）。

膜タンパク質は膜に結合したまま，膜とともに輸送される。細胞外に分泌されるタンパク質の前駆体は，小胞体膜に埋め込まれているシグナルペプチダーゼによって，シグナルペプチドが切断されることにより膜から離れる（図 7·4）[7-3]。

小胞体内腔に放出された分泌タンパク質は，小胞に包まれ，ゴルジ体に運ばれ，さらに分泌小胞によって細胞膜まで運ばれ，細胞膜と小胞が融合することで，細胞外に放出される。これを**開口放出**という。小胞体返送シグナル配列をもつタンパク質は，ゴルジ体から小胞体に送り返される。

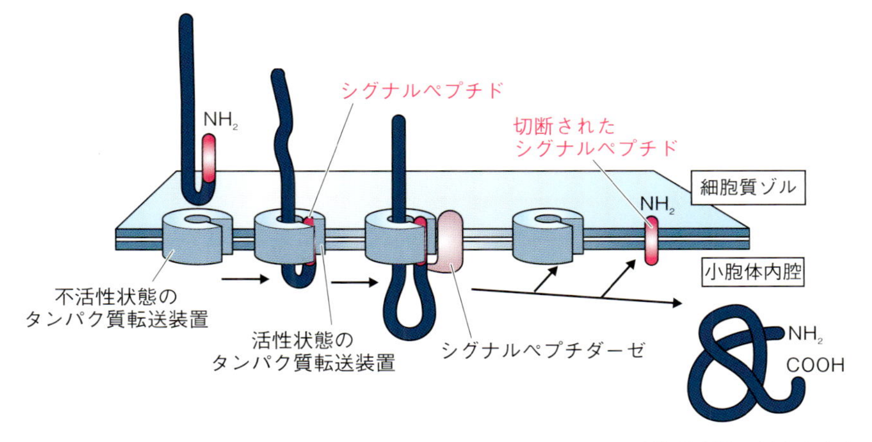

図 7·4　シグナルペプチダーゼによるシグナルペプチドの切除
（文献 0-1 を改変）

7.2.2 遊離リボソームで翻訳されるタンパク質の輸送

小胞体に輸送されるタンパク質の大部分は，翻訳と輸送が同時に行われるが，翻訳が終了してから小胞体に輸送されるタンパク質もあり，これらのタンパク質は遊離リボソームで合成される。粗面小胞体のリボソームで翻訳されるタンパク質は，リボソームがポリペプチドの伸長に用いるエネルギーを利用して小胞体膜を通過するが，遊離リボソームで翻訳された後に小胞体や核，ミトコンドリア，葉緑体，ペルオキシソームなどの細胞小器官に輸送されるタンパク質は，ATPのエネルギーを利用して輸送される。

タンパク質は細胞小器官の膜に埋め込まれているタンパク質転送装置を通過する。小胞体のタンパク質転送装置にはSec62，63，71，72からなる複合体が結合しており，遊離のリボソームで翻訳されたポリペプチドがSec複合体に結合すると，ポリペプチドは小胞体タンパク質転送装置に挿入される[7-4～7-6]。小胞体内腔にポリペプチドが現れると，Hsp70に似たタンパク質のBiPが結合する。BiPはATPにより駆動され，ポリペプチドへの結合解離を繰り返す。その結果，ポリペプチドは小胞体内腔に向かって一定方向に転送される[7-7]。細菌ではSecAとよばれるタンパク質がポリペプチドの細胞内から細胞外への輸送にかかわる（図7･5）[7-8]。

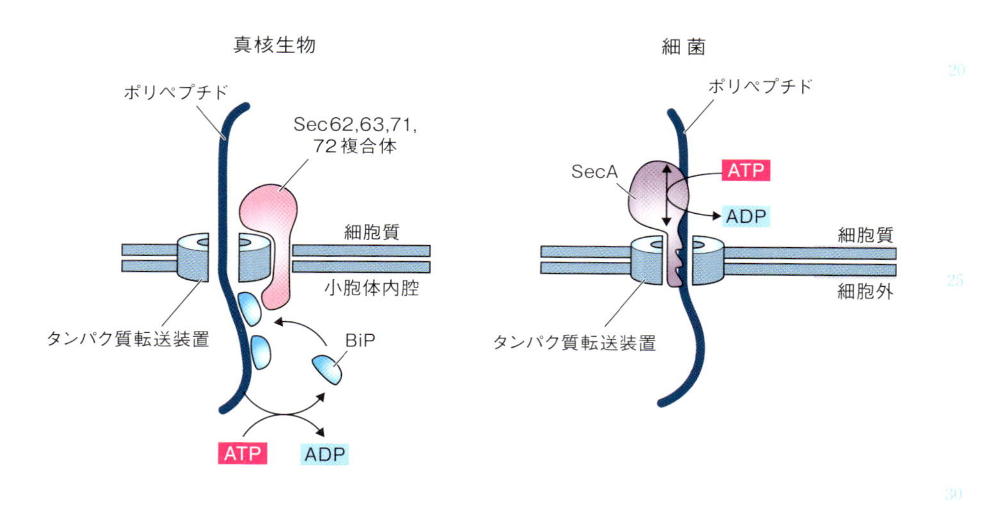

図7･5 翻訳後の膜を介したタンパク質輸送
（文献0-1を改変）

7.2.3 ミトコンドリアへのタンパク質の輸送

ミトコンドリアは約1000種類のタンパク質で構成されており，その約99%は核ゲノムにコードされている。ミトコンドリアには外膜と内膜の両方にタンパク質転送装置があり，転送装置はシグナル配列の情報を認識して，外膜，内膜，膜間，マトリックスに選択的にタンパク質を輸送する（図7･6）。

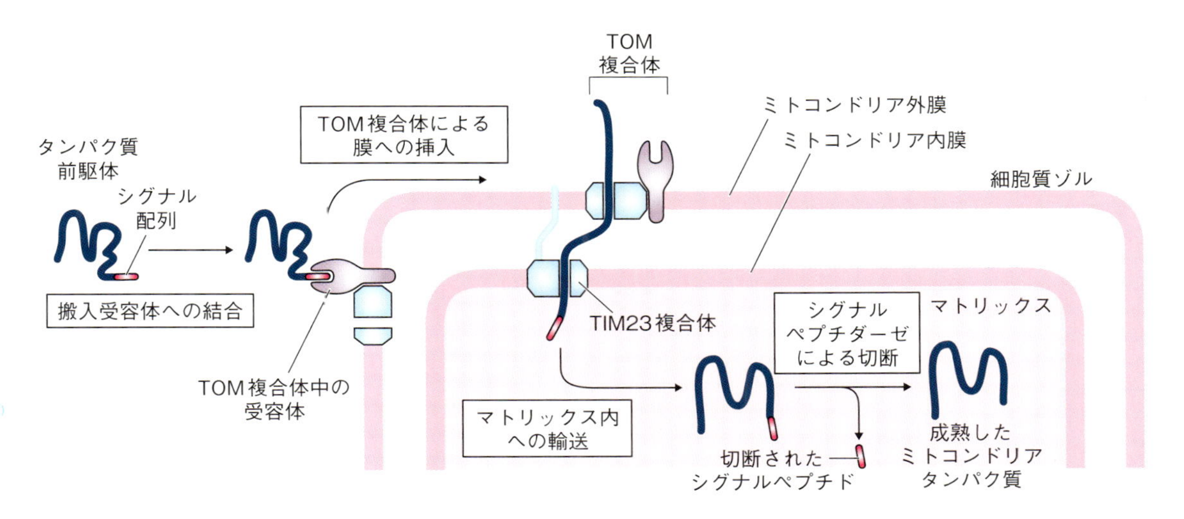

図 7·6　ミトコンドリアのマトリックスへのタンパク質の輸送
（文献 0-1 を改変）

ミトコンドリアへ輸送されるタンパク質には，Hsp70 ファミリーに属すシャペロンが結合しており，タンパク質はほどけた状態にある。そのため，膜を貫通する転送装置を通過することが可能である。ミトコンドリアのマトリックスへ輸送されるタンパク質は，シグナル配列がミトコンドリア外膜の TOM 複合体の受容体に結合すると，タンパク質は TOM 複合体を通過し [7-9]，さらに内膜のタンパク質転送装置 TIM 複合体の受容体に結合して転送装置を通過する [7-10]。

マトリックスに入ったタンパク質のシグナルペプチドは，シグナルペプチダーゼによって切断され，成熟したタンパク質になる。ミトコンドリアのマトリックスに局在するタンパク質には TCA サイクルではたらく酵素などがあり，内膜には電子伝達系のタンパク質や，ATP 合成酵素がある。葉緑体の各構造への輸送も，ほぼ同様の仕組みで行われる。

7.2.4　核膜孔を介した物質の輸送

細胞質から核に輸送されるタンパク質は，正電荷をもつリシンとアルギニンを多く含む核局在化シグナル配列をもつ。核局在化シグナル配列はタンパク質のどの位置にあってもはたらく。

細胞質から核への輸送には核内搬入受容体がかかわり，核から細胞質への輸送には核外搬出受容体がかかわる [7-11]。どちらも核移行受容体ファミリーに属する遺伝子であり，酵母では 14 個の遺伝子があり，動物ではそれよりはるかに多い（図 7·7）。

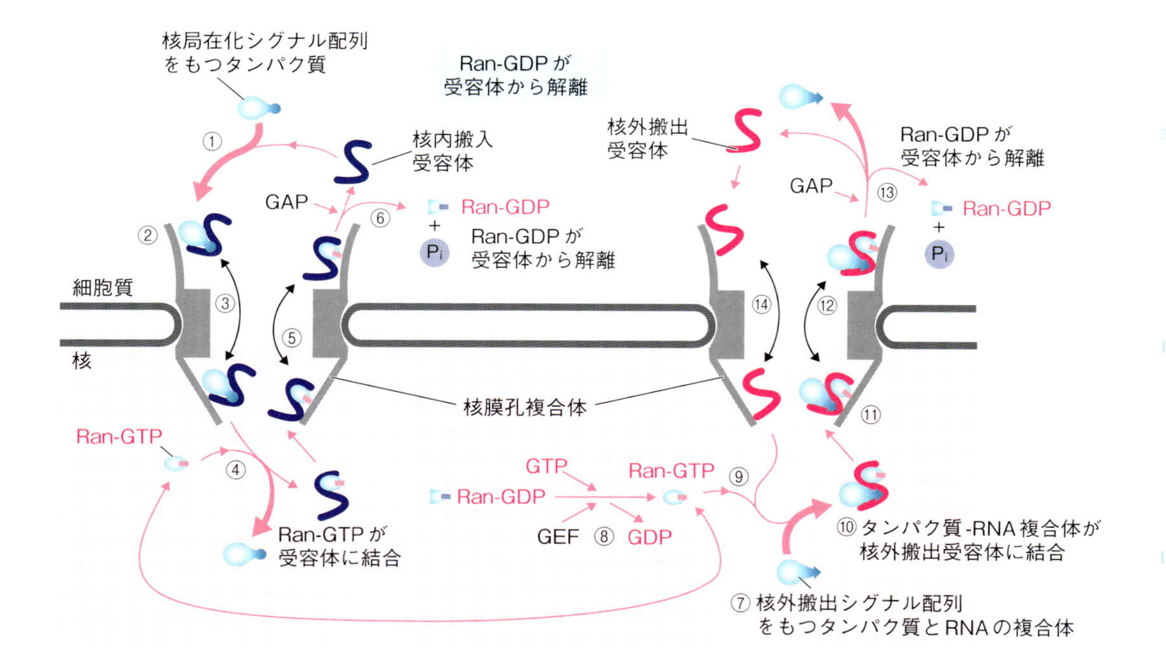

図7·7　核膜孔を介した物質輸送

①核局在化シグナル配列をもつタンパク質が核内搬入受容体に結合すると，②核内搬入受容体は核膜孔複合体に結合し，③核膜孔複合体のFG反復配列（フェニルアラニン・グリシンを含む短いアミノ酸反復配列）に結合・解離を繰り返しながら核膜孔を移動する。④核膜孔複合体の核側にはGTPを結合したGTPアーゼのRan（Ran-GTP）があり，Ran-GTPが核内搬入受容体に結合すると，核内搬入受容体の立体構造が変わり，結合していたタンパク質が放出される。⑤Ran-GTPを結合した核内搬入受容体は核膜孔複合体を通って細胞質に戻る。⑥細胞質にはGTPアーゼ活性化タンパク質のGAP（GTPase-activating protein）が局在しており，GAPによって活性化されたRanがGTPを加水分解してRan-GDPとなると，Ran-GDPは核内搬入受容体から放出され，核内搬入受容体は再び核局在化シグナル配列をもつタンパク質を結合する。このサイクルが回ることにより，タンパク質が細胞質から核に輸送される。⑦核で転写されたRNAは核外搬出シグナル配列をもつタンパク質と結合する。⑧核ではグアニン交換因子GEF（guanine exchange factor）が，Ran-GDPをRan-GTPに変換している。⑨Ran-GTPが核外搬出受容体に結合すると，⑩核外搬出受容体が核外搬出シグナル配列をもつタンパク質-RNA複合体と結合し，⑪さらに核膜孔複合体に結合する。⑫核外搬出受容体は核膜孔複合体へ結合，解離を繰り返しながら移動する。⑬核膜孔複合体の細胞質側にはGAPがあり，GAPによって活性化されたRanがGTPを加水分解してRan-GDPとなると，Ran-GDPとタンパク質-RNA複合体が核外搬出受容体から放出される。⑭核外搬出受容体は核膜孔複合体を通って核に戻り，Ran-GTPを結合すると，再び核外搬出シグナル配列をもつタンパク質-RNA複合体を結合する。このサイクルが回ることにより，RNAが核から細胞質に輸送される。（文献0-1を参考に作図）

8章 遺伝子の発現調節

多細胞生物の体細胞は，それぞれ同じ遺伝情報をもつが，分化した細胞の種類によってRNAやタンパク質の種類の割合が異なる。ヒトのタンパク質の遺伝子の数は約20,500個あり，分化した細胞では，そのうち30～60%が発現している。単細胞生物でも，環境に応答して特定の遺伝子を発現させる。遺伝子の発現は，転写，転写後，翻訳など様々な段階で調節を受ける。遺伝子発現調節のしくみを見ていこう。

8.1 シスエレメントと転写因子

転写調節の情報は，調節を受ける遺伝子と同じ染色体上の塩基配列として存在する。シス（*in cis*）に存在するため，転写調節にかかわる塩基配列を**シスエレメント**とよぶ。シスエレメントは5～10塩基対からなる特異的な塩基配列であり，プロモーターの他，転写の活性化の情報をもつエンハンサー，転写抑制の情報をもつサイレンサーがある。真核生物では，エンハンサーは遺伝子のコード領域の上流，下流またはイントロンにあり，脊椎動物では転写開始点から100万塩基対も離れた位置から作用するエンハンサーもある[8-1]。

転写の開始と転写調節にかかわる塩基配列の部分をまとめて**転写調節領域**といい，シスエレメントに特異的に結合して，転写を調節するタンパク質を**転写因子**という。転写因子は，DNA結合ドメインでシスエレメントの二重らせん構造の溝の立体構造と相補的に結合する（図8·1）。

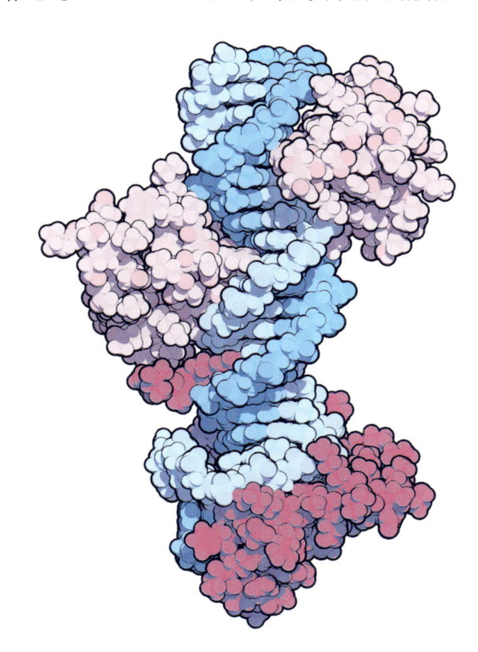

図8·1　シスエレメントに結合する転写因子（赤・ピンク）
DNA二重らせん（青・水色）
(molekuul_be/Shutterstock.com)

転写因子には**転写活性化因子**と**転写抑制因子**があり，転写活性化因子は活性化ドメインをもち，転写抑制因子は抑制ドメインをもつ。一般に転写活性化因子はエンハンサーに結合し，転写抑制因子はサイレンサーに結合する[8-2]。同じシスエレメントに活性化因子と抑制因子が結合する例もあり，その場合は，活性化因子と抑制因子が拮抗し，因子の濃度に応じて転写が調節される。

プロモーターから遠く離れたエンハンサーが機能するのは，DNA がループ構造を形成し，転写因子がプロモーター上に形成された転写開始複合体と接するからである。

8.2　大腸菌の転写調節

大腸菌はエネルギー源としてグルコースを好んで用いる。グルコースが環境になく，ラクトースが利用可能な環境では，βガラクトシダーゼの発現を活性化し，ラクトースをグルコースとガラクトースに分解してグルコースを得る。βガラクトシダーゼは *LacZ* 遺伝子にコードされている。

LacZ 遺伝子の転写調節には，遺伝子の上流にある CAP シスエレメントとプロモーター，転写開始部位にあるオペレーターとよばれる塩基配列，CAP シスエレメントに結合する CAP（catabolite activator protein）（別名 CRP：cAMP receptor protein），オペレーターに結合するリプレッサーなどがかかわる。CAP が CAP シスエレメントに結合すると，RNA ポリメラーゼが *LacZ* 遺伝子のプロモーターにセットされるが，グルコースが存在すると CAP は CAP シスエレメントに結合できず，*LacZ* 遺伝子は転写されない。グルコースがなくなると，大腸菌内のアデニル酸シクラーゼが活性化し，ATP から cAMP が合成される。cAMP の濃度が高まると，cAMP は CAP に結合して CAP の立体構造を変え，CAP-cAMP は CAP シスエレメントに結合できるようになる[8-3]。

しかし，ラクトースがない場合は，*LacZ* 遺伝子のオペレーターに Lac リプレッサーが結合しており，プロモーターに RNA ポリメラーゼが結合できず，転写はほとんど起こらない[8-4]。ラクトースが存在すると，わずかに発現しているβガラクトシダーゼの異性化酵素活性により，ラクトースがアロラクトースに変換され，アロラクトースは Lac リプレッサーに結合する。アロラクトースが結合した Lac リプレッサーは立体構造が変わり，オペレーターに結合できなくなる。その結果，RNA ポリメラーゼがプロモーターにセットされ，*LacZ* 遺伝子の転写が活性化される（図 8·2）。

大腸菌のトリプトファン合成酵素遺伝子も同様に，オペレーターとリプレッサーにより転写が調節される。大腸菌内のトリプトファンの濃度が一定以上になるとトリプトファンがリプレッサーに結合し，トリプトファンが結合したリプレッサーがオペレーターに結合する。その結果，トリプトファン合成酵素遺伝子の転写が抑制される。このしくみにより，トリプトファンの濃度が一定に保たれる。

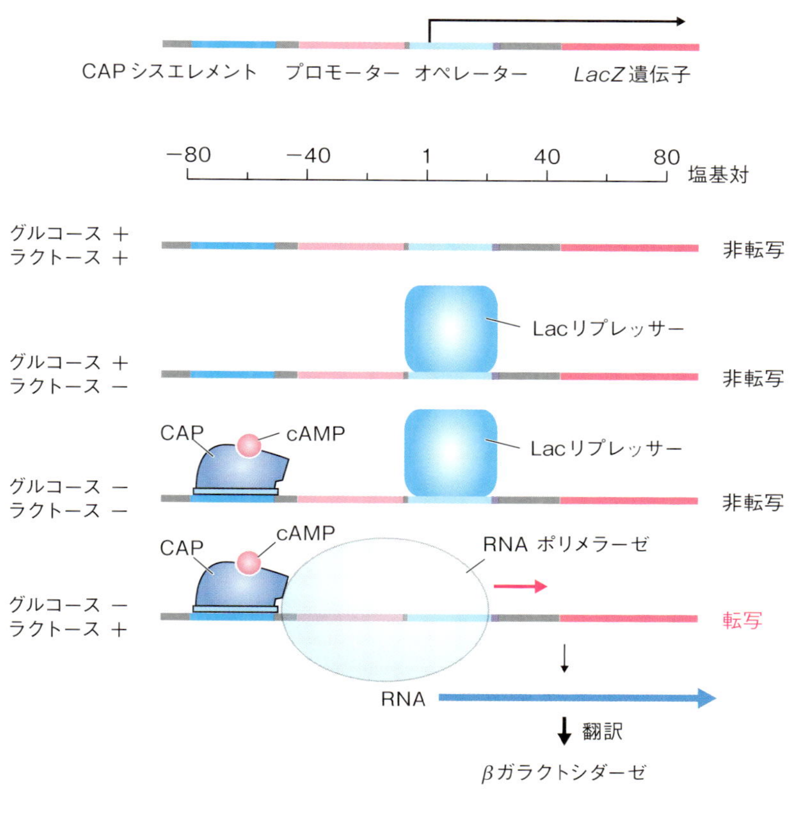

図 8･2　大腸菌 *LacZ* 遺伝子の転写調節

8.3　真核生物の転写開始にかかわる基本転写因子

大腸菌では，単一のタンパク質の σ 因子だけが転写開始にかかわるが（☞参考 5.6），真核生物の転写開始には 5 種類の基本転写因子（☞ 5.2.3 項）がかかわっている。基本転写因子は合計で 27 個のサブユニットで構成されている。これらのサブユニットは段階的に組み立てられて基本転写因子になり，それぞれの基本転写因子も段階的に組み立てられ，RNA ポリメラーゼがセットされて転写開始複合体となる。大腸菌とは異なり真核生物では，転写開始複合体が多数のサブユニットで構成されていることにより，転写速度の加速，減速を可能にしている。

シスエレメントも多くの種類があり，シスエレメントの塩基対の総数が 10 万を超える遺伝子の例も多くある。それぞれのシスエレメントには，それぞれ特異的な転写因子が結合し，それらの因子の作用が統合されて，5 種類の基本転写因子と RNA ポリメラーゼからなる転写開始複合体の安定性が調節され，転写速度に反映される（図 8･3）。すなわち，転写開始複合体が安定であれば，転写開始頻度が高くなり，転写速度が増加する。一方，転写開始複合体が不安定であれば，転写開始頻度が低くなり，結果的に転写が抑制される。

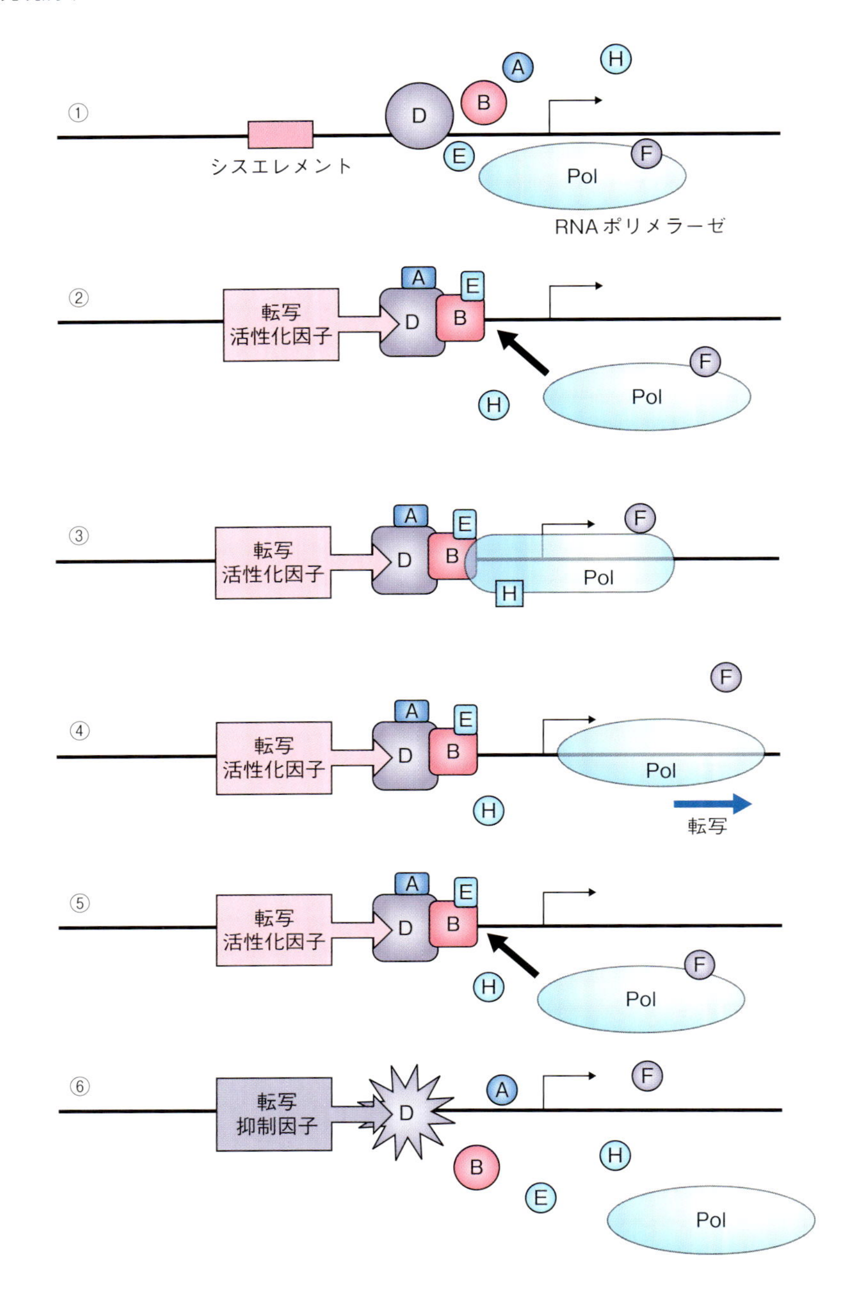

図8·3　転写因子による真核生物における転写調節の概念図

A, B, D, E, F, H は基本転写因子，Pol は Pol II を表す。遊離の基本転写因子どうし，Pol は結合することはないが，転写活性化因子のシスエレメントへの結合をきっかけとして D がプロモーターに結合すると，D の立体構造が変わり，基本転写因子と Pol が次々と結合する。因子の形の違いは立体構造の変化を表している。①シスエレメントに転写活性化因子が結合していない状態では，基本転写因子はプロモーター上に複合体をほとんど形成せず，転写はほとんど起こらない。②シスエレメントに転写活性化因子が結合すると，基本転写因子に作用し，基本転写因子は複合体を形成する。③ RNA ポリメラーゼと基本転写因子複合体が結合し，転写開始複合体が形成され，転写の準備が完了する。④プロモータークリアランス（☞ 5.2.4 項）が起こり，転写が開始される。⑤転写活性化因子はプロモーター上の基本転写因子複合体を安定化させるため，繰り返し転写開始複合体が形成され，転写が活性化する。⑥転写抑制因子がシスエレメントに結合すると，基本転写因子に作用し，プロモーター上での基本転写因子の複合体形成を妨げる。その結果，転写が抑制される。

8.4　真核生物の転写調節機構

真核生物の転写因子の DNA 結合ドメインは約 60 アミノ酸からなる。単量体の転写調節因子は 6 ～ 8 塩基対の配列に結合するが，結合力は弱い。シスエレメントが 6 塩基対で構成されていると仮定すると，その出現頻度は $4^6 = 4{,}096$ に 1 か所となり，特異性が低いことが理解できる。転写因子の多くは二量体を形成する。二量体を形成することにより，認識配列の長さが 2 倍になり（$4^{12} = 16{,}777{,}216$），特異性が増して結合力も増す[8-5]。

しかし，それにもかかわらず真核生物の転写因子のシスエレメントへの結合力は弱く，特異性も低い（コラム 8.1）。真核生物の多くの遺伝子の転写調節領域には多数のシスエレメントがあり，多数，多種類のシスエレメントと転写因子の相互作用が統合されることにより，特異的な転写調節が行われている。ヒトでは，タンパク質の遺伝子約 20,500 個のうち約 2,000 個が転写因子と見積もられている。

転写因子が活性化ドメインまたは抑制ドメインをもつのではなく，活性化補助因子または抑制補助因子と複合体を形成して転写調節する例もある（図 8·4）。

コラム 8.1　転写因子の DNA への結合力

転写因子の DNA への結合力を解離定数で表すと，非特異的結合は 10^{-4}M ～ 10^{-6}M であるが，Lac リプレッサーのオペレーター配列との解離定数は 10^{-13}M であり，結合力はきわめて強い。大腸菌 1 個あたり，Lac リプレッサーは約 5 分子しか存在しないが，結合力が強いため，転写はほぼ完全に停止する。リプレッサーによる転写調節は ON か OFF の二者択一と言える。

一方，真核生物の転写因子とシスエレメントの解離定数は 10^{-7}M ～ 10^{-8}M であり，転写因子は結合と解離を繰り返している。そのため，核内の転写因子の濃度が低い場合は，転写因子がシスエレメントに結合している時間が短く，濃度が高くなると結合時間が長くなる。真核生物は，結合力の弱い転写因子を進化させたことにより，標的遺伝子の転写量を調節する能力を獲得した[8-6]。

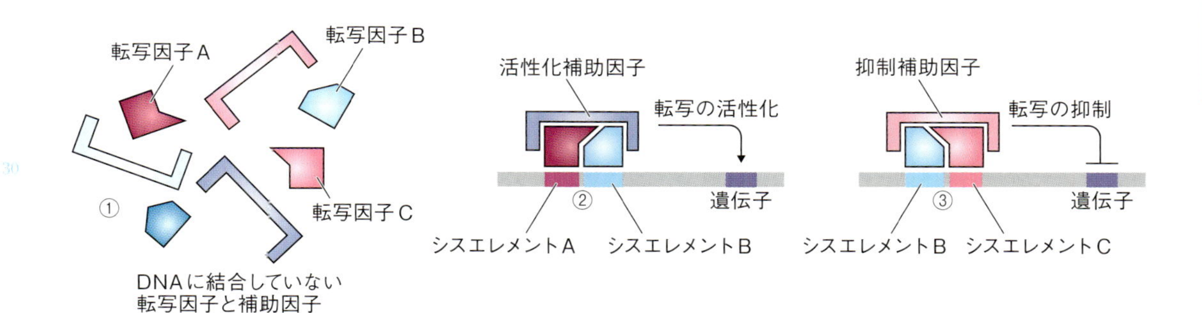

図 8·4　DNA 上で複合体を形成する転写因子と補助因子

① DNA に結合していない基本転写因子，RNA ポリメラーゼ，転写因子や補助因子は，相互に結合することはない。基本転写因子や転写因子が DNA に結合すると，これらの因子の立体構造が変化し，その結果，基本転写因子複合体には RNA ポリメラーゼが結合する（☞図 8・3）。②隣り合ったシスエレメントに異なる転写因子が結合して複合体を形成すると，活性化補助因子が結合する。③シスエレメントと転写因子の組み合わせが異なると，抑制補助因子が結合することもある。（文献 0-1 を改変）

活性化補助因子には**メディエーター**とよばれる複合体がある。メディエーターは約30個のサブユニットで構成され，DNAに結合した基本転写因子や転写活性化因子，RNAポリメラーゼを取りまとめてプロモーター上に配置させるはたらきがある。メディエーターは酵母からヒトまで保存されており，多細胞生物においては，メディエーターは発生や細胞分化において中心的な役割を担うことが明らかになってきている（図8·5）[8-7]。

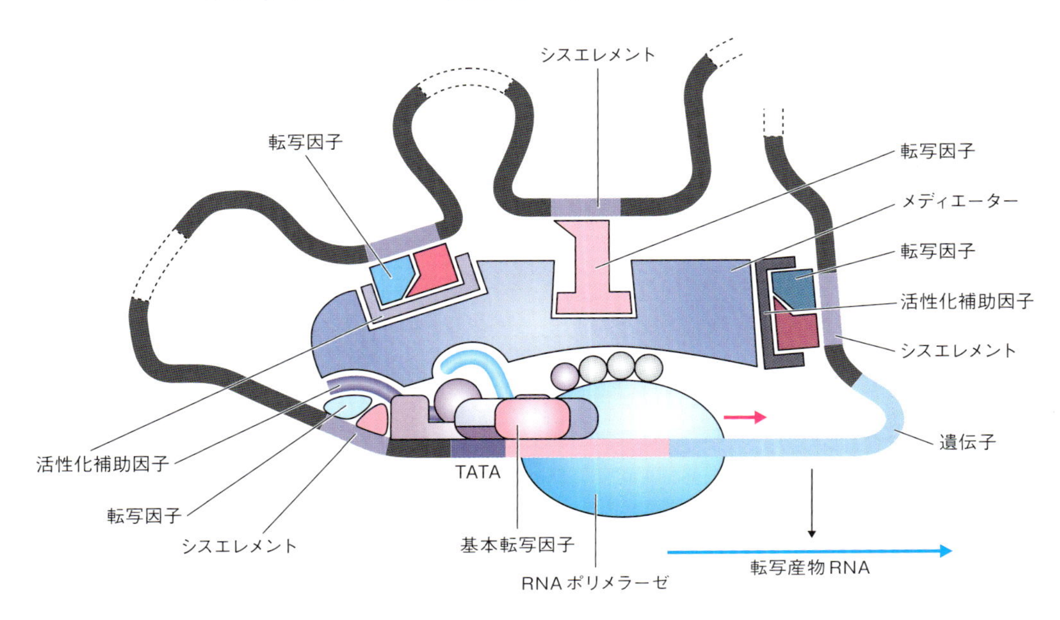

図8·5 メディエーターによる転写調節の統合
（文献0-1を改変）

参考8.1 転写因子の標的配列を網羅的に解析するチップアッセイ法

転写因子と標的遺伝子は1対1の関係にあるわけではなく，1種類の転写因子が，複数の遺伝子の転写調節にかかわる。多くの遺伝子は，同じシスエレメントを共有しており，シスエレメントの種類と数の組み合わせで，その遺伝子特有の転写調節が行われる。特定の転写調節因子のシスエレメントの塩基配列は，標的遺伝子によって多少の揺らぎがある。

転写因子に対する特異抗体で，さまざまな遺伝子のシスエレメントの配列情報を網羅的に調べる技術がある。特定の転写因子はクロマチンの状態で特定の塩基配列に結合している。転写因子はシスエレメントに結合したり解離したりしているが，細胞をホルムアルデヒド処理すると，転写因子はDNAとともに固定され，シスエレメントに結合したままになる。

例えば，転写因子Aが結合する塩基配列の情報を得ようとする場合，固定したクロマチンを約300塩基対となるように分断し，転写因子Aに対する特異抗体を加えて，免疫沈降させる。沈殿物には転写因子Aが結合したクロマチン断片が濃縮されている。クロマチン断片のタンパク質を，タンパク質分解酵素で除去し，精製したDNAの塩基配列を調べることにより，転写因子Aの結合配列が明らかになる（図8·6）。

抗体を用いて，特定のタンパク質が結合したクロマチン領域を沈殿によって濃縮し，そのクロマチン領域の塩基配列を明らかにする手法をチップアッセイ（ChIP：chromatin immunoprecipitation クロマチン免疫沈降）という。ある特定の転写因子が結合する配列は，JASPARとよばれるオープンアクセスデータベース（https://togotv.dbcls.jp/20171128.html）で検索することができる。

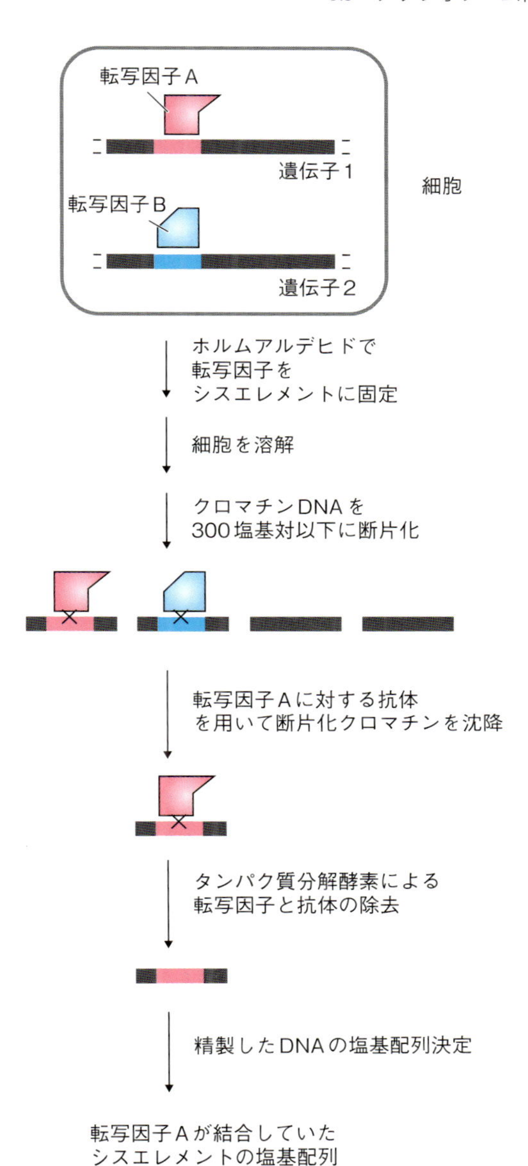

図 8·6　チップアッセイによる転写調節因子の標的配列の特定（文献 0-1 を改変）

8.5　ヌクレオソーム再構成による転写開始

基本転写因子は，プロモーターがヌクレオソーム内にあると，プロモーターに近づくことができない。転写活性化因子は，ヌクレオソームの有無にかかわらず，シスエレメントに結合することができる。転写活性化因子がシスエレメントに結合すると，ヌクレオソームの位置が変わり，プロモーター領域がヌクレオソームのない状態になる。

クロマチンのヌクレオソームの位置が変更されることを**クロマチンリモデリング**（chromatin remodeling）といい，転写開始のリモデリングにはクロマチン再構成複合体RSC（remodeling the structure of chromatin）と[8-8]，ヒストン・シャペロン[8-9]，またはヒストン修飾酵素がかかわる（図8·7）。

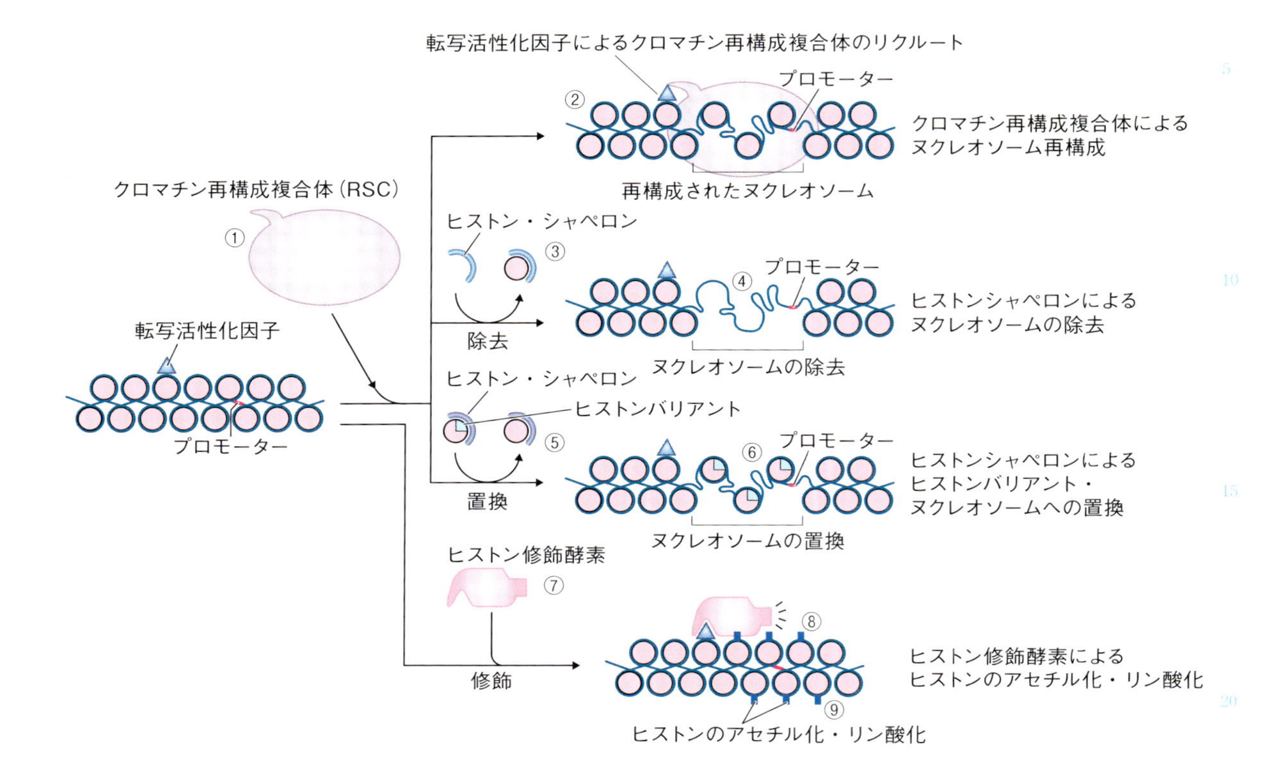

図8·7　クロマチンリモデリングがかかわる転写開始

①RSCは17個のサブユニットからなる複合体であり，DNA依存性ATPアーゼ活性をもつ。②シスエレメントに転写活性化因子が結合すると，RSCがその領域にリクルートされる[8-10]。RSCは，ヌクレオソームのDNAと結合するとATPアーゼ活性を示し，ヌクレオソームの位置をずらす。③シスエレメントに転写活性化因子が結合すると，ヒストン・シャペロンをリクルートする。ヒストン・シャペロンとは，ヒストンに結合してヌクレオソームの形成を促進したり，ヌクレオソームからヒストンを取り除いたりするタンパク質の総称であり，ヒトでは20種類が知られている。④リクルートされたヒストン・シャペロンは，ヌクレオソームからヒストンを取り除き，プロモーター部分のDNAがむき出しになる。⑤ヒストンには主要コアヒストン以外に，ヒストンバリアントとよばれるサブタイプがある。クロマチンにリクルートされたヒストン・シャペロンにより，コアヒストンの一部がヒストンバリアントに置き換えられる。⑥ヒストンバリアントのH2A.Zをコアヒストンにもつヌクレオソームは構造が不安定になり，基本転写因子のプロモーターへの結合を容易にする[8-11]。H2A.Zはさまざまな遺伝子の転写開始点付近に局在する。⑦シスエレメントに結合した転写活性化因子により，ヒストン修飾酵素であるヒストンアセチルトランスフェラーゼがクロマチンにリクルートされると，コアヒストンをアセチル化する。⑧ヌクレオソームのヒストンがアセチル化されると，クロマチンのリモデリングが起こり，転写が活性化する[8-12]。アセチル化されたヒストンはユークロマチン領域に存在する。⑨ヒストンキナーゼはH2A，H2BとH3をリン酸化する。強い負の電荷をもつリン酸がヒストンにもたらされると，ヌクレオソームが不安定化し，クロマチンのリモデリングが起こり，転写が活性化する[8-13]。（文献0-1を改変）

8.6　ヌクレオソーム再構成による転写抑制

転写抑制にもクロマチンリモデリングがかかわる。転写抑制因子が転写調節領域の標的配列に結合すると，クロマチン再構成複合体がリクルートされ，プロモーターがヌクレオソームの中に組み込まれて，転写開始が妨げられる。転写抑制因子によりクロマチンを凝集させるヒストン修飾酵素がリクルートされると，転写が休止状態になる（図 8·8）。

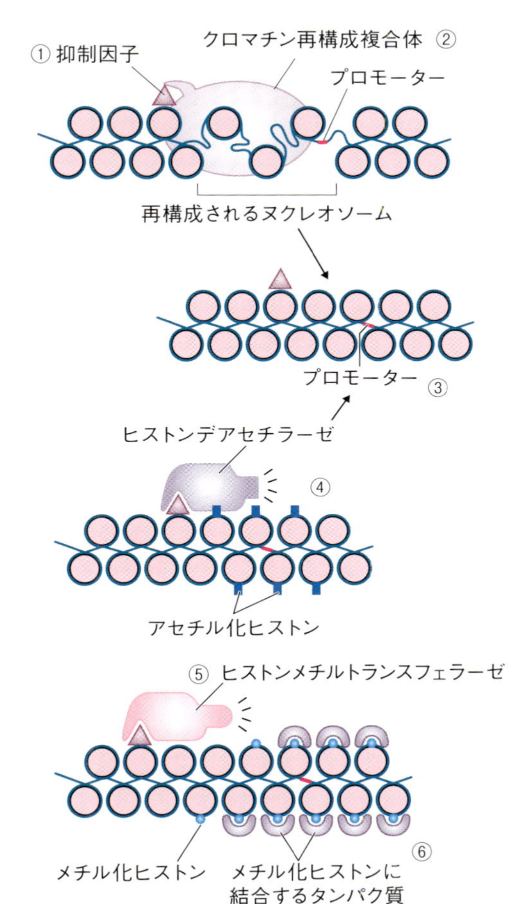

図 8·8　クロマチンリモデリングがかかわる転写抑制
①転写抑制因子がクロマチンのシスエレメントに結合すると，②その領域にクロマチン再構成複合体がリクルートされて，クロマチンリモデリングが起こる。その結果，③プロモーターがヌクレオソームの中に組み込まれ，転写が抑制される。転写抑制因子はヒストンデアセチラーゼやヒストンメチルトランスフェラーゼもリクルートする。④ヒストンデアセチラーゼがヒストンのアセチル基を取り除くと，規則的で強固なヌクレオソーム構造が形成される。⑤ヒストンメチルトランスフェラーゼがヒストンをメチル化すると，⑥その領域にメチル化ヒストン結合タンパク質が結合し，クロマチンが凝集して，転写が抑制される[8-14]。（文献 0-1 を改変）

参考 8.2　クロマチンの凝縮・脱凝縮にかかわるヒストンのメチル化

ヒストン H3 の N 末端から 4 番目のリシンがメチル化されると，転写が活性化される。一方，ヒストン H3 の N 末端から 9 番目のリシンがメチル化されると，HP1（heterochromatin protein 1）がヒストン H3 に結合し，HP1 は DNA メチルトランスフェラーゼ（☞ 10.5 節）や，ヒストンデアセチラーゼをリクルートして，クロマチンの凝縮を促進するとともに，HP1 同士が集合して，さらに凝縮が進み，転写が停止する（図 8·9）。

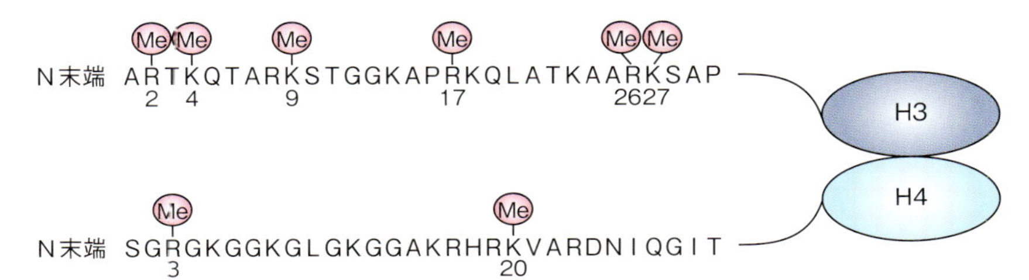

図 8·9　ヒストン H3 と H4 のメチル化の位置

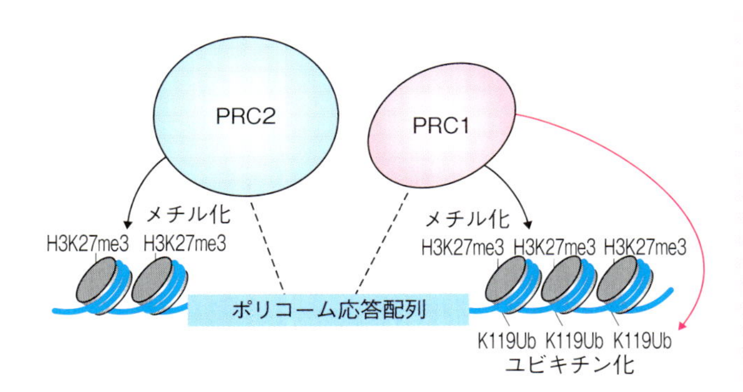

図 8·10　ポリコームによるヒストン修飾[8-15, 8-16]

参考 8.3　ポリコーム

ポリコームは，ショウジョウバエのホメオティック遺伝子による発現制御に必須の因子として発見された。ポリコームの PRC1 と PRC2 はクロマチン上で複合体を形成する。ポリコームは，植物や哺乳類まで広く保存されている。PRC1 はヒストン H2A の Lys119（H2AK119）をモノユビキチン化する。H2A がユビキチン化されると，RNA ポリメラーゼの転写が停止する[8-15]。また，PRC1 はヒストン H3 の Lys27（H3K27）をメチル化する。PRC2 はヒストン H3 の Lys27(H3K27) をメチル化する。ポリコームによるヒストンの修飾により，遺伝子発現が抑制される（図 8·10）[8-16]。

参考 8.4　インスレーター

エンハンサーは遠く離れたプロモーターにも影響を及ぼし，複数の遺伝子の転写を活性化する能力をもつ。異なる転写調節を受ける遺伝子の間には，エンハンサーの影響を妨げるインスレーターとよばれる塩基配列が存在し，エンハンサーの影響を遮断している（図 8·11）[8-17]。

インスレーターの作用機構として，以下が提唱されている。インスレーターは核の構造タンパク質に結合し，ループを形成する。1 つのループ内のシスエレメントとプロモーターは，他のループと独立しているため，他のループ内のエンハンサーの影響を受けない（図 8·12）[8-18]。インスレーターにはヘテロクロマチンの領域が広がるのを防ぐはたらきもある。

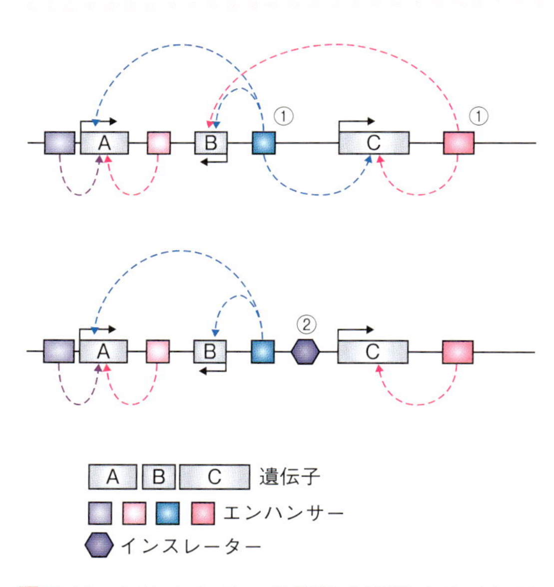

図 8·11　エンハンサーの影響を遮断するインスレーター
①エンハンサーは複数の遺伝子のプロモーターを活性化する。②異なる転写調節を受ける遺伝子 B と遺伝子 C の間にはインスレーターが存在し，エンハンサーの影響を遮断する。

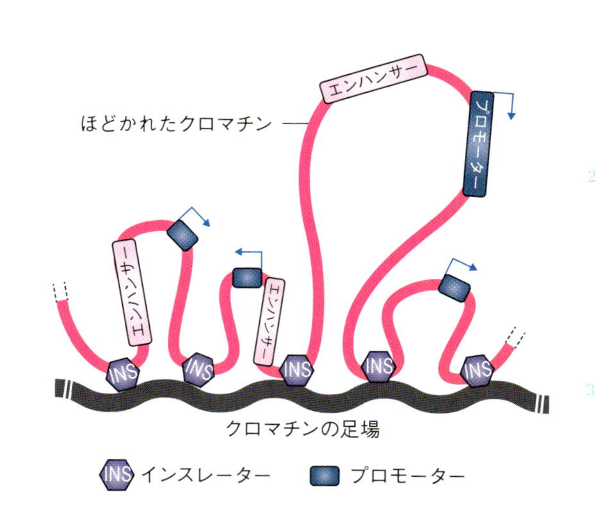

図 8·12　インスレーターの作用機構モデル[8-18]
インスレーターはクロマチンの足場構造に結合して，クロマチンのループをつくることで機能する。

8.7　非コード RNA による遺伝子発現調節

遺伝子発現調節は，RNA によっても行われる。遺伝子発現調節にかかわる RNA には，特定の mRNA の翻訳抑制にかかわる miRNA（micro-RNA）と，X 染色体の不活性化などにかかわる lncRNA（long noncoding-RNA）がある。

8.7.1　miRNA

miRNA は 21 ～ 25 塩基の 1 本鎖 RNA であり，ヒトでは 1500 種類以上の miRNA がある。miRNA による遺伝子発現制御は，細胞増殖，細胞分化，アポトーシスにかかわる[8-19]。miRNA の多くは，RNA ポリメラーゼⅡにより転写される。哺乳類の約半分の miRNA は，タンパク質をコードする遺伝子のイントロンから転写される。miRNA 前駆体は核内，核外でプロセシングを受け，複合体 RISC（RNA-induced silencing complex）の構成要素となる（図 8·13）。

miRNA は標的配列に RISC を結合させるはたらきがある[8-20]。RISC は標的 mRNA の 3′ UTR に相補的に結合して翻訳を抑制する。

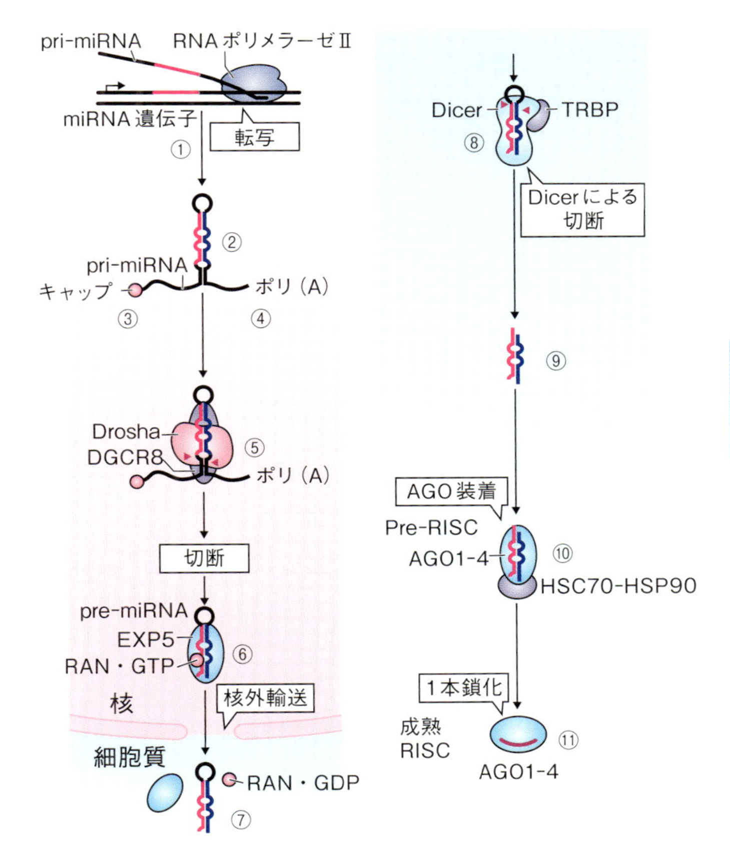

図 8·13　miRNA の生合成と RISC 形成機構[8-20]

①miRNA 遺伝子から primary miRNA（pri-miRNA）が転写される。②pri-miRNA は分子内で相補的に結合して 2 本鎖になり，一部はループ状の構造をもつ。③pri-miRNA は 5′ 末端にキャップ構造をもち，④3′ 末端にポリ（A）をもつ。⑤RNase Ⅲ活性をもつ Drosha と DGCR8 の複合体が，pri-miRNA のヘアピン基部を切断し，60 ～ 70 塩基の miRNA 前駆体（precursor miRNA : pre-miRNA）となる。⑥エクスポーチン 5（EXP5）は GTP 結合核タンパク質の RAN・GTP および pre-miRNA と輸送複合体を形成し，核膜孔を通って核外に移動する。⑦GTP が加水分解され RAN・GDP となると，複合体が解離し，pre-miRNA が細胞質に放出される。⑧Dicer が TARP（TAR RNA 結合タンパク質）と結合すると，Dicer の RNase Ⅲ活性によって pre-miRNA が切断され，⑨21 ～ 24 塩基対の 2 本鎖 miRNA になる。⑩ HSC70・HSP90（heat shock cognate 70・heat shock protein 90）複合体が ATP を加水分解すると，2 本鎖 miRNA は AGO（Argonaute）に取り込まれ，Pre-RISC が形成される。⑪2 本鎖 miRNA は RISC 中で 1 本鎖に解離され，片方の RNA 鎖が分解されて成熟 RISC になる。残った 1 本鎖 miRNA がガイドとしてはたらき，標的配列と相補的に結合する。

参考 8.5　RISC による mRNA 翻訳抑制

ヒトやマウスでは，RISC の構成要素の AGO は AGO 1 ～ AGO 4 まで 4 種類ある。そのうち AGO 2 は RNA 切断活性をもつ。AGO 2 は mRNA の 3′ UTR を切断することにより，ポリ（A）を切り離して mRNA を不安定化させるとともに，翻訳開始を阻害する（☞図 6·7，図 6·9）。他の AGO には切断活性はないが，3′ UTR に結合して翻訳の開始因子と拮抗したり，リボソームの mRNA からの脱落を促進したりすることにより翻訳を抑制する（図 8·14）[8-21]。

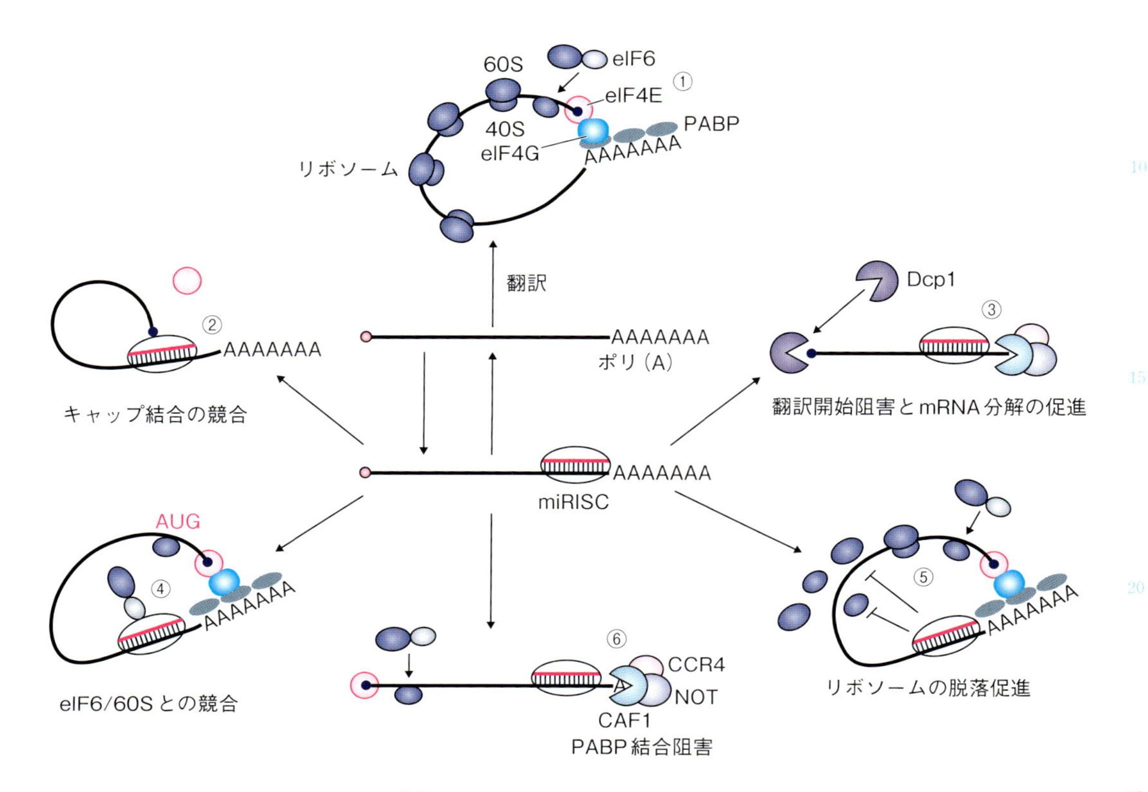

図 8·14　RISC による mRNA 翻訳抑制[8-21]

①抑制されていない mRNA は，キャップ構造に結合する eIF4E とポリ（A）に結合する PABP が eIF4G を介して結合して，ループ構造をつくることにより翻訳が促進される（☞図 6·7，図 6·9）。② RISC と翻訳開始因子 eIF4E とのキャップ構造への結合の競合による翻訳開始抑制，③ Dcp1（decapping complex 1）によるキャップの除去による翻訳開始阻害と，ポリ（A）消失による mRNA 分解促進，④ RISC と翻訳開始因子 eIF6/60S リボソーム（リボソーム大サブユニット）複合体との競合による翻訳開始抑制，⑤リボソームの mRNA からの脱落促進，⑥ PABP 結合阻害による翻訳開始抑制。Not1 が CAF1 と CCR4 複合体をポリ A にリクルートすると，CAF1 のポリ A 分解（deadenylase）活性によりポリ A が分解され，その結果，PABP が結合できなくなり，翻訳開始が抑制される。

8.7.2　lncRNA

lncRNA は，タンパク質をコードしない長さが 200 塩基以上の RNA と定義される。ほとんどの lncRNA は，RNA ポリメラーゼⅡにより転写され，スプライシングを受け，5′ 末端にキャップ構造があり，3′ 末端にポリ(A) をもつ。ヒトには 8000 種類の lncRNA がある。転写因子と複合体を形成して，転写因子の活性を調節する lncRNA や[8-22]，X 染色体を不活性化する Xist（X inactive specific transcript）が報告されているが[8-23]，機能が明らかになっていない lncRNA も多い。

参考 8.6　X 染色体遺伝子量補償にかかわる lncRNA

ヒトの性染色体には，X と Y がある。女性は XX，男性は XY をもつため，女性は男性より X 染色体を 2 倍もつことになる。X 染色体には約 1000 個の遺伝子があり，その発現量が 2 倍になると，生命活動に不都合が生じる。哺乳類の雌は，片方の X 染色体を不活性化することで，X 染色体遺伝子の発現量を，雄と同じレベルに保っている。これを，**X 染色体遺伝子量補償**という。X 染色体のヘテロクロマチン化には，Xist がかかわる。Xist は約 17000 塩基の lncRNA である。X 染色体の *Xist* 遺伝子から Xist が転写されると，Xist を転写した X 染色体が Xist で覆いつくされる（図 8·15）。

Xist は X 染色体の約 200 種類の分子と相互作用し，染色体を束ねるはたらきがあるコヒーシン（☞ 4.7 節）を Xist が染色体から引き離すことがきっかけとなって，大規模な染色体の構造変化が起きて X 染色体が不活性化する[8-24]。また，Xist はヒストンを修飾してクロマチンを凝集させるはたらきをもつポリコーム複合体 PRC1 と PRC2（☞参考 8.3）をクロマチンに呼び込み，X 染色体を不活性化する[8-25]。

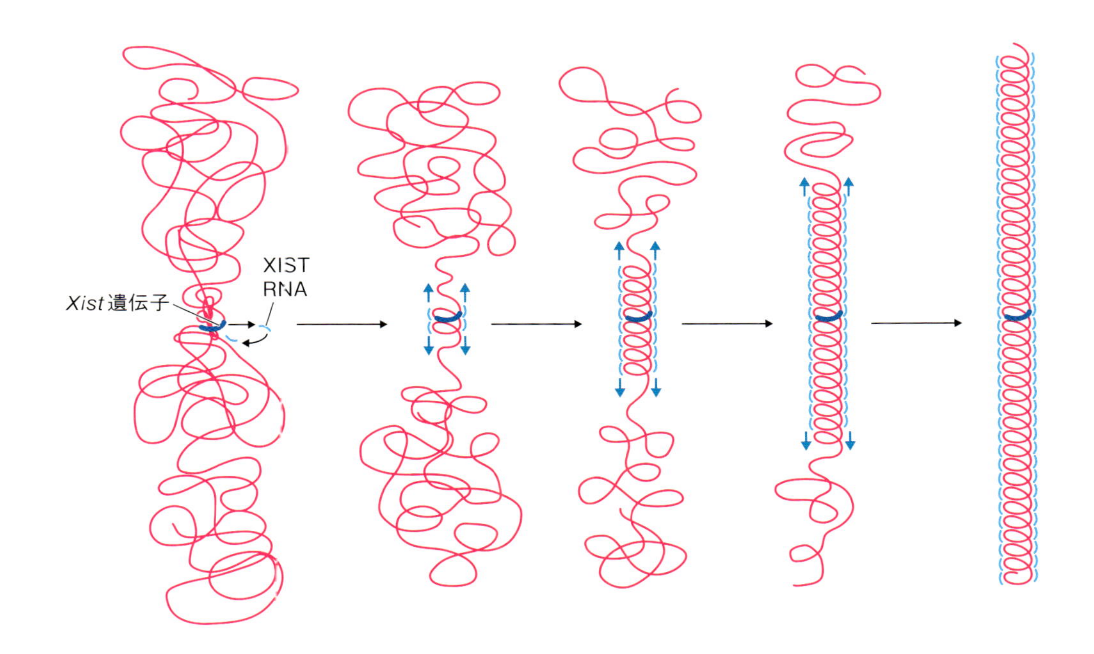

図 8·15　Xist による哺乳類の X 染色体不活性化
（文献 0-1 を改変）

9章 DNA損傷の要因と修復機構

体細胞のDNAの配列が変化したりDNAが損傷したりすると，遺伝子の発現量が低下したり，増加したり，変異タンパク質が産生されたりして，生命活動に支障が生じ，がんなどの病気を発症する原因ともなる。生殖細胞のDNAに変異が入ると，遺伝病になる可能性がある。DNAの塩基配列の変異の大部分は，DNA複製で生じる。

DNAは安定な分子ではあるが，通常の細胞の条件でも，加水分解や，酸化などにより分子に損傷が生じる。これを自然突然変異という[9-1]。自然突然変異の頻度よりも高い頻度で突然変異を生じさせるような，物理的または化学的作用原を変異原という。ヒトでは細胞あたり，1日に約7万か所にDNAの損傷が生じている。生物にはDNAの損傷を修復するしくみがあり，損傷の発生を可能な限り低く抑えている。

9.1 自然突然変異

自然突然変異には，脱プリン反応と脱アミノ反応がある。

9.1.1 脱プリン・脱アミノ反応

ヒトの1個の細胞核には，父親から譲り受けた30億塩基対のDNAと，母親か

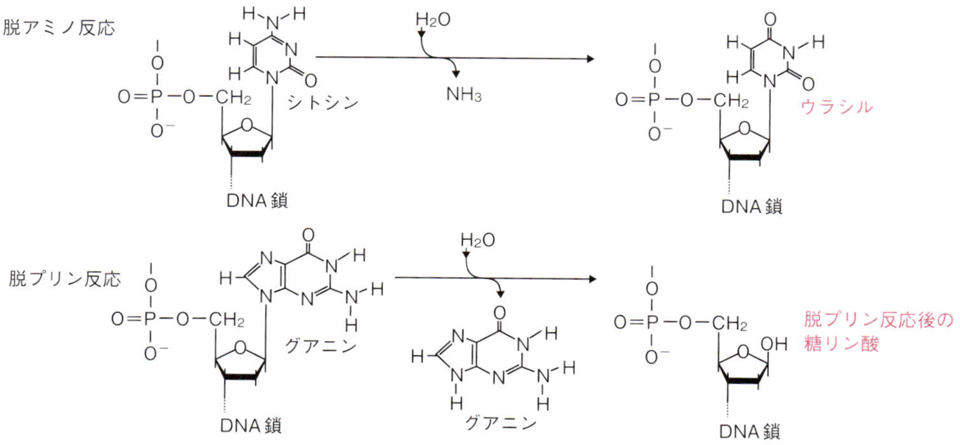

脱アミノ反応
シトシン
H_2O
NH_3
ウラシル
DNA鎖
DNA鎖
脱プリン反応
グアニン
H_2O
グアニン
脱プリン反応後の糖リン酸
DNA鎖
DNA鎖

図9·1　脱プリン反応と脱アミノ反応

ら譲り受けた30億塩基対のDNAがあり，核あたり120億塩基にもなる。たとえば，自然に起こる脱アミノ酸反応により，細胞あたり，1日に100個のシトシンがウラシルになる。また，塩基とデオキシリボースを結合するβ-N-グリコシド結合は，自発的な加水分解によって切断され，細胞あたり1日に約1万個のプリン塩基が失われ，ピリミジン塩基も数百個失われる[9-2]（図9·1）。

塩基が失われた部位を**AP**（apurinic/apyrimidine）**部位**という。

9.1.2 脱プリン・脱アミノ反応による変異

シトシンが脱アミノ化されてウラシルに変わると，UとGの誤対合になるが，そのままDNA1本鎖として存在する。複製されるときは，それぞれの鎖が鋳型となり，Uを鋳型として複製されたDNAは，相補するAが連結され，変異が生じる。アデニンが脱アミノ化されると，ヒポキサンチンになり，ヒポキサンチンはシトシンと相補的に結合するため，変異が生じる。グアニンが脱アミノ化されるとキサンチンになるが，DNA複製がキサンチンで停止し，細胞が死ぬため，変異として残ることはない。なお，チミンはアミノ基がないため，脱アミノ化は受けない。

脱プリン化すると，塩基のギャップが生じる。DNAポリメラーゼはギャップを飛ばして複製するため，ギャップのある鎖を鋳型とすると，1塩基が欠失した変異が生じる（図9·2）。

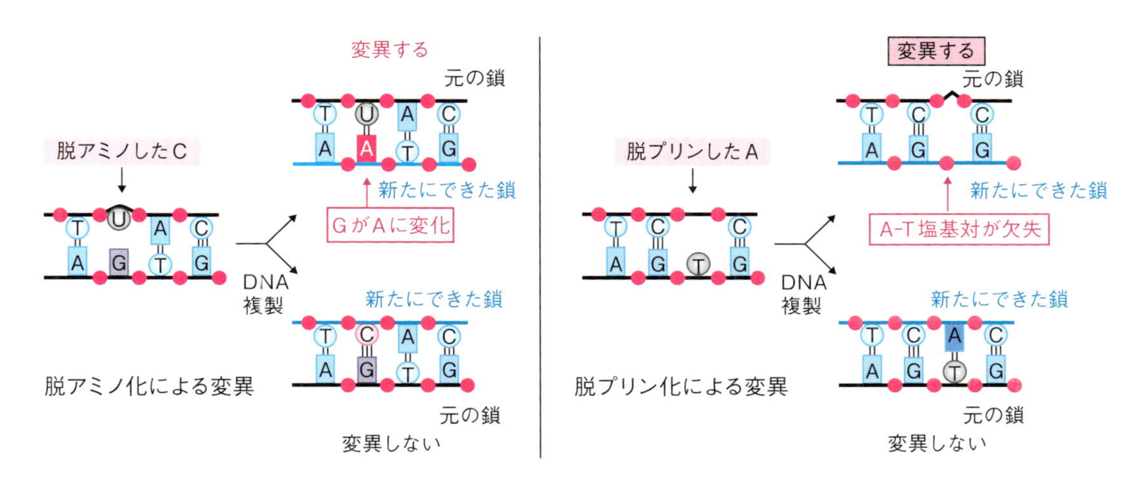

図9·2 脱プリン・脱アミノ反応による変異機構
（文献0-1を改変）

9.2 変異原

変異原には，生命活動そのものによって必然的に生じる活性酸素や，環境からの紫外線や放射線，変異原物質などがあり，DNAは損傷の危険に常にさらされている。

9.2.1　活性酸素

最初の生命は無酸素状態で生まれ，やがて，太陽エネルギーを利用して光合成を行うシアノバクテリアが誕生すると，酸素が産生されるようになった。酸素は反応性が高く，危険な分子である。しかし，うまく利用すると大きなエネルギーを獲得することができる。それに成功したのがミトコンドリアの祖先の好気細菌であり，好気細菌を細胞に取り込み，共生したのが真核生物である。

酸素を利用するようになった細胞は，エネルギーの高度利用と引き替えに，**活性酸素**を発生するようになった。活性酸素は反応性が高く，分子に損傷を与える。ミトコンドリアで行われる酸素呼吸の過程で，活性酸素種（$\cdot O_2$，$\cdot OH$，H_2O_2）が生じる。活性酸素種はミトコンドリアから漏れだし，DNA を傷つける。また，感染などにより炎症が起きている場では，マクロファージや白血球が活性酸素種を積極的に産生して，侵入した外敵を攻撃しており，これらも DNA に酸化的損傷を与える。

コラム 9.1　活性酸素と老化の関係

活性酸素は，**スーパーオキシドディスムターゼ**（SOD: superoxide dismutase）などの抗酸化酵素により分解される。SOD の活性と寿命との正の相関が示されており，たとえば，寿命が約 100 歳のヒトと約 17 歳のリスザルの SOD の相対活性値は，ヒトが 7 倍も高い。活性酸素を消去する抗酸化酵素には，SOD の他，ペルオキシダーゼ，カタラーゼがある。抗酸化酵素を欠失させると寿命が短くなる[9-3]。一方，抗酸化酵素を過剰発現させたハエやマウスは寿命が延びる[9-4, 9-5]。

イエバエが飛ぶときには，1 秒間に 300 回も翅を動かし，多くの酸素を消費して活性酸素が生じる。巣箱の中で自由に飛ばせたハエと，小さな容器に入れて飛ばさせなかったハエの体内の活性酸素の濃度と寿命を調べると，自由に飛んだハエは，飛ばなかったハエに比べ活性酸素の濃度が 1.5 倍高く[9-6]，平均寿命は約 20 日，飛ばなかったハエは約 60 日であった。飛ばなかったハエの DNA やタンパク質，脂質を調べると，活性酸素による傷害が低くなっていた。

ヒトの抗酸化酵素の活性や DNA 修復能力は，年齢を重ねると徐々に低下する。激しい運動は老化を早めるのでかえって危険である。

9.2.2　紫 外 線

塩基，特にピリミジンは 260 nm 付近の紫外線を吸収する。紫外線のエネルギーを吸収したピリミジンは，反応性が高くなり，同じ DNA 鎖の中でピリミジン（T，C）が隣どうしにあると，ピリミジン間で共有結合し，ピリミジン二量体が形成される（図 9·3）。DNA 複製において，ピリミジン二量体が存在すると，DNA ポリメラーゼはピリミジン二量体のところで一旦停止し，少し離れたところから DNA 複製を再開する。その結果，塩基の欠失が生じ，変異が起こる。遺伝子のコード領域に変異が生じると，変異タンパク質が産生される可能性がある。また，転写調節領域に変異が生じると，遺伝子の発現が異常になる可能性がある。紫外線により皮膚

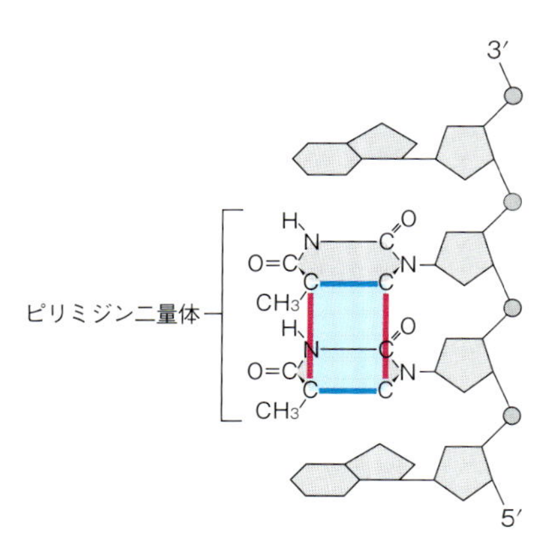

図 9·3　ピリミジン二量体

がんが生じるのは，ピリミジン二量体の形成が原因である。

9.2.3 電離放射線

電離放射線とは，高いエネルギーをもつ放射線の総称であり，原子や分子をイオン化する作用がある。電離放射線には，α 線や電子線が属す高速荷電粒子，高速中性子などの粒子線，紫外線，X 線，γ 線がある。エネルギーレベルの高い電離放射線は DNA 鎖のリン酸や糖の部分での切断を起こす。切断が DNA 2 本鎖の両鎖で近接して生じると，染色体が切断されることになる。

自然界の放射線は，宇宙線に由来するものと地中の放射性核種によるものがある。1 eV の可視光や 6 eV の 200 nm の紫外線に比べ，宇宙線のエネルギーレベルは非常に高く，太陽からの宇宙線は 10^{6} eV，銀河からの宇宙線は 10^{9} ～ 10^{20} eV にもなり危険である。しかし，地磁気に捕らえられるため，地上にはわずかしか届かない。地中からの線量も低いため，自然放射線による影響はほとんどない。原子爆弾や原子力発電所の事故，放射線治療などで人為的に発生する電離放射線は被曝線量が高いため，細胞傷害を引き起こす。健康診断で用いられる X 線，精密検査で用いられる CT は，線量が低く問題はないとされているが，電離放射線であることに違いはなく，過度の被曝は避けた方がよい。

9.2.4 亜硝酸

ハムやベーコン，ソーセージは古来，岩塩を用いて肉を塩漬けにした保存食である。岩塩には硝酸塩が多量に含まれており，塩漬けの過程で硝酸還元菌により亜硝酸が生じる。亜硝酸は肉の色調を整え，原料の臭みを抑え，食中毒の原因となるボツリヌス菌や大腸菌 O157 などの細菌の増殖を抑制する効果があるため，加工肉に用いられてきた。亜硝酸は，イクラ，タラコなどの発色剤としても使われる。しかし亜硝酸は強い脱アミノ化剤であり[9-7]，DNA に変異をもたらすことを忘れてはならない。

コラム 9.2 加工肉と発がん性

WHO（世界保健機関）は，2015 年に加工肉を発がん性グループ 1 に分類した。亜硝酸は変異原であるとともに，肉に含まれるアミンと反応して，強い発がん性のあるニトロソアミンに変化する。近年，亜硝酸を添加しない加工肉食品も販売されている。食品の添加物の表示を確認することを勧める。

9.2.5 トランスポゾン

トランスポゾンは，ゲノム上の位置を転移することができる塩基配列であり，動く遺伝子ともよばれている。トランスポゾン DNA が直接転移する DNA 型と，転写と逆転写をする RNA 型があり，RNA 型を特に**レトロトランスポゾン**という。レトロトランスポゾンには LINE や SINE があり，ヒトではゲノムの 30%以上を占める。ヒト免疫不全ウイルス HIV はレトロトランスポゾンのように振る舞い，

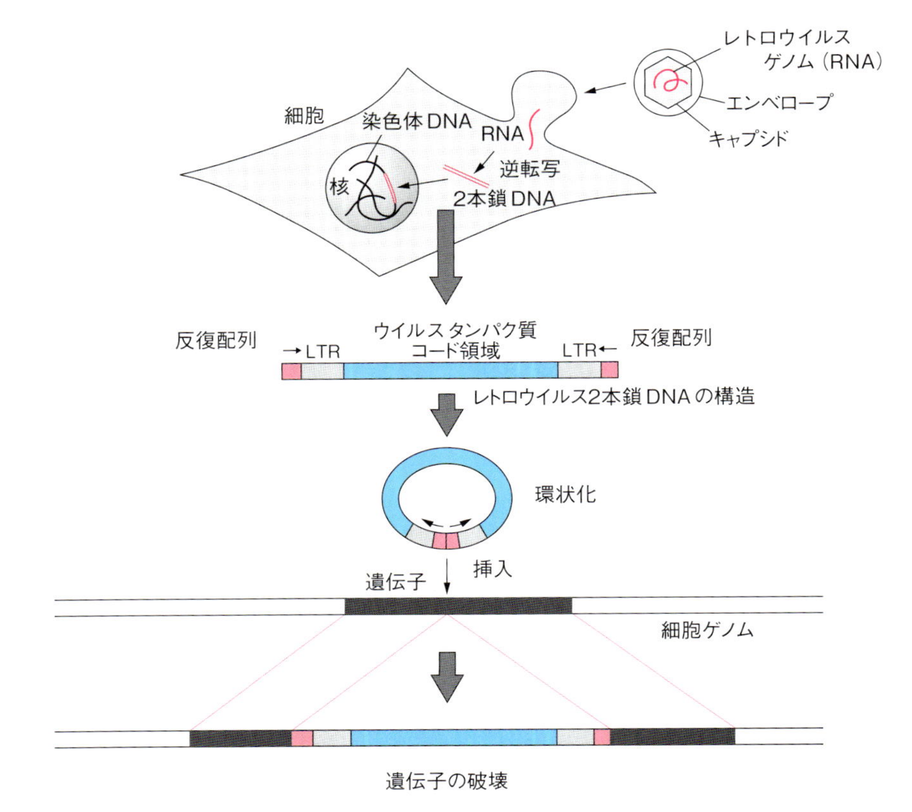

図 9·4　レトロウイルスによる変異
LTR：long terminal repeat（長鎖末端反復配列）。LTR は，同じ配列が数百から数千繰り返す配列。

HIV 自らの RNA ゲノムを逆転写して，2 本鎖 DNA になり，宿主のゲノムに入り込む。このようなウイルスは**レトロウイルス**とよばれる。トランスポゾンはゲノムの位置にかかわらず，ランダムに挿入されるため，遺伝子に変異をもたらす可能性がある。

9.3　変異の影響

ある遺伝子のタンパク質のアミノ酸配列を個体や種間で比較すると，配列に多様性がある部分と，同じ配列の部分がある。種が違っても同じ配列の部分を保存配列といい，配列が保存されている部分は，そのタンパク質が機能するために必須であることを意味している。タンパク質の保存配列に変異が入ると，細胞に障害を及ぼし，生殖細胞にその変異が入った場合は，子孫が残らない。保存配列を維持し続けた生物だけが現在に生き残っている。

近縁種では，転写調節領域も保存されている。形態形成にかかわる遺伝子の転写調節領域に変異が生じると，形態が変化する。形態形成遺伝子の転写調節領域の変異が，進化の大きな要因の一つになっている。

9.3.1　サイレント変異

ヒトのゲノムの98.5%は非コード領域である。転写調節領域や，イントロンのスプライシングシグナルを除いて，非コード領域の変異はほとんど影響がない。したがって，非コード領域の配列の多くは個体ごとに異なり，多様である。

また，コード領域でも，変異がタンパク質のアミノ酸配列に影響を及ぼさないことがある。表現型に影響を及ぼさない変異を**サイレント変異**という。

アミノ酸は塩基3文字からなるコドンで指定され，メチオニンをコードするAUG以外のコドンは重複して1つのアミノ酸をコードしている。多くのアミノ酸は，コドンの最初の2文字で指定されており，3文字目は柔軟性に富んでいる。変異が入っても同義コドンであれば，指定するアミノ酸は変わらない。これを**同義変異**という。同義変異はサイレント変異であることが多いが，障害をもたらすこともある。

コラム 9.3　同義変異による病気

同義変異は，タンパク質のアミノ酸配列を変化させないため，自然選択がはたらかないサイレント変異と考えられてきた。しかし，比較ゲノム研究により，コドンの塩基配列に偏りがあることや，同義変異が多くの病気と関連していることがわかってきた[9-8]。同義変異による障害の原因には，コドンの偏り，スプライシング阻害と，mRNAの分子内相補結合による折りたたみがある。同義コドンの中で使われるコドンが生物種により異なることは前述した（☞6.2節）。同義コドンに対応するtRNAの割合も生物種によって異なる。

同義変異により，少量しか存在しないtRNAに対応するコドンになると，アミノ酸の運搬が遅くなり，タンパク質の合成速度が低下する。同義コドンであっても，エキソン内のスプライシングを促進する塩基配列ESE（☞参考5.8）に変異が生じると，ESEに結合してU1 snRNAとU2 snRNAをリクルートするSRが結合できなくなり，変異したESEをもつエキソンが欠失したmRNAになる（図9·5）[9-9]。

同義変異により，mRNAに過剰な分子内相補結合が形成されることがある。分子内相補結合はリボソームによる翻訳の立体障害になり，翻訳速度が低下し，そのタンパク質の発現量が低下する[9-10]。

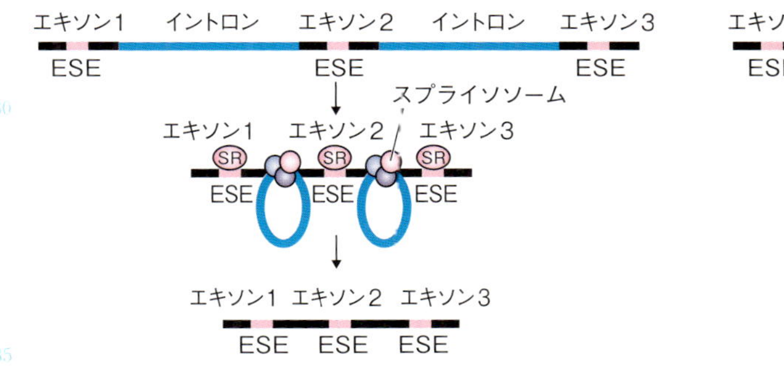

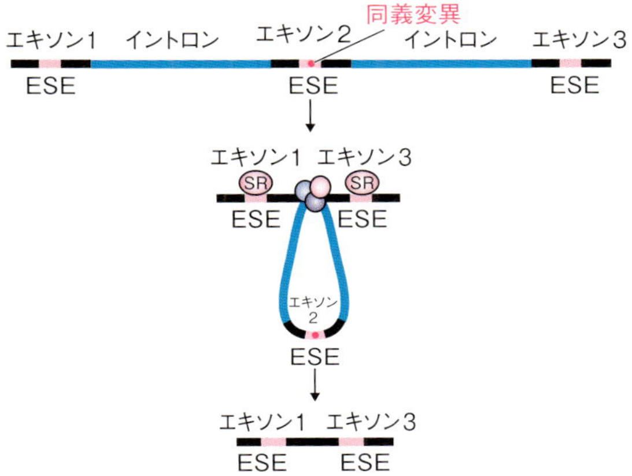

図9·5　同義変異によるスプライシング異常

コラム 9.4　同義変異を利用した生ワクチンの作出

加熱，部分分解などにより感染能力を失わせたウイルスや細菌などを原材料とする不活性化ワクチンは，異物として排除されやすく，免疫力を引き出す能力が低い。そのため，何回か追加接種する必要がある。一方，毒性を弱めたウイルスや細菌を，生きたまま接種する生ワクチンは，ウイルスの場合は接種された個体の細胞の中で増殖し，細菌は個体の中である程度生存し続けるため，接種の回数が少なくて済む。

同義変異を利用した生ワクチンがある。ウイルスの殻をコードする遺伝子のコドンを，利用頻度が低い同義コドンに置き換えると，ウイルスの殻のタンパク質の合成速度が遅くなり，細胞の中でゆっくり増殖する。その間に接種を受けた個体に免疫力が備わり，発症する前に，免疫によってウイルスが排除される。

9.3.2　タンパク質のアミノ酸配列に影響を及ぼす変異

1つの塩基に変異が生じることを点変異という。コドンの1文字目，2文字目に点変異が生じると，多くの場合，指定するアミノ酸が変わる。これを非同義変異という。1個のアミノ酸の変異でも，タンパク質が著しく低下する場合がある。また，変異により終止コドンに変わると，そこからC末端側のポリペプチド鎖ができなくなる。終止コドンになる変異をナンセンス変異という。逆に，終止コドンが変異して，アミノ酸をコードするようになると，本来のC末端にさらに機能

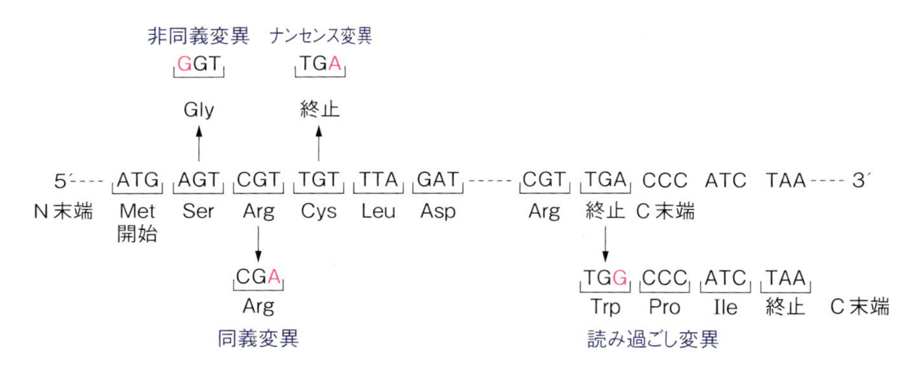

図9·6　点変異による影響

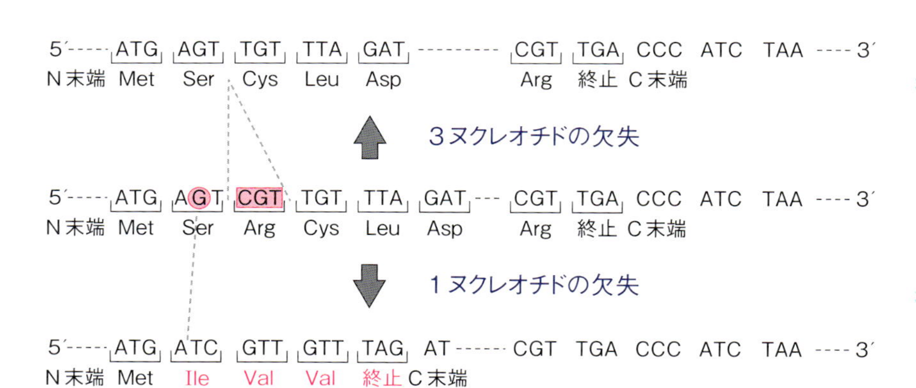

図9·7　欠失変異による影響

をもたないポリペプチド鎖が連結される。これを読み過ごし変異という。読み過ごし変異では，多くの場合，比較的近いところで終止コドンが現れるので，長いポリペプチド鎖が連結されることはまれである。また，標識として GFP を連結させたタンパク質が，正常なタンパク質と同様に振る舞い，機能するように，機能をもたないポリペプチド鎖はタンパク質の機能に影響を与えない場合が多いが，重大な影響を与えることもある（図 9･6）。

3 または 3 の倍数の塩基がコード領域で欠失すると，1 アミノ酸または数アミノ酸の欠失となる。3 の倍数とならない 1 または 2 塩基の欠失では，読み枠がずれることになり，比較的近いところで終止コドンが現れる。したがって，欠失から C 末端側には機能をもたない短いポリペプチド鎖が連結されることになる（図 9･7）。

9.3.3　DNA の変異による生命活動への影響

多細胞生物の場合，体細胞に起きた DNA の変異は，それほど問題ではない。わずかの細胞が機能しなくなっても，他の細胞が機能を十分補うことができる。しかし，免疫から免れ，無制限に増殖するがん細胞は個体に大きな障害をもたらす。また，生殖細胞の DNA の変異は，子孫の個体を構成するすべての細胞の DNA が変異をもつことになるので重大な影響を及ぼす。

遺伝子の転写調節領域に変異が生じると，遺伝子の発現パターンや発現量が変化する。コード領域に変異が生じ，タンパク質の機能ドメインの立体構造が変化するとタンパク質の機能が変化する。転写調節領域の変異により，その遺伝子のタンパク質が発現しなくなることがある。タンパク質機能の低下，消失をもたらすコード領域の変異を**機能喪失**（loss-of-function）**変異**という。転写の抑制や，タンパク質の機能喪失変異は，ヘテロ接合体であれば，多くの場合，異常は生じない。

転写調節領域の変異により，遺伝子の過剰発現や異常な発現パターンを引き起こす場合がある。また，コード領域の変異により，タンパク質の機能が過剰に活性化される場合がある。タンパク質の機能が過剰に活性化される変異を**機能獲得**（gain-of function）**変異**といい，多くの場合，ヘテロ接合体でも異常が生じる（図 9･8）。

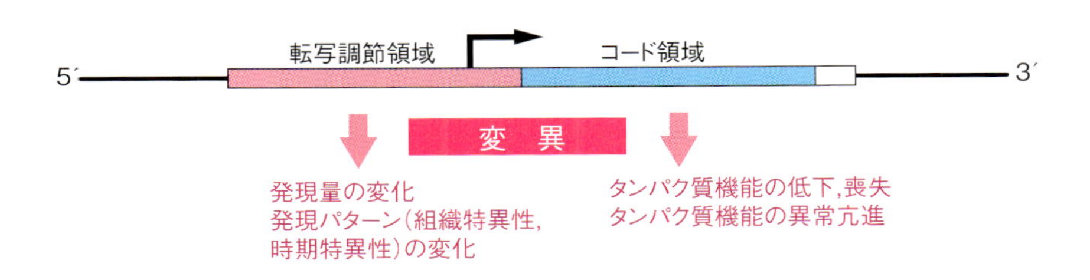

図 9･8　転写調節領域とコード領域の変異による影響

機能獲得変異は体細胞でも重大な影響を及ぼす場合がある。シグナル伝達や転写調節にかかわるタンパク質の多くは，シグナルを受容すると修飾を受け，活性型または不活性型になる。この修飾を受ける領域に変異が入り，構成的活性型（常に活性型）になると，シグナルを発し続け，特定の遺伝子を過剰に発現させることになる。細胞増殖にかかわる遺伝子またはそのタンパク質が，変異により構成的に活性化され，無秩序な細胞分裂が引き起こされると，がん化につながる。

コード領域の変異により，本来のタンパク質の機能が失われるとともに，細胞傷害を引き起こす変異タンパク質が生じることがある。小胞体内腔においてタンパク質の折りたたみが異常になり，小胞体に蓄積される状態を**小胞体ストレス**（ER ストレス）という。小胞体ストレスが続くと，小胞体が空胞化し，細胞が機能しなくなる[9-11]。

エネルギーレベルが高い電離放射線は，染色体を切断することがあり，切断された染色体の断片が，反対向きに連結したり，もともとは異なる染色体断片と結合したりすることがある。染色体が切断されて，その断片が染色体に連結して，元とは異なる組み合わせが生じることを**染色体転座**という。染色体転座により，転座した染色体の連結部位の近くにある遺伝子は，連結先のエンハンサーなどの転写調節領域の影響を受けるようになり，発現パターンは激変する（図 9·9）。白血病の原因となるフィラデルフィア染色体は転座しており，連結部位の近くの遺伝子が異常に高発現している。

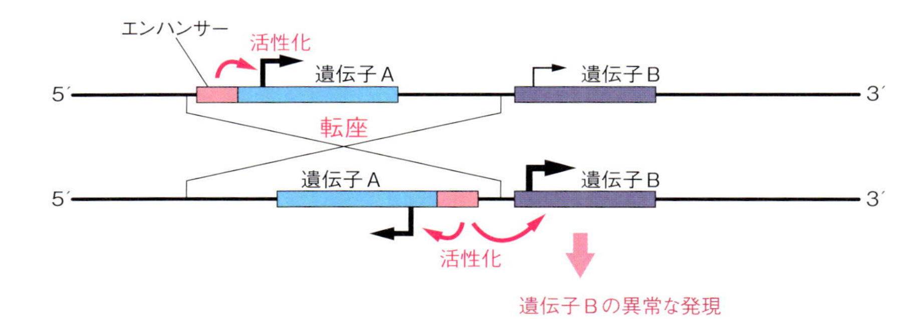

図 9·9　転座による遺伝子発現の変化

9.4　DNA 修復機構

DNA ポリメラーゼは，10^5 塩基に 1 塩基の割合で誤った塩基を連結する可能性がある。DNA ポリメラーゼには校正機能（☞ 3.5 節）があり，誤った塩基を排除するようになっているが，それでも 10^7 塩基に 1 塩基の割合で誤った塩基を連結する。しかし，DNA ミスマッチ修復により，DNA 複製で誤った塩基が連結される確率は $1/10^{10}$ までに低下する（☞ 3.6 節）。DNA 複製に伴う変異に加えて，自然突然変異や変異原により変異が生じる。自然突然変異や変異原による変異に対して DNA 修復機構がはたらく。

9.4.1　塩基除去修復

脱アミノ化塩基や，ヒドロキシル化塩基，メチル化塩基など，損傷を受けた塩基があると，DNA グリコシラーゼが認識し，ヌクレオチドの糖と塩基を連結する *β*-*N*- グリコシド結合を切断する。塩基が除去された AP 部位（☞ 9.1.1 項）を，AP エンドヌクレアーゼとホスホジエステラーゼが除去し，生じたギャップを，DNA ポリメラーゼ *β* が埋め ,DNA リガーゼが切れ目（ニック）をつないで修復が完了する（図 9·10）[9-12]。*β*-*N*- グリコシド結合が自発的に加水分解して塩基が離脱する自然突然変異も，同様に修復される。

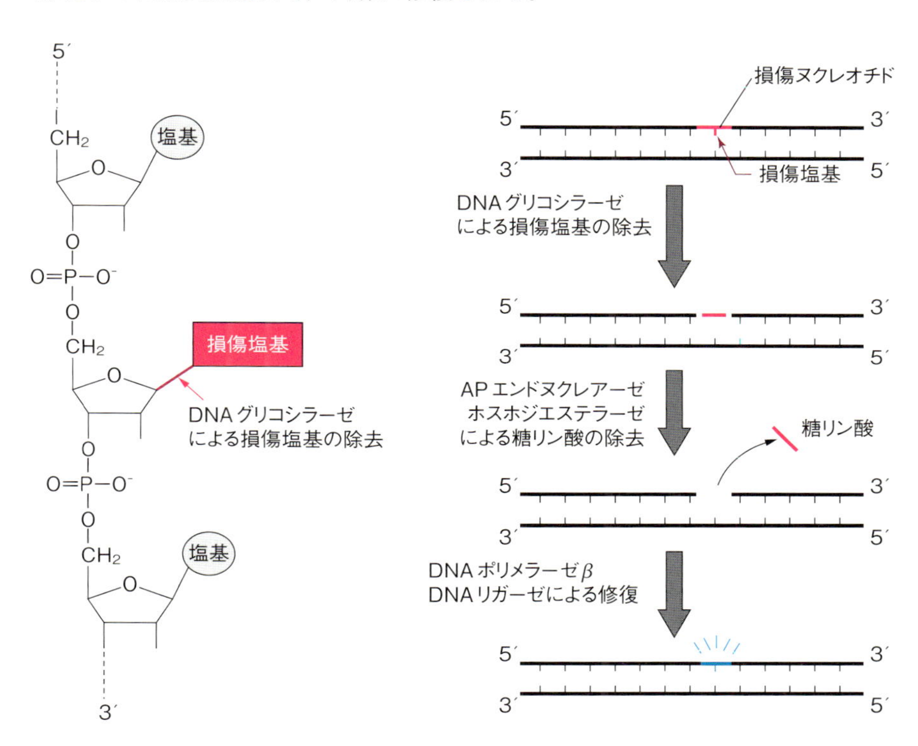

図 9·10　塩基除去修復

9.4.2　ヌクレオチド除去修復

DNA 2 本鎖間の架橋や，大きな化合物による修飾があった場合，損傷を受けた塩基がある鎖が，ヒトでは約 30 塩基が切除され，DNA ポリメラーゼと DNA リガーゼにより修復される。この修復のしくみをヌクレオチド除去修復という。ヌクレオチド除去修復には，多くのタンパク質が関わる。

塩基が損傷を受けると，DNA 2 本鎖にゆがみが生じる。DNA のゆがみをエンドヌクレアーゼが認識して，損傷個所の下流のホスホジエステル結合と上流のホスホジエステル結合を切断する。ヌクレオチド除去修復には基本転写因子 TFⅡH がかかわっており，TFⅡH のヘリカーゼ活性が損傷部位の DNA 2 本鎖をゆるめ，エンドヌクレアーゼのアクセスを容易にしている（図 9·11）[9-13]。

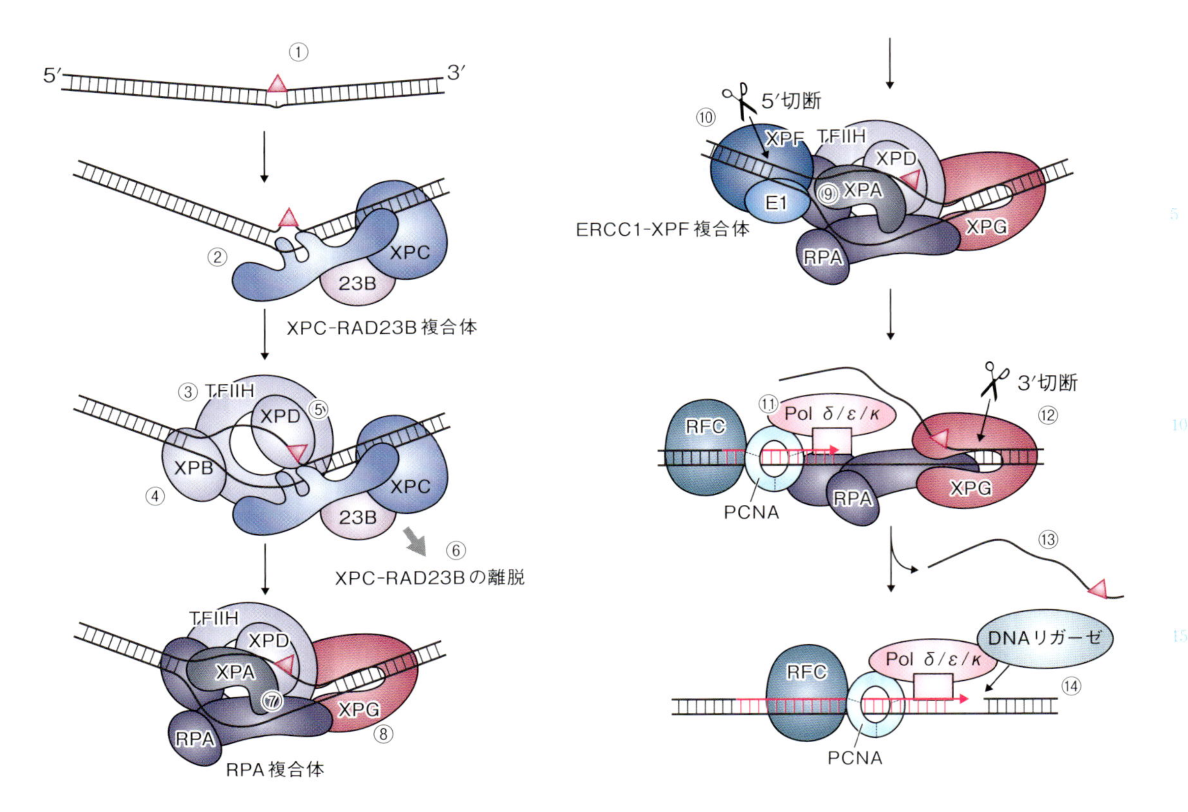

図 9·11　ヌクレオチド除去修復[9-13]
①損傷のある DNA 鎖。② DNA 鎖のゆがみを XPC-RAD23B 複合体が認識して，損傷のある DNA 鎖の反対鎖に結合する。③ヘリカーゼ活性をもつ TFⅡH が XPC-RAD23B に結合し，④ XPB と協調して DNA 2 本鎖を 1 本鎖に解離させる。⑤ XPD がリクルートされ，XPD は損傷個所に到達するまで，DNA 上を移動する。⑥ XPC-RAD23B が複合体から離脱し，⑦損傷個所で停止した XPD は，XPA，RPA 複合体，XPG をリクルートする。⑧エンドヌクレアーゼ活性をもつ XPG は，この段階では DNA を切断しない。⑨ XPA にエンドヌクレアーゼの ERCC1-XPF 複合体が結合すると，⑩ ERCC1-XPF 複合体は，損傷のある位置から 5′ 側で DNA 鎖を切断する。⑪スライディングクランプ装着タンパク質 RFC（replication factor C：☞図 3·6）と PCNA（☞参考 3·2）が損傷部に DNA ポリメラーゼ δ，DNA ポリメラーゼ ε，または DNA ポリメラーゼ κ をリクルートして修復が開始され，⑫ XPG が損傷個所の 3′ 側を切断する。⑬損傷のあるヌクレオチドは除去され，⑭ DNA リガーゼⅢまたは DNA リガーゼⅠがニックを連結して，ヌクレオチド除去修復が完了する。

転写と連動して TFⅡH が修復を促進しており，転写されている領域の DNA 損傷は，転写されていない領域より速く修復される。これを**転写共役修復**といい，遺伝情報として重要な部分の修復が優先されている。

参考 9.1　光回復機構

ピリミジン二量体は，光回復機構をもつ生物では，光回復酵素により修復される。光回復酵素は青色光のエネルギーを用いて，ピリミジン二量体を単量体塩基に修復する[9-14]（図 9·12）。ヒトなどの光回復機構をもたない生物は，ヌクレオチド除去修復機構でピリミジン二量体を除去する。

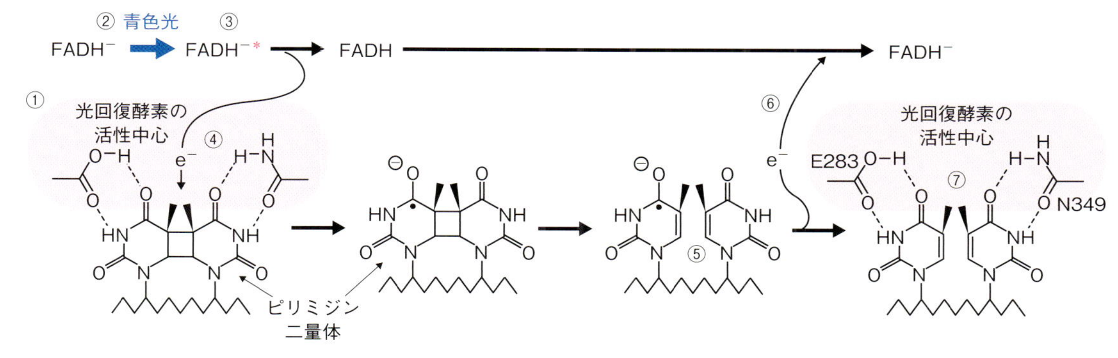

図 9･12　光回復酵素の反応機構[9-14]
①ピリミジン二量体に結合した光回復酵素が，②青色光を吸収すると，③光エネルギーを還元型補酵素 FADH⁻が受け取り，励起状態の FADH⁻*になる。④ FADH⁻*からピリミジン二量体が電子を受け取ると，⑤シクロブタン環が開裂する。⑥反応の結果，ラジカル陰イオンが生じ，過剰になった電子は FADH に戻され，⑦ピリミジン二量体から単量体塩基への修復が完了する。

9.4.3　相同組換え修復

DNA は 2 本鎖なので，片側の鎖に変異が生じても反対鎖の情報をもとに修復することができる。ある種の化合物や放射線によって，DNA 2 本鎖の両方の鎖が欠失することがある。このような場合は，相補鎖の情報を直接用いることはできない。真核生物の体細胞は二倍体なので，片方の染色体の DNA に損傷があったとしても，正しい情報はもう一方の相同染色体に保存されている。相同組換えによって DNA 損傷を修復することを，**相同組換え修復**という（図 9･13）[9-15]。

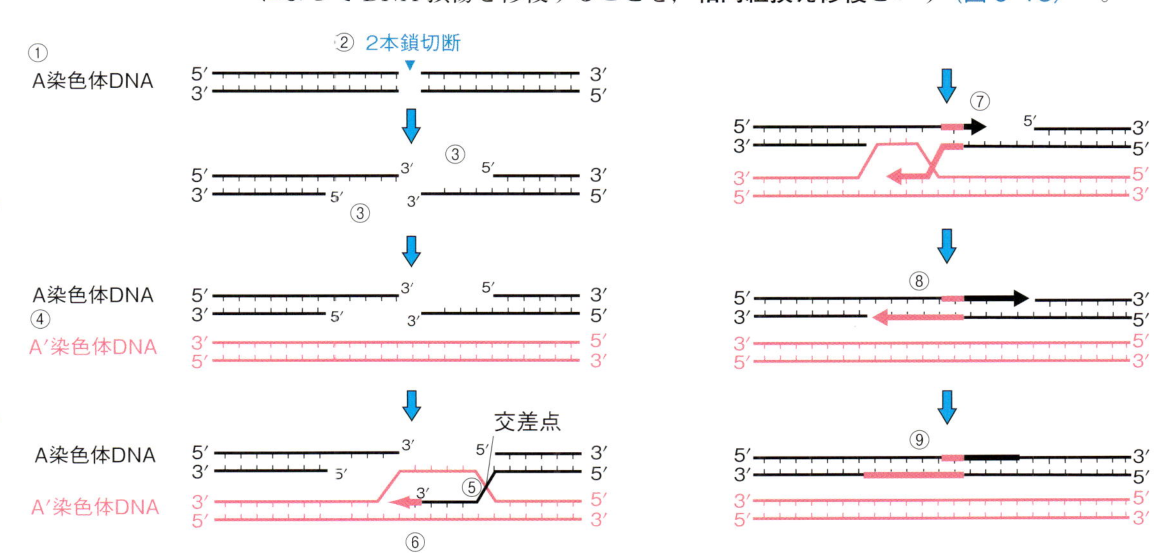

図 9･13　相同組換え修復
① DNA 2 本鎖が切断された染色体を A 染色体とする。② 2 本鎖とも切断された DNA は，③ 5′→3′ エキソヌクレアーゼにより，切断端から分解される。④ A 染色体は，相同染色体の A′ 染色体と対合する。⑤ A 染色体 DNA の損傷部分の 3′ 末端が，A′ 染色体 DNA の 2 本鎖に入り込み，相補的に結合する。⑥損傷部分の DNA の 3′ 末端がプライマーとなり，A′ 染色体 DNA を鋳型に，DNA ポリメラーゼにより DNA が修復される。⑦反対側の DNA の 3′ 末端もプライマーとなり，⑧修復された DNA を鋳型に，DNA が修復される。⑨修復された DNA の塩基配列は，A′ 染色体 DNA の塩基配列と同じになる。

コラム 9.5　細菌の生存戦略と DNA 変異

細菌などの原核生物は遺伝情報を 1 コピーしかもたないため，DNA 変異の影響は大きい。変異の多くは死をもたらすが，個体の増殖力の高さで補っている。変異により生存できなくなった個体は死ぬが，変異が生じなかった個体は増殖し続け，集団としては生物種を維持している。生きていくことができないような環境の変化があっても，DNA が変異することで，環境に適応する細菌が生じ，適応した細菌が増殖する。

長い地球の歴史の中で，全球凍結，地球温暖化，巨大隕石の衝突による環境の激変があったが，細菌は現代まで生命をつないでいる。抗生物質などの薬剤に対する抵抗性も，他個体から薬剤耐性因子遺伝子を含むプラスミドを受け取ったり，遺伝情報を変異させたりすることによって抵抗性を獲得し，種を存続させている。

10章 発生における遺伝子発現調節

多細胞生物は，受精をきっかけとして生命活動を開始し，体づくりを始める。受精する前は単なる物質だった卵が，受精により生命活動の化学反応の連鎖を始め，細胞分裂を繰り返しながら細胞数を増やす。増殖した細胞は，互いに影響を及ぼし合い，遺伝子の発現が調節され，ヒトでは約 200 種類もの細胞に分化する。

発生の初期段階の個体を**胚**という。やがて，特定の細胞が集まって組織や器官をつくり，個体が形成され，性成熟して**成体**となる。これらの一連の過程を**発生**といい，体の形をつくることを**形態形成**という。

10.1 細胞間相互作用による遺伝子発現調節

細胞は他の細胞にはたらきかけて，その細胞の遺伝子発現を調節する。細胞から発せられるシグナル情報を担う物質をシグナル分子という。シグナル分子には，分泌される分子と，細胞膜に埋め込まれた分子がある。細胞から分泌されるシグナル分子は，標的となる細胞が離れた位置にあっても遺伝子の発現を調節する。細胞膜に埋め込まれたシグナル分子は，接する細胞の遺伝子発現を調節する。タンパク質からなるシグナル分子は，細胞膜の受容体に特異的に結合する。

シグナル分子を受け取った受容体からの情報は，シグナル伝達系を介して核に伝わり，特定の遺伝子の転写が調節される。エストロゲンなどの脂質からなるシグナル分子は，細胞膜を通過し，細胞内の受容体に結合する。シグナル分子を結合した受容体は立体構造が変わり，核に入って転写因子として標的遺伝子の転写を調節する。

10.1.1 成長因子による転写調節

哺乳類の培養細胞は，培養液に十分な栄養素が含まれていても増殖しないが，ウシなどの胎児の血清を加えると，増殖にかかわる遺伝子が発現し，増殖を開始する。血清に応答して発現が誘導される遺伝子のシスエレメントには，血清応答配列 SRE（serum response element：CCATATTAGG）がある。血清には EGF（epidermal growth factor：上皮成長因子）や bFGF（basic fibroblast growth factor：塩基性繊維芽細胞増殖因子）など，さまざまな成長（増殖）因子が含まれている。培養細胞に限らず，生体の細胞の増殖には成長因子が不可欠である。

ヒトの EGF は 53 アミノ酸からなる。EGF が EGF 受容体に結合すると，EGF

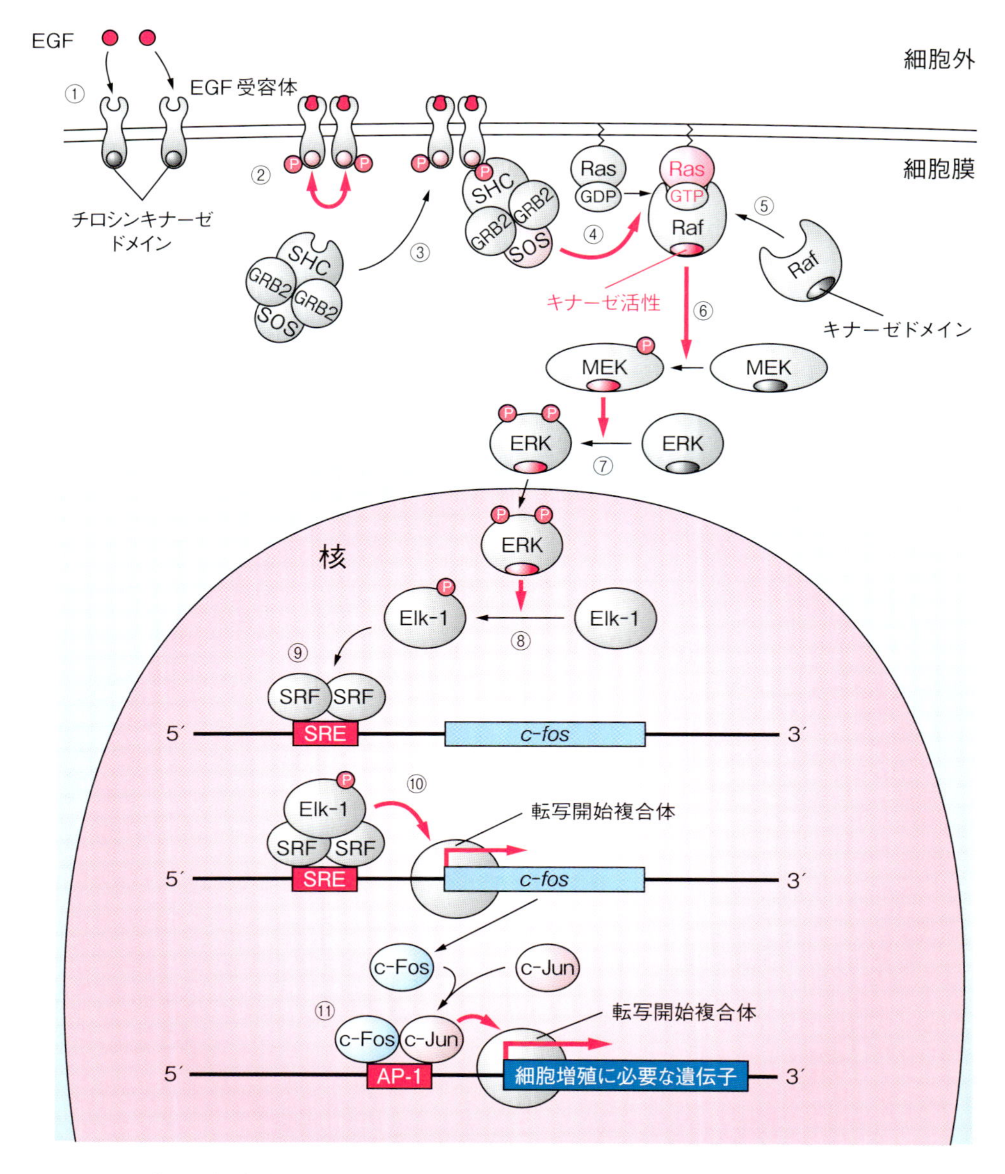

図 10･1　EGF シグナル伝達系

①EGF 受容体は細胞膜を貫通しており，細胞外ドメインと，細胞内ドメインがある。細胞外ドメインには EGF と相補的に結合する構造があり，EGF が結合すると，受容体は二量体になる。②二量体になった受容体の細胞内ドメインはキナーゼ活性をもつようになり，互いの細胞内ドメインをリン酸化する。③受容体がリン酸化されると，SHC-GRB2-SOS 複合体が SHC を介して結合することが可能になる。④受容体に SHC-GRB2-SOS 複合体が結合すると，SOS は GTP/GDP 交換因子活性をもつようになり，Ras に結合していた GDP を GTP に置換する。⑤Ras-GTP には Raf が結合し，⑥Ras-GTP に結合した Raf はキナーゼ活性をもつようになり，MEK をリン酸化する。⑦リン酸化 MEK はキナーゼ活性をもつようになり，ERK をリン酸化する。リン酸化により ERK は核に入れるようになる。⑧リン酸化 ERK は，転写因子の Elk-1 をリン酸化する。⑨シスエレメントの SRE（serum response element）には SRF（serum response factor）が結合しており，⑩リン酸化 Elk-1 は SRE に結合した SRF に結合して，標的遺伝子の *c-fos* の転写を活性化する。*c-fos* は前がん遺伝子（proto-oncogene）であり，G_0/G_1 スイッチ調節にかかわる。⑪c-Fos は前がん遺伝子 *c-jun* の産物 c-Jun とヘテロ二量体を形成し，c-Fos・c-Jun は AP-1 配列（TGACTCA）に結合して転写を活性化する。細胞増殖ではたらく遺伝子群はシスエレメントに AP-1 をもつ。したがって，細胞増殖にかかわる遺伝子の転写がいっせいに活性化されることになる。MEK：MAPK/ERK kinase，MAPK：mitogen-activated protein kinase，ERK：extracellular receptor-stimulated kinase

受容体が活性化し，キナーゼによるリン酸化シグナル伝達系を介して核内の転写因子をリン酸化する。リン酸化された転写因子は，シスエレメントにSREをもつ遺伝子の転写を選択的に活性化する（図10･1）[10-1]。EGFが生合成される組織は顎下腺であることが，最初に報告された。EGFは腎臓でも生合成される[10-2]。

10.1.2　Wntによる転写調節

Wntは動物の発生にかかわるさまざまな遺伝子と，発がんにかかわる遺伝子の転写を調節する分子量約4万のシグナル分子である。Wntシグナルは，細胞質にあるβカテニンの分解を抑制する。その結果，核内のβカテニン濃度が高まる。

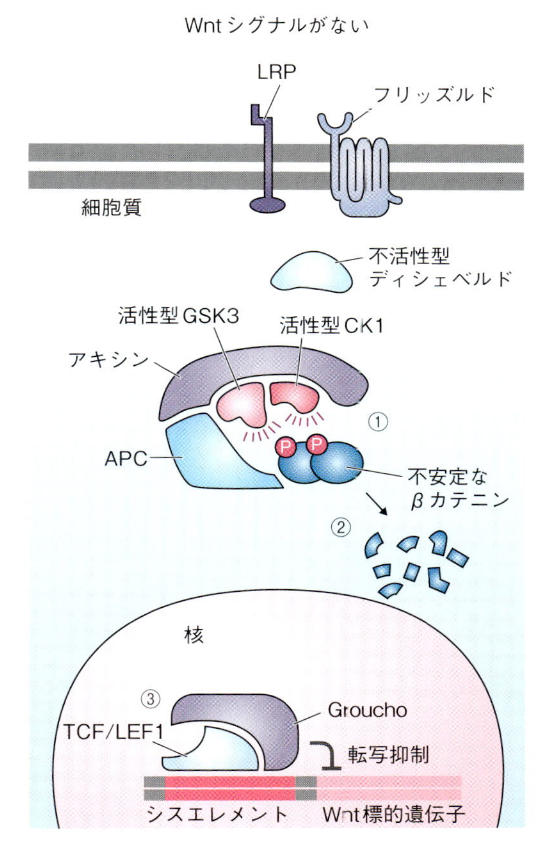

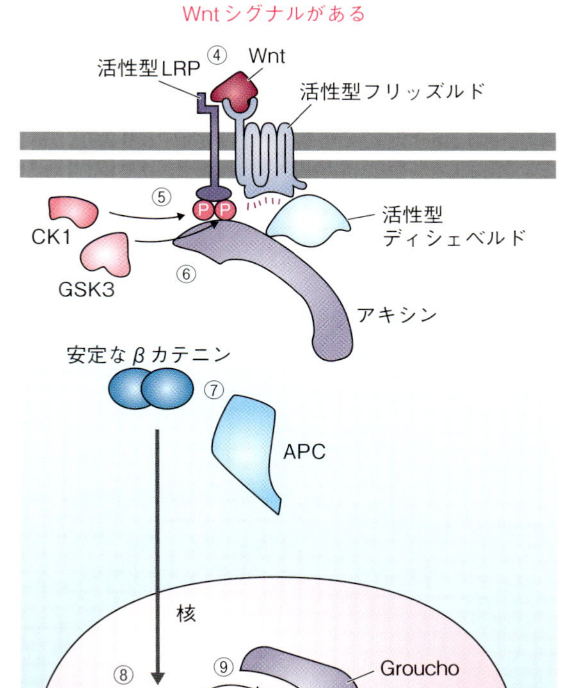

図10･2　Wntシグナル伝達系によるシグナル伝達

①GSK3とCK1はキナーゼであり，Wntシグナルがない状態では，GSK3とCK1はAPC，アキシンと複合体を形成して，βカテニンをリン酸化する。②リン酸化されたβカテニンはユビキチン化され，ユビキチン・プロテアソーム系で分解される。③Wnt標的遺伝子のシスエレメントには，転写因子のTCFまたはLEF1が結合しているが，TCF/LEF1には転写抑制因子のGrouchoが結合しているため，Wnt標的遺伝子は転写されない。④Wntシグナルがあると，Wntは細胞膜上のWnt受容体であるフリッズルド（Frizzled:Fz）と，その共役受容体のLRP（low-density lipoprotein receptor-related protein）に結合する。ディシェベルド（Dishevelled）はフリッズルドに結合し，Wntシグナルの伝達にかかわる。細胞膜上で，Wnt-Fz-LRP複合体が形成されると，⑤LRPの細胞内ドメインがCK1とGSK3によってリン酸化される。⑥リン酸化されたLRP細胞内ドメインにはアキシンが結合し，結合したアキシンは不活性化され分解される。その結果，GSK3-CK1-APC-アキシン複合体が形成されなくなり，⑦βカテニンの分解が妨げられて，細胞内のβカテニン濃度が高くなる。⑧高濃度になったβカテニンは核に入り，⑨TCF/LEF1に結合してGrouchoをTCF/LEF1から解離させる。その結果，Wnt標的遺伝子の転写が活性化される。（文献0-1を改変）

核に移行したβカテニンはWntの標的遺伝子のシスエレメントに結合した転写因子TCF/LEF1(T-cell factor/lymphoid enhancer binding factor 1)に結合する。この結果，TCF/LEF1に結合していた転写抑制因子のGrouchoが解離し，転写が活性化する（図10·2）[10-3]。

コラム10.1　*APC*遺伝子とβカテニン発見の歴史

APC（adenomatous polyposis coli）遺伝子は，遺伝的に大腸にポリープが多数発生し大腸がんに進展する家族性大腸ポリポーシス（familial adenomatous polyposis）の原因遺伝子として発見された。*APC*遺伝子はがん抑制遺伝子で，*APC*遺伝子に変異があると大腸がんが多発する[10-4]。なお，細胞周期を調節するAPC（☞4.2節）はanaphase promoting complexであり，まったく異なるタンパク質である。

βカテニンは，最初，細胞接着と細胞骨格にかかわる因子として発見された。細胞膜では，βカテニンは細胞接着因子カドヘリンの細胞内ドメインと結合しており，αカテニンを介して細胞骨格のアクチン繊維と細胞膜分子の橋渡しをしている[10-5]。その後の研究で，転写調節にもかかわることが明らかになった。

10.1.3　細胞接着によるシグナル伝達

未分化の上皮細胞の中から，神経細胞になる細胞が生じると，その細胞に接した細胞は神経に分化できなくなる。ある細胞が隣の細胞の分化を抑制する過程を側方抑制という。側方抑制には細胞膜に埋め込まれたDeltaとNotchとよばれるタンパク質がかかわる。神経に分化する細胞の表面にはDeltaが発現しており，隣の細胞表面にあるNotchが受容体としてDeltaを結合する。Deltaのシグナルを受け取った細胞は神経細胞に分化することができなくなり，神経細胞を支える上皮細胞になる（図10·3）。

Deltaを結合したNotchは，細胞内ドメインが切断され，細胞内ドメインは核に入ってNotch標的遺伝子の転写を活性化する（図10·4）[10-6]。Delta-Notchシグナリングは，動物の発生過程におけるさまざまな場面で，細胞分化にかかわっており，腫瘍の増殖にもかかわる[10-7]。

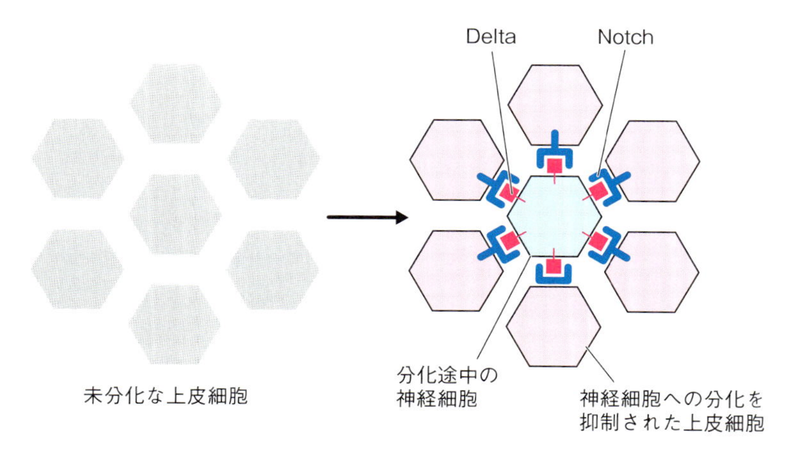

図10·3　Delta-Notchによる側方抑制
（文献0-1を改変）

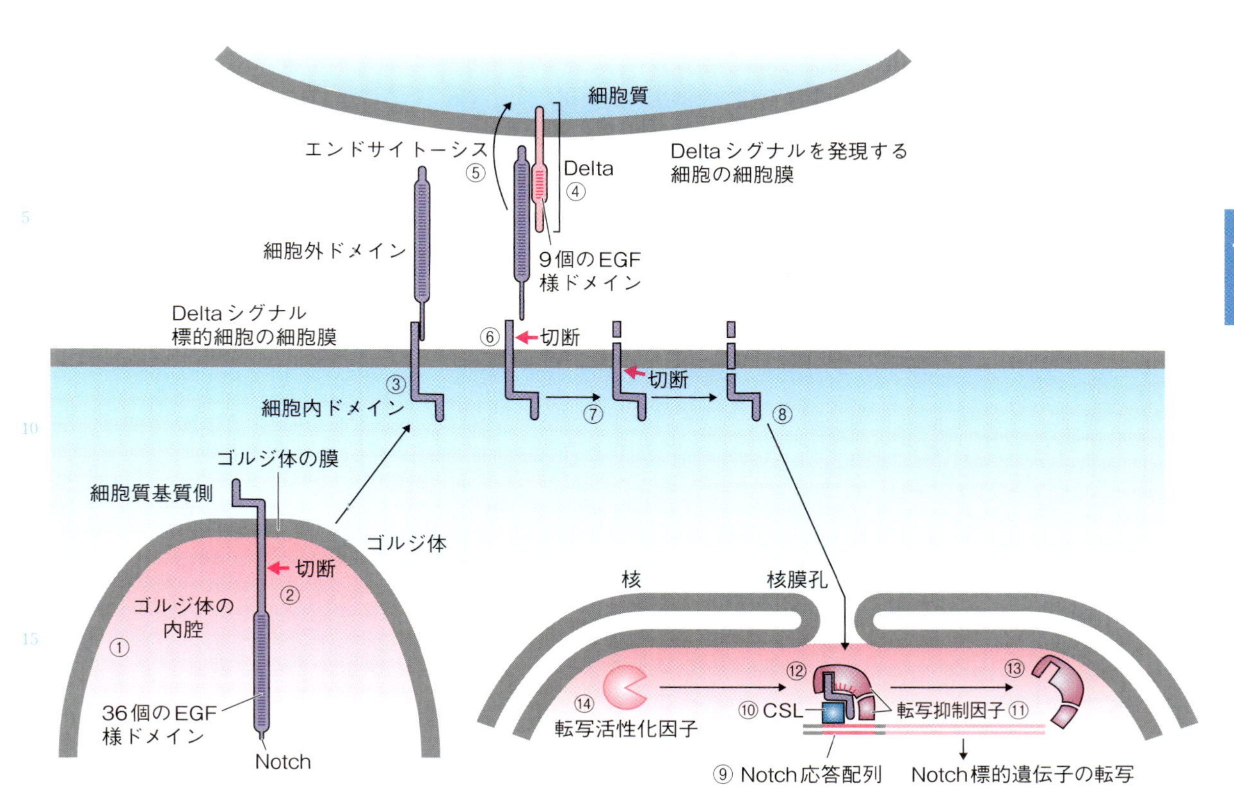

図 10·4　Notch シグナリングの機構

① Notch は粗面小胞体で合成され，小胞の膜に埋められたままゴルジ体に運ばれる。② Notch のゴルジ体内腔ドメインが切断された後，断片が会合して成熟 Notch となり，③ゴルジ体から小胞により細胞膜に輸送される。ゴルジ体内腔ドメインは細胞外ドメインとなり，細胞質基質側にあったドメインは細胞内ドメインとなる。④ Notch は Delta と互いの EGF 様ドメインで結合する。⑤ Delta と結合した Notch の細胞外ドメインは，Delta を発現している細胞によるエンドサイトーシスによって引き抜かれる。⑥残った細胞外ドメインが切断され，⑦さらに細胞内ドメインも細胞膜と接する部分で切断される。⑧細胞内ドメインは細胞膜から離れ，核に移動する。⑨ Notch 標的遺伝子のシスエレメントには Notch 応答配列 (C/T)GTGGGAA があり [10-8]，⑩転写因子の CSL が結合している。⑪シスエレメントに結合した CSL には，転写抑制因子の Groucho や，哺乳類ではさらにヒストンデアセチラーゼが結合しており，Notch 標的遺伝子の転写が抑制されている。⑫ Notch 細胞内ドメインが CSL に結合すると，⑬転写抑制因子が CSL から解離する。⑭代わりに転写活性化因子の Mam（Mastermind）や，ヒストンアセチルトランスフェラーゼが CSL に結合し，Notch 標的遺伝子の転写が活性化する [10-9]。（文献 0-1 を改変）

参考 10.1　シグナル伝達のクロストーク

細胞は他の細胞から，あるいは自己細胞からさまざまな情報を受け取って，細胞内シグナル伝達系を介して遺伝子の転写調節を行っている。シグナル伝達系は一筋の流れではなく，交差してネットワークを構成している（図 10·5）。交差した部分では，異なる情報が統合され，細胞はさまざまな情報を総合して遺伝子発現を調節したり，アポトーシスを起こしたり，細胞の行動を制御したりしている。これを**シグナル伝達のクロストーク**という。

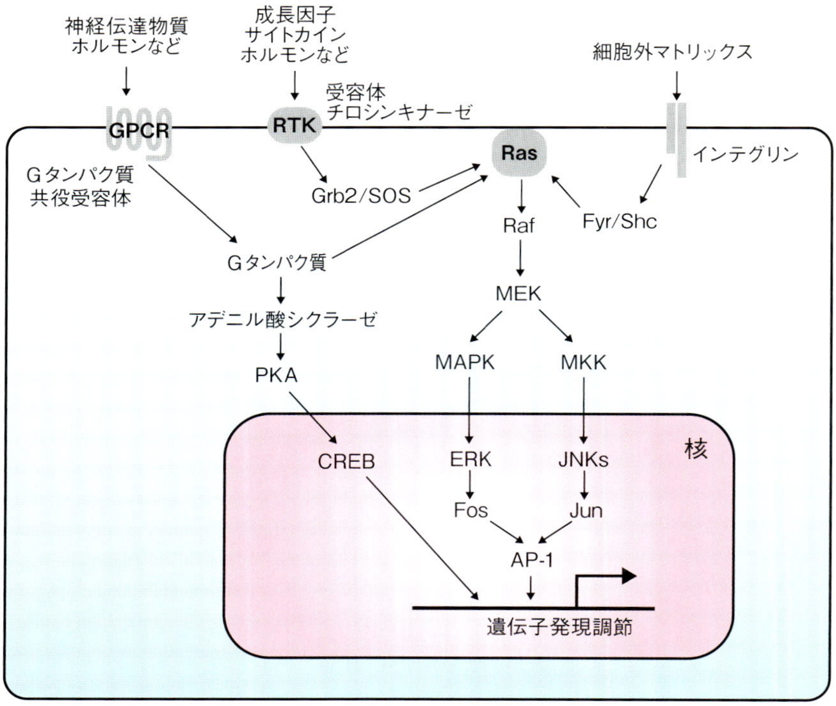

神経伝達物質
ホルモンなど
成長因子
サイトカイン
ホルモンなど
受容体
チロシンキナーゼ
細胞外マトリックス
GPCR
RTK
Ras
インテグリン
Gタンパク質
共役受容体
Grb2/SOS
Raf
Fyr/Shc
Gタンパク質
MEK
アデニル酸シクラーゼ
MAPK
MKK
PKA
CREB
ERK
JNKs
核
Fos
Jun
AP-1
遺伝子発現調節

図10·5　シグナル伝達のクロストーク
神経伝達物質，ホルモン，サイトカイン，成長因子，細胞外マトリックスなどからの情報はRasで統合され，核に伝えられて特定の遺伝子の発現が調節される。Rasは細胞増殖，転写，細胞の運動，アポトーシスの抑制などにかかわるタンパク質であり，*Ras*遺伝子はがん原遺伝子でもある。

10.2　遺伝子調節ネットワーク

転写因子は標的遺伝子の転写を調節するが，転写因子の遺伝子も転写因子によって転写を調節される。ヒトでは約2000種類もある転写因子遺伝子は互いに調節し合い，調節のネットワークを構成し，最終的に構造遺伝子の転写を調節している。

遺伝子調節ネットワークでは，転写因子が標的遺伝子の転写を活性化する場合は，転写遺伝子から標的遺伝子を結ぶ線を，標的遺伝子の転写調節領域に ——▶ で接するように表す。抑制する場合は ——┤ と表す。

発生過程における遺伝子調節ネットワークの研究は，胚における転写調節の実験がしやすいウニを用いて研究が進み，後に他の動物も同様のネットワークで調節されていることが明らかになった。多くの動物では，卵に局在するシグナル伝達因子や，母性転写因子の情報をもとに，シグナル伝達のシグナルの種類や強弱，転写因子の濃淡が体軸の位置情報となり，その情報にしたがって標的となる転写因子遺伝子の転写が調節される（図10·6）。

転写因子やシグナル伝達による転写調節は連鎖反応的に起こり，どの転写調節の経路を通ったかによって細胞の運命が決まる。例えばある調節経路を経ると，その細胞は骨形成をする中胚葉になり，別の経路で調節されると内胚葉になる[10-10]。ネットワークを注意深く見ると，回路を形成しているところがある。正

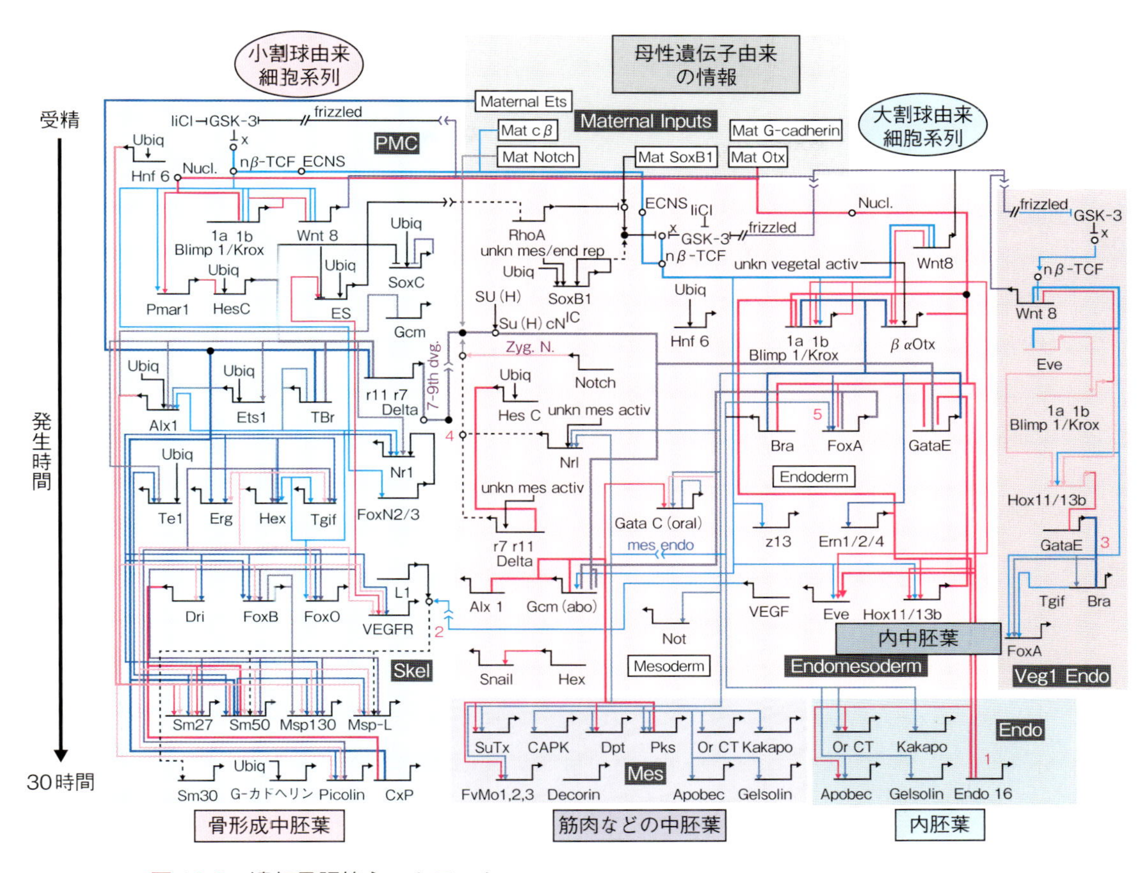

図 10·6　遺伝子調節ネットワーク
Davidson Lab Gene Regulatory Networks. http://www.echinobase.org/endomes/ より。

のフィードバックは，転写調節を後戻りさせない記憶装置としてはたらき，負のフィードバックは，転写調節の強さを一定レベルに保つはたらきがある。**フリップフロップ**は，抑制を解除する間接的な正のフィードバックである。**フィードフォワード**は，縦列に並ぶ転写調節が協調してはたらくしくみであり，短時間の転写活性化シグナルには応答しないが，長時間続くシグナルに応答する調節を可能にする（図 10·7）。

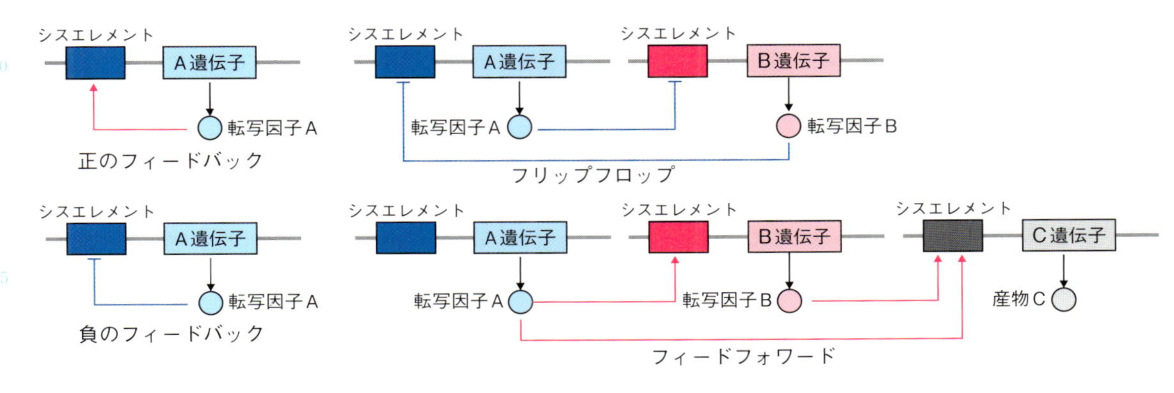

図 10·7　転写調節回路

参考 10.2　多細胞生物の発生に必要な遺伝子

多細胞の動物と，単細胞真核生物の酵母の遺伝子を比べると，大きな相違が２つある。細胞膜の受容体や，細胞接着・細胞外マトリックスにかかわるタンパク質，イオンチャネルの遺伝子は，線虫では約2000個あるが，酵母には存在しないか，わずかしかない。また，転写調節ネットワークにかかわる転写因子の種類は，酵母では動物に比べてわずか20分の１である。

このようなループとネットワークによる調節は，コンピューターのロジックそのものである。多細胞生物は，微妙な転写調節を可能にする遺伝子調節ネットワークを進化させたことにより，多くの種類の細胞を生み出し，複雑な体を獲得することに成功した。

10.3　非対称細胞分裂と対称細胞分裂における細胞分化

多くの動物の卵の細胞質には栄養分のほかに，遺伝子発現調節にかかわるタンパク質や，mRNAが蓄えられている。卵は母親がつくるものであり，卵に蓄えられたタンパク質やmRNAが胚の遺伝子発現を調節するため，これを**母性因子**という。また，その遺伝子を**母性効果遺伝子**という。多くの動物種では，卵に蓄えられた母性因子の分布に片寄りがあり，細胞分裂によって母性因子が不均等に分配される。そのため，２つの娘細胞の間で，遺伝子発現調節が異なり，異なる発生運命をたどることになる。不均等に分かれる細胞分裂を**非対称細胞分裂**という。

対称細胞分裂でも，細胞分化は起こる。同一の２つの娘細胞の環境が異なると，環境の情報が細胞内シグナル伝達系を介して伝えられ，遺伝子発現が調節され，異なる遺伝子が発現する（図10･8）。

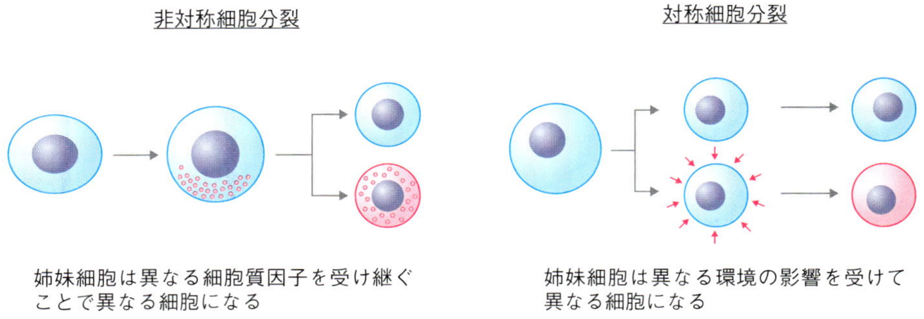

非対称細胞分裂

対称細胞分裂

姉妹細胞は異なる細胞質因子を受け継ぐことで異なる細胞になる

姉妹細胞は異なる環境の影響を受けて異なる細胞になる

図10･8　対称分裂・非対称分裂における細胞分化のしくみ

参考 10.3　フィードバックによる非対称性の確立

同一の性質をもち，同一の環境にある２つの娘細胞も，たとえば代謝の速度などの影響により，わずかに違いが生じることがある。そのわずかな違いをきっかけとして，２つの細胞が明確に異なる遺伝子発現をするようになるしくみがある。

隣り合って接している２つの細胞が，シグナル分子Ａを細胞表面に提示し，また互いの細胞の細胞膜にはシグナル分子Ａの受容体があるとする。さらに，シグナル分子Ａを受容するとシグナル分子Ａの発現が抑制され，シグナル分子Ａを受容した細胞は，細胞内シグナル伝達系を介して遺伝子の発現が調節されるとする。この場合，どちらかの細胞のシグナル分子Ａの発現がわずかに低下すると，反対側の細胞のシグナル分子Ａの発現が高くなり，発現が低くなった細胞のシグナル分子Ａの発現がさらに抑制される。このようなフィードバックにより，２つの細胞は異なる発現調節を受け，細胞が分化する（図 10·9）。

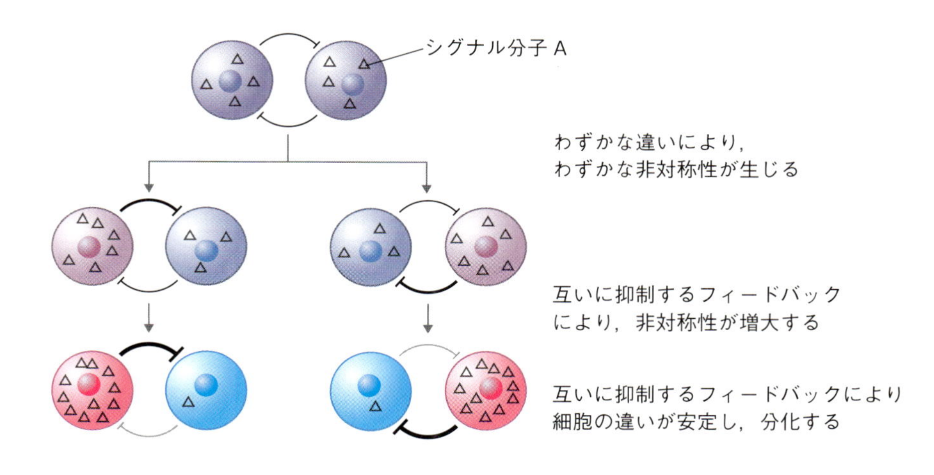

図 10·9　細胞間相互作用による細胞分化

10.4　モルフォゲンの濃度勾配による位置情報

動物の体は発生の過程で，前後軸，背腹軸に沿って一定のパターンがつくられる。動物のパターン形成において，細胞群に位置情報をもたらす物質の総称を**モルフォゲン**という。細胞はモルフォゲンの濃度に応じて遺伝子を選択的に発現する。モルフォゲンの濃度勾配が形成されるしくみは２つある。第１はモルフォゲンの局所的な生産と拡散である。第２は，モルフォゲン抑制因子の局所的な生産と拡散である。均一に分布したモルフォゲンが，抑制因子の濃度勾配に調節される場合が相当する。

細胞外に分泌されるモルフォゲンは，細胞間を拡散し，細胞膜の受容体に結合する。受容体が受け取ったモルフォゲンの濃度の情報は，細胞内シグナル伝達系を介して核に伝えられる。ショウジョウバエの初期胚のような多核体では，細胞内の特定の場所で合成されたモルフォゲンが細胞質を拡散し，核に直接作用する例もある（図 10·10）。

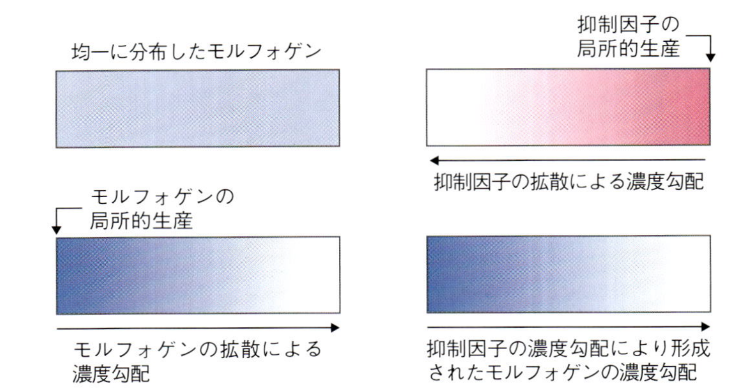

図 10·10　モルフォゲンがもたらす位置情報

参考 10.4　モルフォゲンが位置情報をもたらすしくみ

モルフォゲンが標的とする受容体，または遺伝子の転写調節領域のシスエレメントとの結合力は弱い。モルフォゲンと標的は，常に結合と解離を繰り返している。モルフォゲンが高濃度で存在すれば，標的に結合する時間が長くなり，低濃度では結合する時間が短くなる。受容体が細胞内に伝達する情報の量（強さ）は，モルフォゲンが受容体に結合している時間に依存する。遺伝子の転写調節領域のシスエレメントに結合するモルフォゲンも同じ原理である（☞ 8.1 節）。

参考 10.5　カエルの体軸とモルフォゲン

カエルでは，精子の進入をきっかけとして，胚の特定の領域でモルフォゲンが産生される。モルフォゲンが拡散すると，背腹軸に沿ったモルフォゲンの濃度勾配が形成され，濃度勾配が位置情報となって細胞が分化する（図 10·11）。

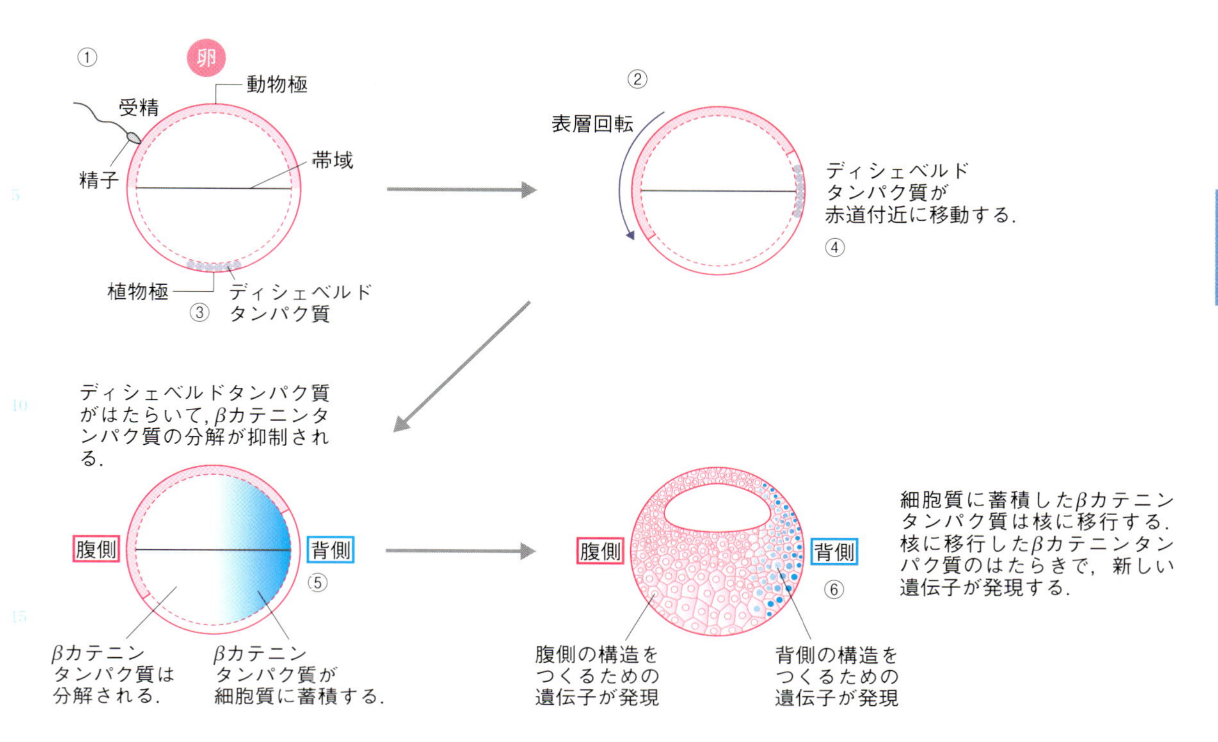

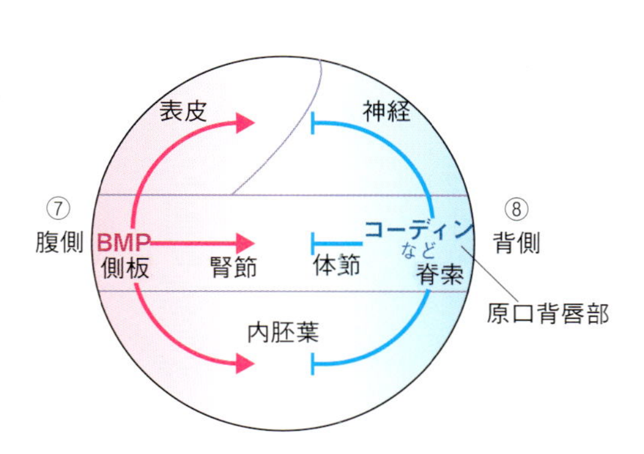

図 10·11　カエルの体軸形成にかかわるモルフォゲン

①カエルの精子は卵の動物半球に進入する。精子が卵に進入すると，②卵の表層が内部の細胞質に対して約 30 度回転する。これを**表層回転**とよぶ。表層の回転は，精子の進入点から植物極の方向に起き，反対側は動物極方向に回転することになる。③植物極付近の卵の表層には，**ディシェベルド**（☞図 10·2）とよばれるタンパク質があり，表層が回転すると，④ディシェベルドが植物極から帯域に移動する。⑤表層のディシェベルドは細胞質にはたらきかけ，βカテニンとよばれる転写因子の分解を抑制する。βカテニンは常に分解作用を受けており，細胞質のβカテニンの濃度は低く保たれている。ディシェベルドが移動した部分では，βカテニンの分解が抑制されるため，βカテニンの濃度が高くなり，⑥高濃度に存在すると核に入って，背側の構造をつくる遺伝子を発現させる（☞図 10·2）。その結果，精子が進入した点の反対側が背側となり，精子が進入した側が腹側になる[10-11]。⑦腹側から背側に向けた位置情報は BMP とよばれるモルフォゲンの濃度勾配がもたらす。胞胚期の帯域の細胞は，腹側化因子の BMP を分泌しており，BMP は帯域にほぼ均等に分布している。原腸陥入が開始されると，帯域の背側の細胞は原口背唇部となり，⑧原口背唇部の細胞は BMP に結合して不活性化するコーディンなどのタンパク質を分泌し，拡散する。その結果，活性をもつ BMP は腹側から背側にかけて濃度勾配を形成し，BMP の濃度に応じて遺伝子の発現が調節され，背腹のパターンが形成される[10-12]。

参考 10.6　ショウジョウバエの体軸形成にかかわるモルフォゲン

ショウジョウバエの前後軸は未受精卵の時期にすでに決まっている。ショウジョウバエの初期発生では，核分裂はするが細胞分裂はせず，1 個の細胞の中に多数の核が存在する。そのため，転写因子がモルフォゲンとなり得る。

ショウジョウバエの未受精卵の細胞質の前端には，転写因子のビコイド（Bicoid:Bcd）の mRNA が蓄積されている。受精すると，翻訳が開始され，Bcd は細胞質を拡散する。その結果，前後軸に沿った Bcd の濃度勾配が形成される。Bcd を取り込んだ核では，Bcd の濃度に応じて遺伝子の発現が調節される。Bcd は転写因子ハンチバック（Hunchback:Hb）遺伝子の転写も活性化する。高濃度の Hb は，頭部を形成する遺伝子を発現させ，中程度の濃度で胸部を形成する遺伝子を発現させる。

ナノス（Nanos:Nos）mRNA は卵の細胞質の後端に局在しており，受精して翻訳が開始されると，Nos は前方に向けて拡散する。その結果，前後軸に沿った Nos の濃度勾配が形成される。Nos は Hb-mRNA の翻訳を妨げるはたらきがあり，前後軸の中央部から後端は Hb が発現しない。そのため，胸部が形成されず腹部が形成される。

核の数が約 6000 個になると，核は細胞膜で囲まれ，独立した細胞になり，それぞれの細胞は Bcd と Nos の濃度情報をきっかけとして分化し，前後軸に沿ったパターンが形成される（図 10·12）[10-13]。

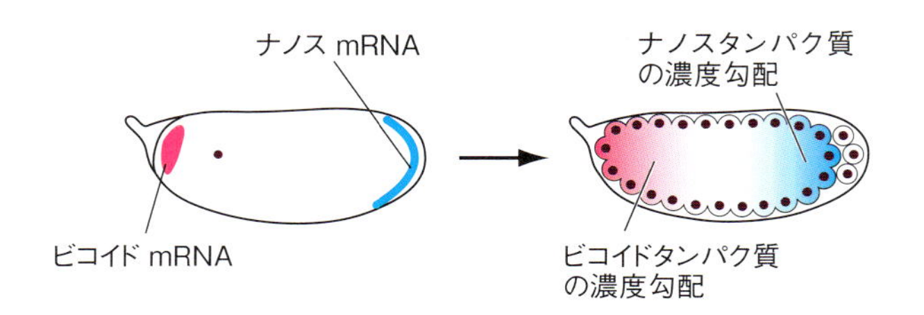

図 10·12　ショウジョウバエの前後軸形成にかかわるモルフォゲン

10.5　転写調節の継続性を強化するしくみ

多細胞生物では，細胞が分化すると，細胞分化を引き起こす細胞質因子や，細胞外からの特定のシグナルがなくても，分化状態を保つことができる。分化状態の記憶は，DNA のメチル化として記録される。脊椎動物では 5′-CG-3′ の C がメチル化される（図 10·13）。

CG を多く含む領域を CpG アイランドといい，哺乳類の CpG アイランドは 300 塩基対から 3000 塩基対にわたって GC を 55% 以上含む。p は C と G の間のホスホジエステル結合を表す。非メチル化 CpG アイランドは，多くの遺伝子のプロモーターや，その近くの転写調節領域に存在する。転写調節領域の CpG アイランドがメチル化を受けると，基本転写因子や転写因子の結合が妨げられる。また，メチル化 CpG には MBD（methyl-CpG-binding domain protein）が結合し[10-14]，MBD によりヒストンデアセチラーゼ（HDAC：histone deacetylase）やクロマチン再構成複合体がリクルートされて，クロマチンが凝縮し，転写がほぼ完全に停止する（図 10·14）[10-15]。大腸菌では，発現していない状態と，発現している状態の遺伝子の転写速度の差は約 10^3 倍であるが，脊椎動物では 10^6 倍もの違いがある。脊椎動物はクロマチンレベルでの転写調節により，厳密に転写を抑制している。

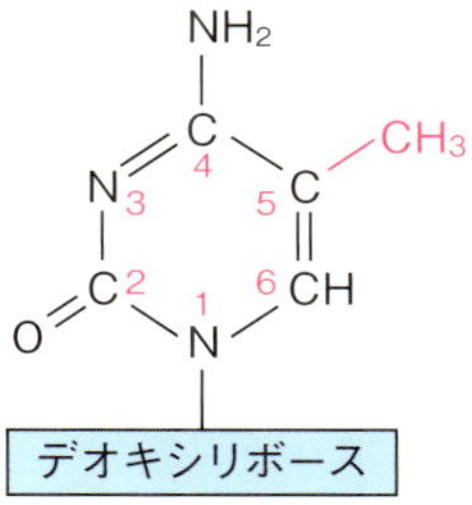

図 10·13　CpG の C のメチル化

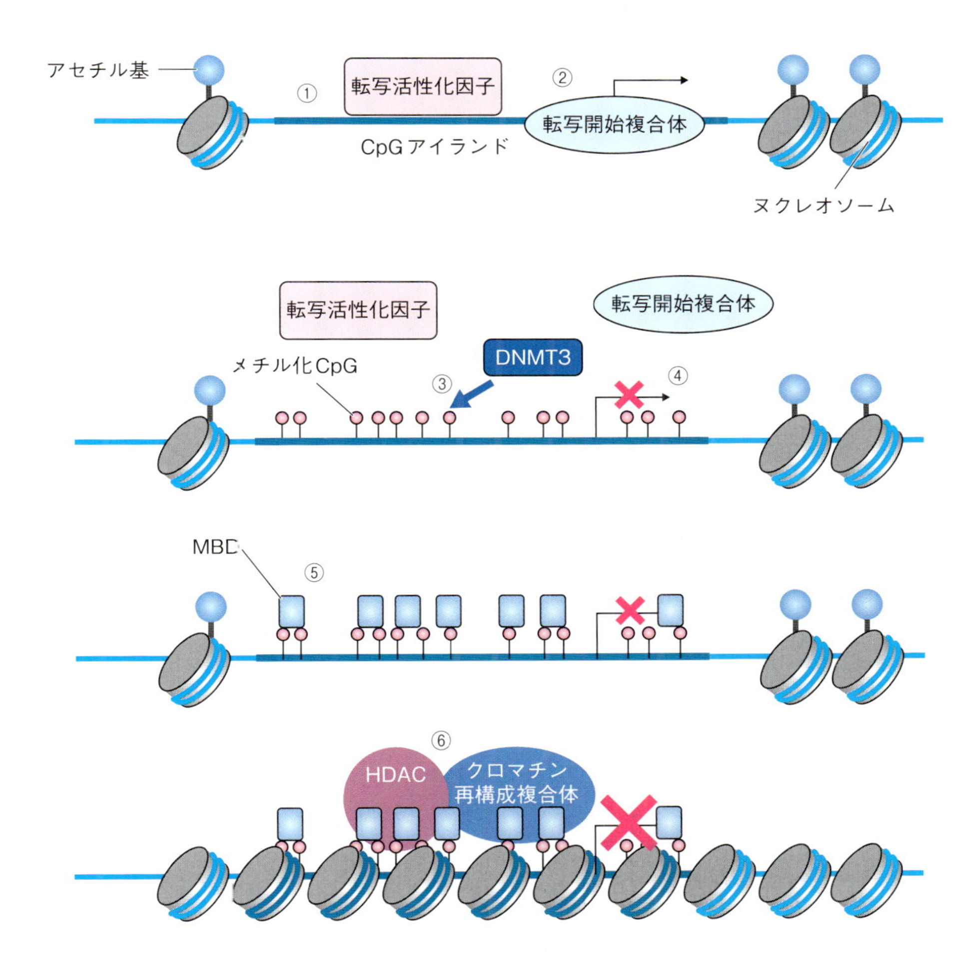

図 10·14　メチル化 CpG アイランドと MBD を介した転写抑制

①非メチル化 CpG アイランドのシスエレメントには転写活性化因子が結合し，②プロモーターには基本転写因子が結合して転写開始複合体が形成され，標的遺伝子の転写が活性化される。③ CpG アイランドが DNMT3 によってメチル化されると，④シスエレメントには転写活性化因子が結合できず，転写開始複合体が形成されなくなり，転写が抑制される。⑤メチル化 CpG アイランドに MBD が結合すると，⑥クロマチン再構成複合体と HDAC がリクルートされ，プロモーター領域にヌクレオソーム構造が形成され，さらにヒストンが脱アセチル化されるとクロマチンが凝集して，転写がほぼ完全に抑制される。

哺乳類では，卵が受精すると雌雄の両方に由来するゲノム DNA のほとんどが脱メチル化され，発生の進行にともなってメチル化される。CpG のメチル化は DNA メチルトランスフェラーゼ DNMT（DNA methyltransferase）がかかわる。DNMT には DNMT1 と DNMT3 があり，発生初期に DNMT3 が新たに CpG をメチル化する。DNMT3 は新たに CpG をメチル化するため，新規修飾 DNA メチルトランスフェラーゼ（*de novo* DNA methyltransferase）とよばれる。分化した細胞の DNA が複製されるときは，鋳型鎖の CpG がメチル化されていると，相補する新生鎖の CpG も DNMT1 によりメチル化される。DNMT1 はメチル化のパターンを維持するため，維持メチルトランスフェラーゼ（maintenance methyltransferase）とよばれる（図 10·15）。

分化した細胞が，細胞分裂しても同じ分化状態を保つことができるのは，DNMT1 によってメチル化のパターンが保たれることによる[10-16]。DNA のメチル化は発がんにも関係する。がん抑制遺伝子の CpG アイランドが過剰にメチル化されると，がん抑制遺伝子の発現が抑制され，発がんにつながる[10-17]。DNA の低メチル化は，ゲノムを不安定化させ，染色体の増加をもたらす。DNMT1 の発現が低く，DNA が低メチル化したマウスは腫瘍を形成しやすく，腫瘍細胞では，がん遺伝子の *c-myc* がある第 15 番染色体の数が増加していることが報告されている[10-18]。

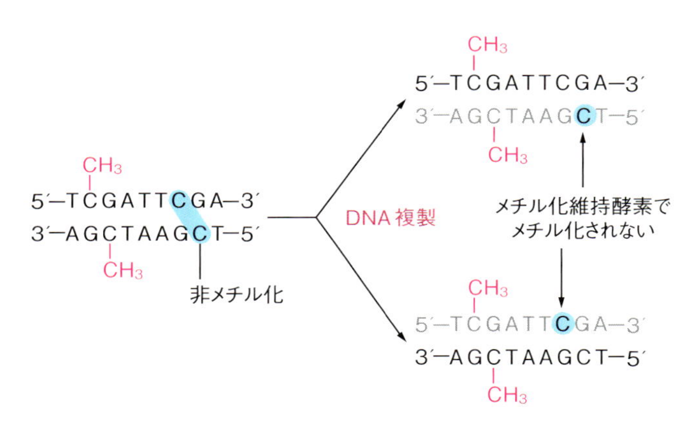

図 10·15　メチル化維持酵素による CpG のメチル化維持

参考 10.7　エピジェネティクス

DNA の変化を伴わず，DNA やヒストンへの化学修飾によって遺伝子発現が調節される現象および，そのしくみを研究する学問領域を**エピジェネティクス**という。

DNA のメチル化，脱メチル化により，遺伝子発現のオン・オフが調節される。ヒストンは，メチル化・アセチル化，リン酸化などを受け，ヒストンの修飾によりヌクレオソームの凝縮と脱凝縮が起こることで遺伝子発現が調節される。

参考 10.8　哺乳類の発生に不可欠なゲノムインプリンティング

有性生殖では，父方と母方から，それぞれ同じ遺伝子を受け継ぎ，1 対の遺伝子をもつ。哺乳類では，全遺伝子の 1％以下ではあるが，片方の親から受け継いだ方のみが発現される遺伝子がある[10-19]。すなわち，父親由来のみ発現する遺伝子（PEG：paternally expressed genes）と，母親由来のみ発現する遺伝子（MEG：maternally expressed genes）がある。

遺伝子が発現するかしないかの目印は DNA のメチル化による。PEG と MEG のメチル化のパターンはゲノム上に刻印されるため，これを**ゲノムインプリンティング（ゲノム刷り込み）**とよぶ。受精卵から生じた体細胞は，精子と卵のゲノムに刷り込まれた情報をそのまま引き継ぎ，成体を構成する細胞となる。しかし生殖細胞では，始原生殖細胞の間に，刷り込みが脱メチル化により完全に消去される。

ゲノムインプリンティングの消去の後，雄では胎児期に生殖細胞の分化の過程で，母親由来・父親由来の染色体にかかわらず，父型の刷り込みが起こり，雌では生後に，母親由来・父親由来の染色体にかかわらず，母型の刷り込みがなされる。すなわち，PEG のメチル化のパターンは，次世代の雄に引き継がれ，雌では消去される。MEG のメチル化のパターンも，次世代の雌に引き継がれ，雄では消去されることになる。

二倍体であることにより，劣性遺伝病の発症が抑えられるというメリットを，一部の遺伝子ではあるが，なぜ哺乳類がゲノムインプリンティングにより放棄したのかについては，多くの仮説がある。しかし，結論は出ていない。ゲノムインプリンティングされた体細胞の核で体細胞クローンをつくることはできるが，刷り込みが消去されている始原生殖細胞の核では，胎生致死となり，体細胞クローンが得られない。このことは，ゲノムインプリンティングが哺乳類の発生に不可欠であることを意味している。

10.6　ゲノム編集

発生の研究には，遺伝子変異の導入や，遺伝子の機能を欠失させるノックアウト（KO）技術が活躍する。近年，容易に遺伝子に変異を導入する**ゲノム編集技術**が開発された。ゲノム編集は，遺伝子組換えとは異なり，ウイルスやプラスミドなどのベクターを用いたり，外来遺伝子を導入したりすることなく，元々のゲノムの塩基配列に変異を加えることができる技術である。

ゲノム編集では，ゲノムの任意の塩基配列の部分で DNA 2 本鎖を特異的に切断し，配列に変更を加える。DNA 2 本鎖を配列特異的に切断する酵素として，制限酵素があるが，制限酵素の種類には限りがある。また，認識配列は 4 ～ 8 塩基であり，ゲノム上に多数の認識配列があるため，特定の遺伝子を狙って切断することはできない。ゲノム編集で用いる酵素は，ゲノムの特定の 1 か所を切断するように設計されている人工ヌクレアーゼである。ゲノム編集は，細胞の中で標的配列に 2 本鎖切断を導入することから始める。切断された 2 本鎖は，細胞の修復システムによって再結合されるが，そのとき，切断端付近の塩基配列が欠失したり，意味のない塩基が挿入されたりすることが多い。そのため，コード領域を標的とした場合は，コドンの読み枠がずれて，変異点の C 末端側は異なるアミノ酸配列になったり，多くは終止コドンとなって翻訳が止まり，C 末端側が欠失したタンパク質となったりする。また，2 本鎖が切断された箇所では相同組換えが起こりやすくなる性質を利用して，ゲノムの特定の位置に，特定の遺伝子を挿入する技術も開発されている。

遺伝子組換え技術によって作出された作物と違い，ゲノム編集で作出された作物の変異は，自然突然変異や品種改良により作出された作物と見分けがつかない。そのため，流通の規制が見送りになっている。ゲノム編集技術にはTALEN法とCRISPR/Cas9法がある（図10·16，図10·17）。

10.6.1 TALEN法

TALENはCRISPR/Cas9に比べて，標的配列の塩基数を多く設計できるため，特異性がCRISPR/Cas9に比べて高い。CRISPRはTALENより簡便で，複数の遺伝子を同時に編集することが可能である（図10·16）。

TALENは，植物の病原菌キサントモナスのTALエフェクターを利用した人工ヌクレアーゼである。TALエフェクターは特定の塩基配列に結合する。キサントモナスは，TALエフェクターを植物細胞に注入して，標的遺伝子のプロモーターにTALエフェクターを結合させ，発現を誘導することにより，細胞をより感染しやすい状態にする。TALエフェクターのDNA結合ドメインは，TALEリピートとよばれる繰り返し構造と，そのC末端にリピートの半分の構造がある。各繰り返し構造は34個のアミノ酸で構成され，12番目と13番目のアミノ酸の組み合わせによって結合する塩基の特異性が異なる。12番目と13番目のアミノ酸の組み合わせは4種類あり，たとえばヒスチジンとアスパラギン酸の組み合わせはCと結合し，アスパラギンとグリシンの組み合わせはTと結合する。

TALEリピートの繰り返し構造のアミノ酸配列は，遺伝子組換えによって容易

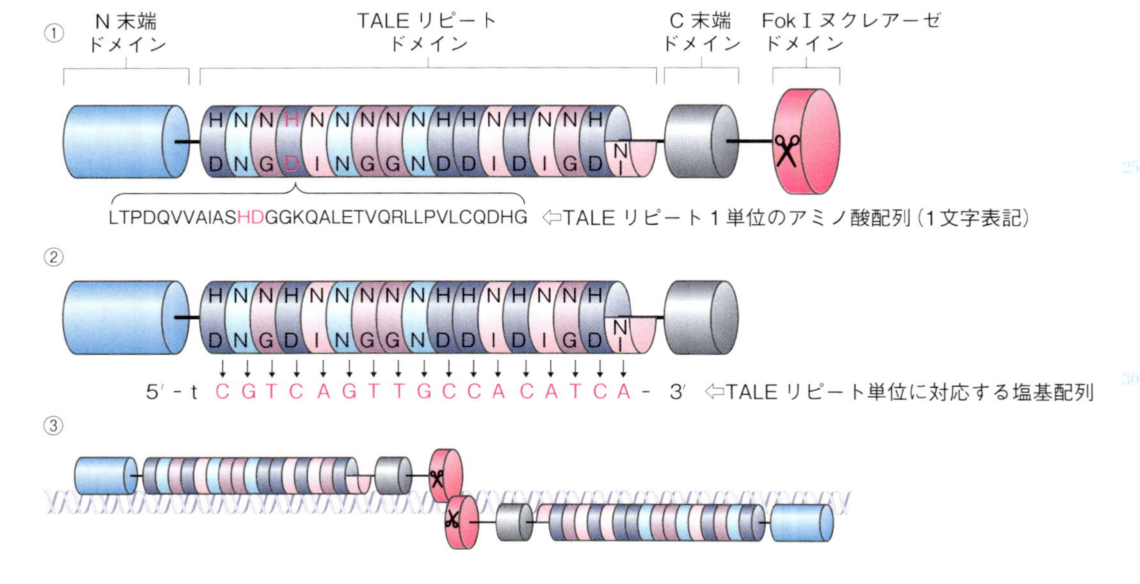

図10·16 TALENによるゲノム編集[10-20]
①TALENの構造。TALEリピート1単位が特定の塩基に結合する。塩基特異性は，TALEリピート1単位のN末端から12番目と13番目のアミノ酸によって決まる（アミノ酸の1文字表記については図2·13を参照）。②TALEリピート単位に特異的に対応する塩基配列。③2種類のTALENによりFok Iヌクレアーゼドメイン二量体を形成させる。

に変えることができるため，特定の塩基配列に結合するTALエフェクターを自由に作製することができる。17個のTALEリピートになるようにTALENを設計すると，産生されるTALENは17個の連続した塩基配列に特異的に結合する。また，C末端の半分の繰り返し構造も特定の塩基に結合するため，17 + 1（18）個の連続した塩基配列に特異的に結合する。さらに，TALEリピートのN末端には，Tに結合するドメインがあるため，TALエフェクターは5′端にTをもつ19塩基の配列に特異的に結合することになる。19塩基の配列は，$4^{19} \fallingdotseq 3 \times 10^{11}$分の1の確率で存在する。ヒトのゲノムの塩基配列は$3 \times 10^{9}$であり，TALエフェクターを用いれば，ヒトゲノムの特定の塩基配列に十分な精度で結合させることが可能である。

ヌクレアーゼとして，フラボバクテリアのFok Iを用いる。Fok Iは5′-GGATG-3′の配列に結合し，2本鎖DNAを切断する。Fok IはDNAに結合するN末端ドメインと，非特異的エンドヌクレアーゼ活性をもつC末端ドメインからなる。Fok IのC末端ドメインは，そのままではN末端のDNA結合ドメインが覆っているため酵素活性をもたないが，N末端ドメインが標的配列のDNAに結合すると，立体構造が変化して表面に現れ，ヌクレアーゼ活性を示す。TALEN法では，Fok IのC末端ドメインをヌクレアーゼとして利用し，N末端のDNA結合ドメインとしてTALエフェクターを用いる。

Fok Iは二量体になることで酵素活性を示す。そのため，切断したい塩基配列の両側にTALENが結合するように設計する。2つのTALENの塩基特異的な結合によってセットされた2つのFok Iが二量体を形成することにより，特異的にDNA 2本鎖を切断する。その結果，$4^{19} \fallingdotseq 3 \times 10^{11}$の2乗の$9 \times 10^{22}$分の1の精度で，ゲノムの特定の箇所を切断することが可能となる。実際には，プラスミドで構築したTALENを，試験管内で転写させ，TALEN-mRNAを受精卵や培養細胞に注入する。注入されたTALEN-mRNAは細胞質で翻訳され，合成されたTALENタンパク質が，ゲノムDNAにはたらいてゲノムが編集される[10-20]。

10.6.2　CRISPR/Cas9法

私たちの免疫と同じように，原核生物にも，侵入者を記憶して排除するしくみがある。CRISPR（clustered regularly interspaced short palindromic repeat：クリスパー）は，原核生物の獲得免疫にかかわる遺伝子座である。CRISPRには，侵入したバクテリオファージやプラスミドの塩基配列を記憶して，その配列をもったDNAが再び侵入すると切断して排除するはたらきをもつ遺伝子が位置している。

ストレプトコッカス（連鎖球菌）のCRISPRは，tracrRNA（trans-activating CRISPR RNA），Cas9と他の*Cas*遺伝子，リピートとスペーサーを単位とする配列が繰り返す構造からなる。Casはエンドヌクレアーゼをコードする遺伝子である。外来DNAに侵入されたストレプトコッカスは，外来DNAをCasタンパク質によって分断する。分断された外来 DNA は，スペーサー領域に組み込まれ，この塩基配列の相補性を利用して，再び侵入してきた外来 DNA を効率よく切断することにより排除する。リピート・スペーサーから転写された mRNA はリピート・スペーサー単位で分断され，短い crRNA（CRISPR RNA）となる。*tracrRNA* から転写された tracrRNA は，crRNA をヌクレアーゼの Cas9 にセットするはたらきがある。個々の crRNA は，tracrRNA と相補的に結合する配列をもっており，crRNA- tracrRNA 複合体が形成される。crRNA-tracrRNA 複合体を組み入れた Cas9 複合体は，crRNA の外来塩基配列の部分で，外来 DNA に相補的に結合し，外来 DNA を切断する。

CRISPR/Cas9 法では，切断したい配列に相補的に結合するガイド配列と tracrRNA 配列を連結した遺伝子と，Cas9 を組み込んだ発現ベクターをプラスミドで作製し，これを受精卵，または培養細胞に導入して発現させることで，ゲノム上の標的配列を切断する[10-21]。ガイド配列は 20 塩基あるため，その配列が存在する確率は $4^{20} \fallingdotseq 1.1 \times 10^{12}$ 分の 1 となり，ヒトゲノムサイズ 3×10^{9} 塩基対の特定の 1 か所を切断するに十分な精度となる。CRISPR/Cas9 の構築は簡単にできるため，ゲノム上の複数の点を切断するのに有効である（図 10·17）。

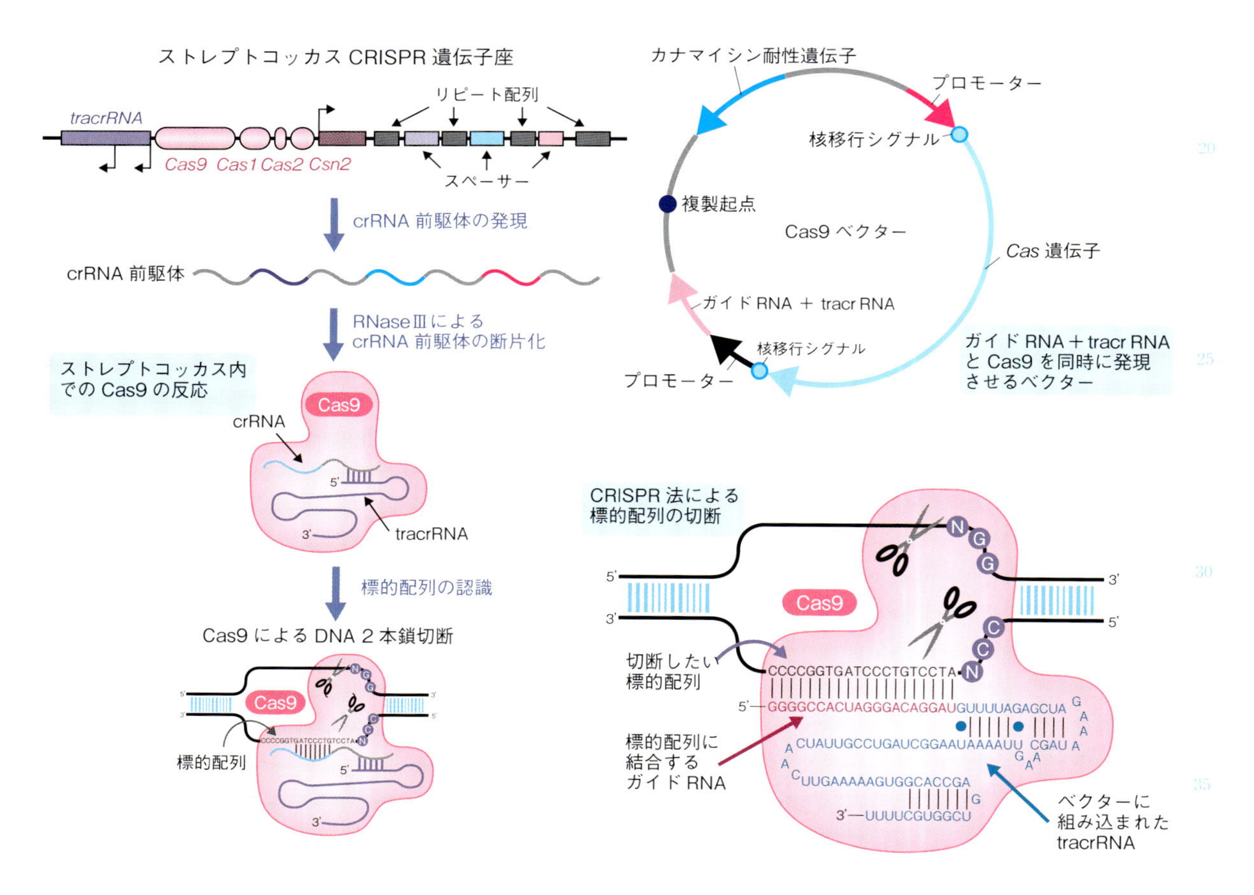

図 10·17　CRISPR-Cas9 によるゲノム編集[10-21]

10.7　次世代シーケンサーの原理とその応用

従来のシーケンスで用いられるサンガー法は，特定の遺伝子を対象として正確に長く塩基配列を読む方法であるが，次世代シーケンサーは，あるDNAの集団を無作為に同時並行でシーケンスして，シーケンス後に重なり合った塩基配列をパズルのようにつないで，全体の塩基配列を知る方法である。ゲノムやRNAの網羅的塩基配列の決定に用いられる。300 Gbにも及ぶ塩基配列を60時間でシーケンスすることが可能である。単純計算すれば，一人のヒトゲノムを36分で解読できることになる。

10.7.1　次世代シーケンサーの原理

ここではイルミナ（Illumina）社の基本型を例に概説する。まず，断片化したDNAの両端にアダプターDNAを結合させ，フローセルとよばれる基板に固定する。固定されるDNA分子は，1 cm^2 あたり約1000万個にもなる。単一分子では検出限界以下なので，アダプター配列を利用して，その場でPCRにより約1000分子まで増幅させる。アダプターにプライマーを結合させて，DNAポリメラーゼを用いて1塩基だけDNA鎖を伸長させる。4種類の塩基ごとに異なる蛍光でdNTPを標識しておき，1塩基の伸長反応が終わるごとに蛍光を検出する。蛍光を外して，次の1塩基伸長反応を行う。これを繰り返すことで，基板上の蛍光スポットが点滅し，個々のDNAスポットの蛍光の点滅のすべてを検出することにより，膨大な数のDNAのシーケンスを同時並行で行うことが可能になる（図10·18a, b）。

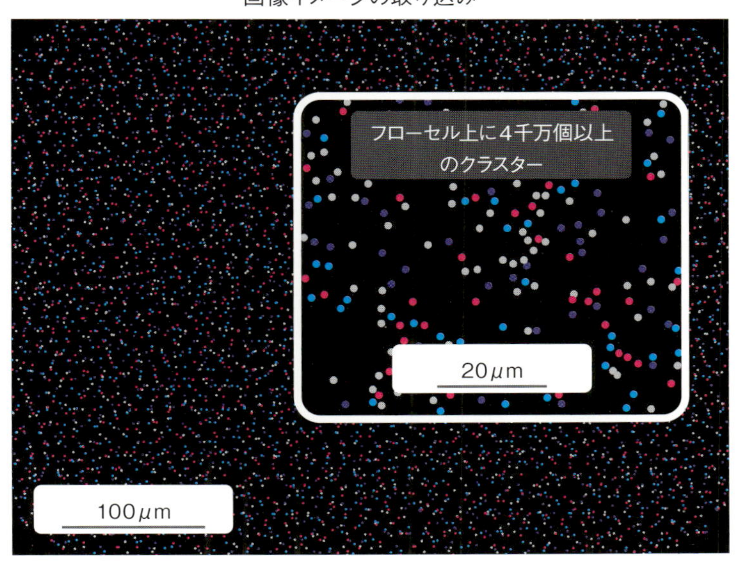

図10·18a　フローセル上の蛍光の画像イメージ
（イルミナ社の資料を参考に作図）

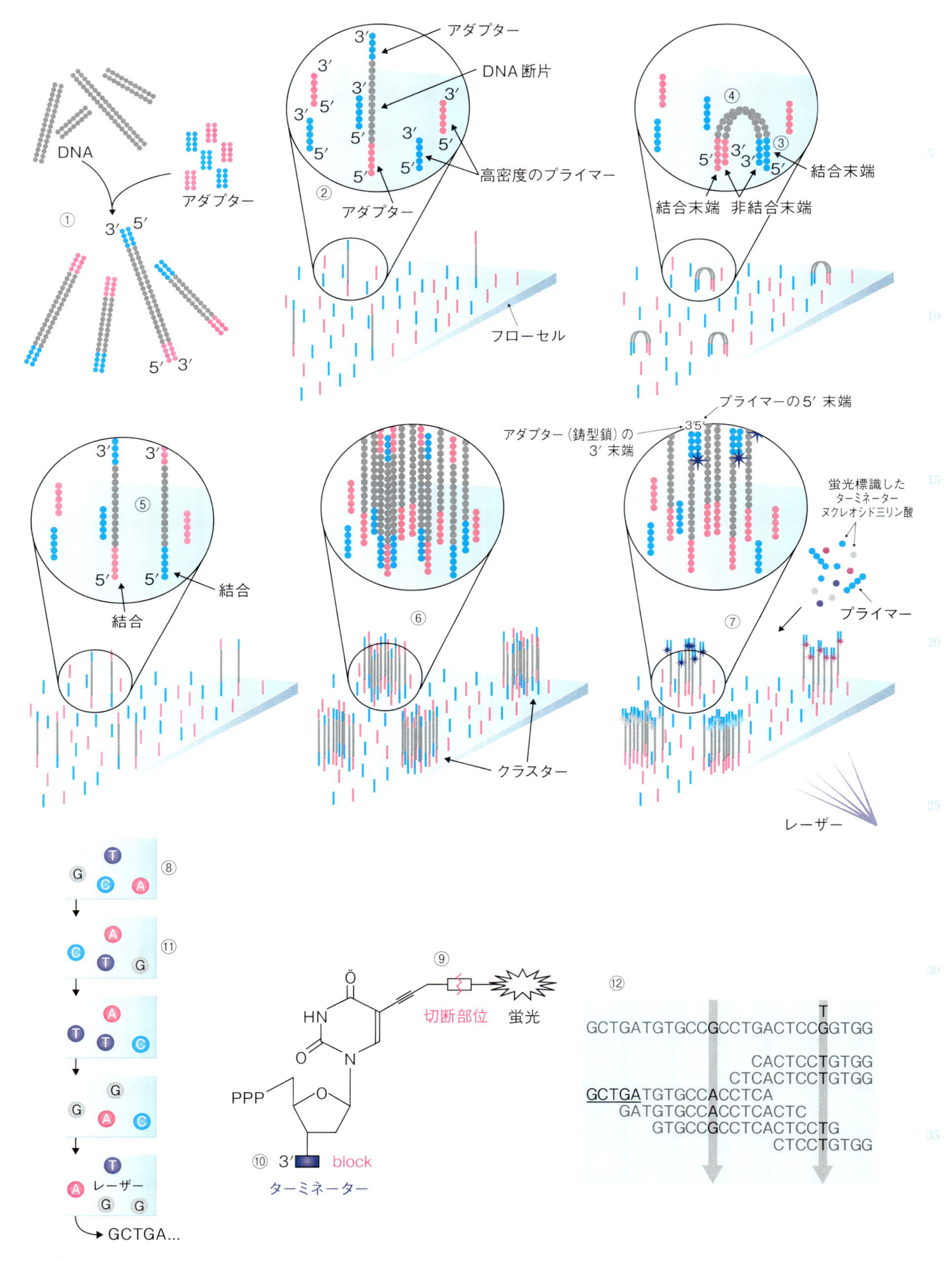
DNA
アダプター
①
3′ 5′
5′ 3′
アダプター
DNA 断片
高密度のプライマー
アダプター
②
フローセル
④
③
結合末端
結合末端 非結合末端
⑤
結合
結合
⑥
クラスター
プライマーの 5′ 末端
アダプター（鋳型鎖）の 3′ 末端
蛍光標識した ターミネーター ヌクレオシド三リン酸
プライマー
⑦
レーザー
⑧
⑪
レーザー
GCTGA...
⑨
切断部位
蛍光
HN
PPP
⑩ 3′ block
ターミネーター
⑫
GCTGATGTGCCGCCTGACTCCGGTGG
CACTCCTGTGG
CTCACTCCTGTGG
GCTGATGTGCCACCTCA
GATGTGCCACCTCACTC
GTGCCGCCTCACTCCTG
CTCCTGTGG

10.7.2　次世代シーケンサーの応用

短時間で膨大な塩基配列を決定できる特徴を活かして，さまざまな応用がなされている。例えば，個人のゲノム配列を調べることにより，がんなどの病気の原因遺伝子を特定できたり，特定の病気の発病の可能性を予測したり，最適な治療薬を選択することも可能になっている。また，膨大な生物種のゲノムを大規模に比較する比較ゲノム解析により，生物の共通祖先の推定や[10-22]，進化の詳細な過程の解析が可能になっている。土壌や，海水に含まれるDNAの塩基配列を網羅的に解析するメタゲノムとよばれる手法により，その環境に棲息する生物種の推定や，培養が困難な微生物のゲノム情報を得ることが可能である[10-23]。発生分野では，広範囲に及ぶ転写調節領域の塩基配列を近縁の生物種間で比較し，保存配列を特定することでシスエレメントを予測することに使われている。

RNA-Seq（トランスクリプトーム解析）にも，次世代シーケンサーが用いられる[10-24]。RNA-Seqでは，特定の組織や，胚，細胞1個からRNAを抽出し，cDNAにして配列を決定する。RNA-Seqにより，発現している遺伝子の特定や，出現する塩基配列の頻度から相対的な発現量を計測することも可能である。以前は，非モデル生物から特定の遺伝子をクローニングするには，保存配列にプライマーを設計してPCRにより遺伝子断片を得ていたが，次世代シーケンサーの普及により，簡単に短時間でゲノム配列の決定やRNA-Seqができるようになり，生物学の手法が激変した。他にも多くの応用例があり，次世代シーケンサーの可能性は計り知れない。

図10·18b　次世代シーケンサーの原理

①断片化したDNAの両端にアダプターDNAを結合させ,1本鎖に解離させる。②アダプターを結合した1本鎖DNAをフローセルに結合させる。1本鎖DNAは5′末端でフローセルに結合する。フローセルにはアダプターに相補するプライマーが高密度に結合している（図では見やすいように低密度に描いてある）。③フローセルに結合した1本鎖DNAの3′末端が，フローセルに結合したプライマーに相補的に結合する。④DNAポリメラーゼによりDNAを合成すると2本鎖DNAとなり，⑤2本鎖DNAを解離させ，フローセル上のプライマーを用いてPCR反応を繰り返すと,⑥約1000分子のクローンDNA鎖の束が形成される。⑦プライマーと蛍光標識したターミネーターヌクレオシド三リン酸を加えると，1塩基だけDNA鎖が伸長して蛍光標識される。⑧画像イメージを取り込み,⑨蛍光標識と⑩ターミネーターを除去して，次の1塩基伸長反応を行い，⑪画像イメージを取り込む。これを繰り返して同時並行でシーケンスを行う。⑫得られた塩基配列を，アセンブルソフトウェアーを用いて連結する。連結に際して誤った塩基を重み付き多数決と統計解析により検出して，正しい塩基配列に修正する。(イルミナ社の資料を参考に作図)

11章 細胞分化と細胞運命の多能性をもたらす遺伝子

受精卵は，細胞分裂によって細胞数を増やす。増殖した細胞は，やがて分化し，ヒトでは約200種類もの細胞になり，複雑な成体を構成する。受精卵からは，体を構成するすべての種類の細胞が生じる。すべての種類の細胞になる能力を**全能性**という。受精卵は全能性をもつが，分化するにつれて分化可能な細胞の種類が限定されていく。分化した細胞が全能性を失うのはどのようなしくみなのだろうか。分化した細胞には全能性はなくなるが，さまざまな細胞に分化する能力を残しており，これを**多能性**という。多能性をもたらすのは，どのような遺伝子だろうか。

11.1 哺乳類の細胞の多能性をもたらす遺伝子

マウスの卵は，卵巣から放出された後，卵管の中に入り，卵成熟過程を経て精子と出会う。受精卵は卵割を繰り返しながら卵管を下り，4.5日で子宮に着床する。4細胞期の胚の割球を分離し，そのうちの1つを別の個体の子宮に移植すると，受精卵と同様に発生し，正常な個体として出生する。これは，4細胞期までは全能性を維持していることを意味している。

8細胞期の中頃までは，細胞は互いにゆるく結合しているが，8細胞期の終わりに細胞が互いに密着するようになる。これを**コンパクション**といい，全能性は，8細胞期から16細胞期にかけて失われる。この時期の胚には，胚の内側に位置する細胞と外側に位置する細胞が生じる。外側の細胞は，将来，胎盤をつくる**栄養外胚葉**になり，内側の細胞は体をつくる**内部細胞塊**になる。内部細胞塊の細胞は，体を構成するすべての細胞に分化する能力をもつが，胎盤の細胞にはなれない（図11·1）。内部細胞塊の細胞は多能性をもつ。

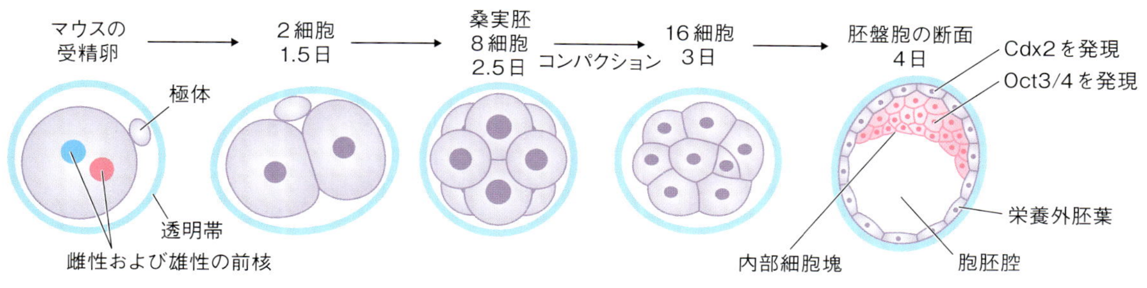

図11·1 マウスの初期発生（文献0-1を改変）

哺乳類の初期発生の最初は，すべての細胞で転写因子 Oct3/4 と転写因子 Cdx2 が発現するが，10 ～ 16 細胞期になると，内側の細胞では転写因子 Oct3/4 がより強く発現し，外側の細胞では Cdx2 がより強く発現するようになる。胚盤胞になると内部細胞塊では Cdx2 が発現しなくなり，Oct3/4 が強く発現する。一方，栄養外胚葉では Oct3/4 が発現しなくなり，Cdx2 が強く発現する。

この発現調節は，Oct3/4 と Cdx2 が結合し合い，互いに機能を抑制し合うとともに，それぞれ自己の遺伝子の転写を活性化することによる。胚の外側，内側の位置情報を細胞が認識し，内側の細胞では Oct3/4 の発現が高まり，自己の遺伝子を活性化するとともに，Cdx2 が抑制される。外側の細胞では Cdx2 の発現が高まり，自己の遺伝子を活性化するとともに，Oct3/4 が抑制され，細胞の運命が決まる（図 11･2）[11-1]。

Oct3/4 は，生殖細胞や内部細胞塊などの多能性をもつ細胞系譜で特異的に発

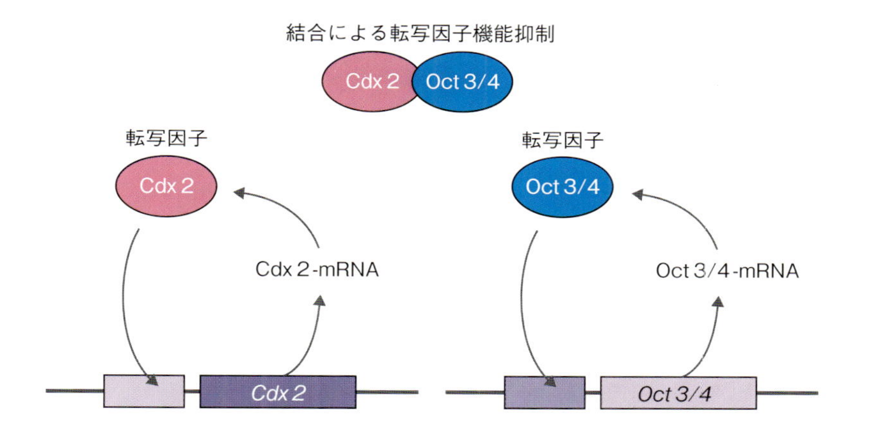

図 11･2　Cdx2 と Oct3/4 の発現調節と機能調節

現し，多能性の維持にかかわる。Oct3/4 は POU ファミリーに属す転写因子であり，オクタマー配列（Oct）とよばれる ATGCAAAT に特異的に結合する。*Oct3/4* をノックアウトすると，内部細胞塊の多能性が失われ，内部細胞塊は栄養外胚葉に分化する[11-2]。Oct3/4 が調節する遺伝子にはオクタマー配列に隣接して転写因子の Sox が結合する配列があり，この 2 つの配列を合わせて **Oct-Sox エンハンサー**とよぶ。Oct-Sox エンハンサーは，*Fgf4*，*Utf1*，*Nanog* などの，多能性幹細胞に特異的に発現する遺伝子に多く存在する。

Sox2 は多能性の維持に必須であり，*Sox2* をノックアウトすると内部細胞塊から **ES 細胞**（**胚性幹細胞**：embryonic stem cell）をつくることができなくなる[11-3]。なお，ES 細胞とは，内部細胞塊の細胞からつくられた細胞であり，ES 細胞はほぼ無限に増殖させることが可能で，胎盤の細胞以外のすべての組織の細胞に分化する多能性をもつ。

11.2　ES細胞の作製法と再生医療への応用

胚盤胞期の胚の内部細胞塊を，マウス胚線維芽細胞などの下敷きになる細胞と一緒に培養すると，内部細胞塊の細胞が増殖する。下敷きにする細胞を**フィーダー細胞**（feeder cell）という。増殖した内部細胞塊由来の細胞を，単細胞にまで解離し，培養を繰り返すことでES細胞が得られる。

内部細胞塊由来の細胞は，自発的に分化しやすい性質があり，分化を阻害する2種類の化合物（CHIR99021, PD0325901）を添加する**2i**とよばれる手法が用いられてきた。これらの化合物はそれぞれ，シグナル伝達系の構成要素で分化誘導にかかわるGSK3β（☞図10·2）とMEK（☞図10·1）を阻害する。

2i法により，高い効率で高い多能性をもつES細胞が得られるようになった[11-4]。しかし，ゲノムインプリンティングが消去され，発生能力が低下する問題もあった。近年，MEK阻害剤がゲノムインプリンティングの消去にかかわることが明らかになり，MEK阻害剤の代わりに，Src阻害剤を用いることにより，高い発生能力をもつES細胞を得ることができるようになった。Srcはシグナル伝達系の構成要素であり，細胞分化にかかわる。このES細胞の核を受精卵に移植し，発生させると正常なクローンマウスが得られることからも，Src阻害剤によって作製されたES細胞の高い発生能力が示されている[11-5]。一方，2i法で得られたES細胞の核を用いて，クローンマウスを作製しようとすると，胎盤に発生異常が生じ，クローンマウスは得られない。

ES細胞の培養液に分化誘導因子を添加したり，ES細胞に分化のカギとなる転写因子を発現させたりすることで，さまざまな細胞に分化させることができる。分化させた細胞を用いる再生医療が期待されている（表11·1）。

しかし，ヒトのES細胞は，発生すれば人間になる受精卵からつくられるため，倫理上の問題がある。また，他人の組織なので拒絶反応の問題もあるが，免疫抑制剤の進歩により，臓器移植も含め，拒絶反応はほぼ克服されている。

表11·1　作製が期待される分化ES細胞と応用が期待される疾病

作製が期待される分化ES細胞	応用が期待される疾病
ドーパミン産生神経細胞	パーキンソン病
神経前駆細胞	半身まひ
心筋細胞	心筋梗塞
インスリン産生細胞	糖尿病
肝細胞	肝機能障害
骨細胞	骨粗しょう症
皮膚の細胞	皮膚損傷
造血幹細胞	白血病
筋細胞	筋ジストロフィー

11.3　iPS 細胞の作出と再生医療への可能性

分化した細胞を人工的に初期化して，多能性をもたせることができる。人工的に多能性をもたせた細胞を**人工多能性幹細胞**（**iPS 細胞**：induced pluripotent stem cell）という。

iPS 細胞は，マウスの胚と成体の線維芽細胞のゲノムに，*Oct3/4*，*Sox2*，*Klf4*，*c-Myc* の遺伝子を導入することで作製された[11-6]。続いて，ヒトの真皮の線維芽細胞でも同様に iPS 細胞が作製された[11-7]。Oct3/4 と Sox2 は多能性にかかわる転写因子である。Klf4 は転写因子であり，さまざまながんで腫瘍抑制因子として機能する一方，p53 の機能を抑制するがん遺伝子でもある[11-8]。Klf4 は，Oct3/4・Sox2 と Oct3/4・Sox2・Klf4 複合体を形成して *Nanog* 遺伝子の転写を活性化することで，分化細胞の初期化を促進する[11-9]。c-Myc は転写因子であり，がん原遺伝子である。

なお，がん遺伝子とは，がん化させる能力をもつ遺伝子の総称であり，がん原遺伝子とは，変異や過剰発現により，がん遺伝子になり得る遺伝子をいう。がん原遺伝子は，正常な細胞では，細胞の分化や生存，増殖のシグナル伝達にかかわる重要な遺伝子である。

Oct3/4，Sox2，Klf4，c-Myc は，iPS 細胞の研究によってノーベル生理学・医学賞を受賞した山中伸弥教授らが，細胞の初期化を誘導する因子として特定したことに因み，**山中因子**とよばれる。iPS 細胞は，患者の体細胞からつくられるため，倫理と拒絶反応の問題が回避され，分化誘導も ES 細胞と同様に行える。再生医療への期待が大きく，網膜色素上皮，心筋，神経細胞などで臨床研究が開始されているが，臨床での実用化のハードルは高い。

iPS 細胞が実用化されているのは，患者に最適な薬剤のスクリーニングである。新薬の開発には，多額の費用と時間がかかり，さらに，動物実験とヒトを対象とする治験によって効果や安全性が確認されて，ようやく承認される。一方，これまでに承認されている薬の種類は膨大にあり，未知の薬効も期待される。承認されている薬をまとめて，**既承認薬ライブラリー**という。患者の iPS 細胞を使えば，既承認薬ライブラリーの中から，患者に有効な薬剤を見つけることは比較的容易である。また，創薬においても，動物実験や治験の前の安全性と有効性の確認に，患者の iPS 細胞は有効であり，難病の克服に期待が寄せられている[11-10]。

参考 11.1　iPS 細胞による ALS 治療薬のスクリーニング

ALS（筋萎縮性側索硬化症）は，全身の筋肉が徐々に動かなくなる難病であり，脳や脊髄の神経細胞に異常なタンパク質が蓄積することで発症する。根本的な治療法はないが，症状を改善する薬が，患者の iPS 細胞で既承認薬ライブラリーをスクリーニングすることにより発見された。ALS への有効性が認められたのは，パーキンソン病の治療薬のロピニロールだった。

参考 11.2　山中因子によって初期化された細胞を，分化させることができる理由

iPS 細胞は，レトロウイルスをベクターに，*Oct3/4*，*Sox2*，*Klf4*，*c-Myc* 遺伝子を体細胞に導入して，発現させることによりつくられる。これらの遺伝子は分化した状態の細胞を初期化するが，発現し続けると細胞は分化することができない。得られた iPS 細胞を分化させることができるのは，導入した遺伝子が発現しなくなるからである。レトロウイルスベクターによって導入された遺伝子は，ゲノム DNA に組み込まれ，やがてサイレンシング（遺伝子抑制）を受けて発現しなくなる。

アデノウイルスやプラスミドをベクターとして山中因子を遺伝子導入する方法もある。これらのベクターで導入された遺伝子は，ゲノム DNA に組み込まれず一過的に発現し，細胞を初期化するが，やがて細胞から排除されるため，iPS 細胞は分化能を獲得する。

参考 11.3　*c-Myc* による iPS 細胞のがん化と iPS 細胞作製法の改良

c-Myc はがん化の要因になる可能性がある。遺伝子導入された *c-Myc* はサイレンシングにより発現しなくなるため，がん化しないと考えられるが，*Oct3/4*，*Sox2*，*Klf4*，*c-Myc* 遺伝子を導入した iPS 細胞を用いて作製したキメラマウスは，高頻度にがんが発生する。*c-Myc* によるがん化を避けるため，*c-Myc* を用いない iPS 細胞の作製が試みられた。その結果，効率は低下するものの，*Oct3/4*，*Sox2*，*Klf4* 遺伝子だけでも高品質の iPS 細胞が得られ，腫瘍が形成されないことが示された [11-11, 11-12]。

また，がん化しない iPS 細胞を効率よくつくるため，*c-Myc* と同等以上の機能を果たす遺伝子の探索が行われた。ヒトの Myc がん原遺伝子ファミリーには，*c-Myc*，*N-Myc*，*L-Myc* があり，どれも似たはたらきをする。ヒトのがんとの関連性が少ない *L-Myc* を *c-Myc* の代わりに用い，*Oct3/4*，*Sox2*，*Klf4*，*L-Myc* を遺伝子導入すると，*c-Myc* より効率よく iPS 細胞が得られ，iPS 細胞由来のキメラマウスにおいても腫瘍形成がほとんどないことが示されている [11-13]。

参考 11.4　Nanog

Nanog は転写因子であり，内部細胞塊に発現して多能性の獲得に重要なはたらきをする。また，始原生殖細胞に発現し，生殖細胞の成熟の過程に必須である [11-14]。Nanog は，ケルト神話のティル・ナ・ノーグ（Tír na nÓg：常若（とこわか）の国）にちなんで命名された。

参考 11.5　iPS 細胞の初期化とクロマチンリモデリング

iPS 細胞を誘導すると，DNA の脱メチル化が促進される。特に *Nanog* や *Oct3/4* などの多能性にかかわる遺伝子のプロモーターが脱メチル化を受ける [11-15]。完全に初期化された細胞は，不完全に初期化された細胞よりも高度に脱メチル化されていることからも，初期化に脱メチル化がかかわっていることがわかる [11-16]。

ユークロマチン化をもたらすヒストンのメチル化 H3K4me2 が，ゲノムの全域にわたって起こり，プロモーターのヒストンが H3K4me2 化されると転写が活性化される。転写を抑制するメチル化ヒストン H3K27me3 は，大部分の領域で保存されるが，CpG アイランドにあるプロモーターのヒストン H3K27me3 が脱メチル化され，H3K4me2 化される [11-17]。これらは，iPS 細胞誘導による分化の初期化の過程で，エピジェネティックな応答が起きていることを示している。

参考文献

0-1　生命科学を分子レベルで捉えた教科書

Alberts, B. ら（中村桂子・松原謙一 監訳）(2010)『細胞の分子生物学（第5版）』ニュートンプレス.

1-1　ヒトのタンパク質をコードする遺伝子の数

Clamp, M. *et al.* (2007) Distinguishing protein-coding and noncoding genes in the human genome. Proc. Natl. Acad. Sci. USA, **104**: 19428-19433.

1-2　カメムシ性染色体

Henking, H. (1891) Unlersuehungen ueber die ersten Entwicklungsvorgänge in den Eiern der Insekten. II. Ueber Spermatogenese und deren Beziehung zur Entwickelung bei *Pyrrhocoris apterus* L. Zeitschrift für wissenschaftliche Zoologie, **51**: 685-736.

1-3　Y 染色体の発見

Stevens, N.M. (1905) Studies in spermatogenesis with especial reference to the "accessory chromosome". Carnegie Institute Report 36. (Washington, D.C.)

1-4　生殖細胞の移動

Richardson, B.E., Lehmann, R. (2010) Mechanisms guiding primordial germ cell migration: strategies from different organisms. Nat. Rev. Mol. Cell Biol., **11**: 37-49.

2-1　タンパク質の立体構造

Chou, P.Y., Fasman, G.D. (1974) Conformational parameters for amino acids in helical, β-sheet, and random coil regions calculated from proteins. Biochemistry, **13**: 211-222.

2-2　リン酸化による MAP キナーゼの立体構造変化と活性化

Wilson, K.P. *et al.* (1996) Crystal structure of p38 mitogen-activated protein kinase. J. Biol. Chem., **271**: 27696-27700.

3-1　DNA ポリメラーゼ ε

Lujan, S.A. *et al.* (2016) DNA polymerases divide the labor of genome replication. Trends Cell Biol., **26**: 640-654.

3-2　DNA ポリメラーゼ δ

Johnson, R.E. *et al.* (2015) A major role of DNA polymerase δ in replication of both the leading and lagging DNA strands. Mol. Cell. Jul., **59**: 163-175.

3-3　DNA ポリメラーゼの 3′→5′ エキソヌクレアーゼ活性

Jin, Y.H. *et al.* (2001) The 3'→5' exonuclease of DNA polymerase delta can substitute for the 5' flap endonuclease Rad27/Fen1 in processing Okazaki fragments and preventing genome instability. Proc. Natl. Acad. Sci. USA, **98**: 5122-5127.

3-4　Replication Protein A

Chen, R., Wold, M.S. (2014) Replication protein A: single-stranded DNA's first responder: dynamic DNA-interactions allow replication protein A to direct single-strand DNA intermediates into different pathways for synthesis or repair. Bioessays, **36**: 1156-1161.

3-5　大腸菌のミスマッチ修復

Kunkel, T., Erie, D.A. (2005) DNA mismatch repair. Annu. Rev. Biochem., **74**: 681-710.

3-6　真核生物のミスマッチ修復

Pluciennik, A. *et al.* (2010) PCNA function in the activation and strand direction of MutLα endonuclease in mismatch repair. Proc. Natl. Acad. Sci. USA, **107**: 16066-16071.

3-7　大腸菌の複製起点ではたらく DnaA

Weigel, C. *et al.* (1997) DnaA protein binding to individual DnaA boxes in the *Escherichia coli* replication origin, *oriC*. EMBO J., **16**: 6574-6583.

3-8　細菌の複製起点ではたらく DnaA
Messer, W. (2002) The bacterial replication initiator DnaA. DnaA and oriC, the bacterial mode to initiate DNA replication. FEMS Microbiol. Rev., **26**: 355-374.
3-9　出芽酵母の複製起点 ACS
Nieduszynski, C.A. *et al.* (2006) Genome-wide identification of replication origins in yeast by comparative genomics. Genes Dev., **20**: 1874-1879.
3-10　複製起点認識複合体 ORC
Kawakami, H. *et al.* (2015) Specific binding of eukaryotic ORC to DNA replication origins depends on highly conserved basic residues. Sci. Rep., **5**: 14929.
3-11　S-Cdk による複製開始
Masumoto, H. *et al.* (2002) S-Cdk-dependent phosphorylation of Sld2 essential for chromosomal DNA replication in budding yeast. Nature, **415**: 651-655.
3-12　S-Cdk による複製前複合体活性化
Tanaka, S. *et al.* (2007) CDK-dependent phosphorylation of Sld2 and Sld3 initiates DNA replication in budding yeast. Nature, **445**: 328-332.
3-13　DNA 複製
DePamphilis, M.L. (2016) Genome duplication at the beginning of mammalian development. Curr. Top Dev. Biol., **120**: 55-102.
3-14　動物の DNA 複製起点
Leonard, A.C., Méchali, M. (2013) DNA replication origins. Cold Spring Harb. Perspect Biol., **5**: a010116.
3-15　ライセンス化因子 Cdc6
Cook, J.G. *et al.* (2002) Analysis of Cdc6 function in the assembly of mammalian prereplication complexes. Proc. Natl. Acad. Sci. USA, **99**: 1347-1352.
3-16　Mcm ヘリカーゼ
Bell, S.P., Kaguni, J.M. (2013) Helicase loading at chromosomal origins of replication. Cold Spring Harb. Perspect. Biol., **5**. pii: a010124.
3-17　真核生物の DNA 複製開始機構
Chistol, G., Walter, J.C. (2015) Single-molecule visualization of MCM2-7 DNA loading: Seeing is believing. Cell, **161**: 429-430.
3-18　S 期に転写されるヒストン mRNA に polyA がない
Marzluff, W.F. (2005) Metazoan replication-dependent histone mRNAs: a distinct set of RNA polymerase II transcripts. Curr. Opi. Cell Biol., **17**: 274-280.
3-19　polyA が付加されるヒストン mRNA もある
Mannironi, C. *et al.* (1989) H2A.X, a histone isoprotein with a conserved C-terminal sequence, is encoded by a novel mRNA with both DNA replication type and polyA 3' processing signals. Nucleic Acids Res., **17**: 9113-9126
3-20　テロメアと分裂回数
Harley, C.B. *et al.* (1990) Telomeres shorten during ageing of human fibroblasts. Nature, **345**: 458-460.
3-21　テロメラーゼ
Yu, G.L. *et al.* (1990) *In vivo* alteration of telomere sequences and senescence caused by mutated Tetrahymena telomerase RNAs. Nature, **344**: 126-132.
3-22　ツメガエル卵割期 S 期の時間
Siefert, J.C. *et al.* (2015) Cell cycle control in the early embryonic development of aquatic animal species. Comp. Biochem. Physiol. C Toxicol. Pharmacol., **178**: 8-15.

4-1　チェックポイント
Elledge, S.J. (1996) Cell cycle checkpoints: preventing an identity crisis. Science, **274**: 1664-1672.
4-2　サイクリン D1 がかかわる複製前複合体形成
Gladden, A.B., Diehl, J.A. (2003) The cyclin D1-dependent kinase associates with the pre-replication complex and modulates RB.MCM7 binding. J. Biol. Chem., **278**: 9754-9860.

4-3　サイクリンE（G_1/S）と複製前複合体形成

Lunn, C.L. *et al.* (2010) Activation of Cdk2/Cyclin E complexes is dependent on the origin of replication licensing factor Cdc6 in mammalian cells. Cell Cycle, **9**: 4533-4541.

4-4　Cdk阻害因子p27による細胞周期停止

Chu, I.M. *et al.* (2008) The Cdk inhibitor p27 in human cancer: prognostic potential and relevance to anticancer therapy. Nat. Rev. Cancer, **8**: 253-267.

4-5　SCFによるユビキチン化

Xie, C.M. *et al.* (2013) Role of SKP1-CUL1-F-box-protein (SCF) E3 ubiquitin ligases in skin cancer. J. Genet. Genomics, **40**: 97-106.

4-6　S-サイクリンによるCdkの活性化

Bendris, N. *et al.* (2011) Cyclin A2 mutagenesis analysis: a new insight into CDK activation and cellular localization requirements. PLoS One. **6**: e22879.

4-7　G_1-サイクリンのThr-286リン酸化による分解

Lin, D.I. *et al.* (2006) Phosphorylation-dependent ubiquitination of cyclin D1 by the SCF(FBX4-alphaB crystallin) complex. Mol. Cell, **24**: 355-366.

4-8　*Rb*がん抑制遺伝子

Lee, W.H. *et al.* (1987) The retinoblastoma susceptibility gene encodes a nuclear phosphoprotein associated with DNA binding activity. Nature, **329**: 642-645.

4-9　S-Cdkによる核分裂開始の調節

De Boer, L. *et al.* (2008) Cyclin A/cdk2 coordinates centrosomal and nuclear mitotic events. Oncogene, **27**: 4261-4268.

4-10　サイクリンおよびリン酸化によるCdkの活性調節

Brown, N.R. *et al.* (1999) The structural basis for specificity of substrate and recruitment peptides for cyclin-dependent kinases. Nat. Cell Biol., **1**: 438-443.

4-11　ステロイドによるカエル卵成熟誘導

Smith, L.D., Ecker, R.E. (1971) The interaction of steroids with *Rana pipiens* oocytes in the induction of maturation. Dev. Biol., **25**: 232-247.

4-12　細胞質によるカエル卵成熟の調節

Masui, Y., Markert, C.L. (1971) Cytoplasmic control of nuclear behavior during meiotic maturation of frog oocytes. J. Exp. Zool., **177**: 129-145.

4-13　APC/C-Cdc20は異なる基質を標的とする

Izawa, D., Pines, J. (2011) How APC/C-Cdc20 changes its substrate specificity in mitosis. Nat. Cell Biol., **13**: 223-233.

4-14　Cdc20はAPC/C-Cdh1によって分解される

Robbins, J.A., Cross, F.R. (2010) Regulated degradation of the APC coactivator Cdc20. Cell Div., **5**: 23.

4-15　Cdc20とCdh1によるAPC/Cの調節

Zhang, S. *et al.* (2016) Molecular mechanism of APC/C activation by mitotic phosphorylation. Nature, **533**: 260-264.

4-16　セキュリンを標的とするAPC/C

Thornton, B.R., Toczyski, D.P. (2003) Securin and B-cyclin/CDK are the only essential targets of the APC. Nat. Cell Biol., **5**: 1090-1094.

4-17　スピンドルチェックポイント

Santaguida, S., Amon, A. (2015) Short- and long-term effects of chromosome mis-segregation and aneuploidy. Nat. Rev. Mol. Cell Biol., **16**: 473-485.

4-18　有糸分裂チェックポイントの分子機構

Lara-Gonzalez, P. *et al.* (2011) BubR1 blocks substrate recruitment to the APC/C in a KEN-box-dependent manner. J. Cell Sci., Dec 15;**124**(Pt 24):4332-4345. doi: 10.1242/jcs.094763. Epub 2011 Dec 22.

4-19　染色分体分離とコヒーシン分解

Izawa, D., Pines, J. (2015) The mitotic checkpoint complex binds a second CDC20 to inhibit active APC/C. Nature, **517**: 631-634.

4-20　有糸分裂チェックポイント

Izawa, D., Pines, J. (2012) Mad2 and the APC/C compete for the same site on Cdc20 to ensure proper chromosome segregation. J. Cell Biol., **199**: 27-37.

4-21　DNA 損傷のセンサー

Ray, A. *et al.* (2016) ATR- and ATM-mediated DNA damage response is dependent on excision repair assembly during G1 but not in S phase of cell cycle. PLoS One, **11**: e0159344.

4-22　Cdc25 による Cdk2 脱リン酸化

Donzelli, M., Draetta, G.F. (2003) Regulating mammalian checkpoints through Cdc25 inactivation. EMBO Rep., **4**: 671-677.

4-23　サイクリン D1 とがん化

Qie, S., Diehl, J.A. (2016) Cyclin D1, cancer progression, and opportunities in cancer treatment. J. Mol. Med(Berl)., **94**: 1313-1326.

4-24　サイクリン E 遺伝子重複による脳腫瘍

Aiello, K.A., Alter, O. (2016) Platform-independent genome-wide pattern of DNA copy-number alterations predicting astrocytoma survival and response to treatment revealed by the GSVD Formulated as a Comparative Spectral Decomposition. PLoS One, **11**: e0164546.

4-25　サイクリン A（S）高発現によるがん化

Casimiro, M.C. *et al.* (2012) Cyclins and cell cycle control in cancer and disease. Genes Cancer, **3**: 649-657.

4-26　サイクリン B（M）とがん

Sun, X. *et al.* (2017) Prognostic and clinicopathological significance of cyclin B expression in patients with breast cancer: A meta-analysis. Medicine (Baltimore), **96**: e6860.

4-27　APC とがん

Clevers, H., Nusse, R. (2012) Wnt/β-catenin signaling and disease. Cell, **149**: 1192-1205.

4-28　p53 によるアポトーシス

Aubrey, B.J. *et al.* (2018) How does p53 induce apoptosis and how does this relate to p53-mediated tumour suppression? Cell Death Differ., **25**: 104-113.

4-29　KEN-box

Pfleger, C.M., Kirschner, M.W. (2000) The KEN box: an APC recognition signal distinct from the D box targeted by Cdh1. Genes Dev., **14**: 655-665.

5-1　ヒトタンパク質遺伝子の数と非コード遺伝子数

Willyard, C. (2018) New human gene tally reignites debate. Nature, **558**: 354-355.

5-2　RNA ポリメラーゼの校正機能

Sydow, J.F., Cramer, P. (2009) RNA polymerase fidelity and transcriptional proofreading. Curr. Opin. Struct. Biol., **19**: 732-739.

5-3　基本転写因子

Gupta, K. *et al.* (2016) Zooming in on transcription preinitiation. J. Mol. Biol., **428**: 2581-2591.

5-4　Pol II と TBP の結合

Usheva, A. *et al.* (1992) Specific interaction between the nonphosphorylated form of RNA polymerase II and the TATA-binding protein. Cell, **69**: 871-881.

5-5　TFIIH

Schultz, P. *et al.* (2000) Molecular structure of human TFIIH. Cell, **102**: 599-607.

5-6　Pol I，Pol II，Pol III に保存された転写開始機構

Vannini, A., Cramer, P. (2012) Conservation between the RNA polymerase I, II, and III transcription initiation machineries. Mol. Cell, **45**: 439-446.

5-7　Pol I プロモーター UEC

Jantzen, H.M. *et al.* (1990) Nucleolar transcription factor hUBF contains a DNA-binding motif with homology to HMG proteins. Nature, **344**: 830-836.

5-8　Pol I プロモーター転写因子 UBP

Goodfellow, S.J., Zomerdijk, J.C. (2013) Basic mechanisms in RNA polymerase I transcription of the ribosomal RNA genes. Subcell Biochem., **61**: 211-236.

5-9　Pol Ⅲのプロモーター転写開始

Vorländer, M.K. *et al.* (2018) Molecular mechanism of promoter opening by RNA polymerase III. Nature, **553**: 295-300.

5-10　Pol Ⅲの転写開始複合体の構造

Abascal-Palacios, G. *et al.* (2018) Structural basis of RNA polymerase III transcription initiation. Nature, **553**: 301-306.

5-11　Pol Ⅰ，Pol Ⅱ，Pol ⅢはTBPをもつ

Fan, X. *et al.* (2005) Distinct transcriptional responses of RNA polymerases I, II and III to aptamers that bind TBP. Nucleic Acids Res., **33**: 838-845.

5-12　ヒトミトコンドリア遺伝子を転写するRNAポリメラーゼ

Ringel, R. *et al.* (2011) Structure of human mitochondrial RNA polymerase. Nature, **478**: 269-273.

5-13　葉緑体の遺伝子の転写

Stern, D.S. *et al.* (1997) Transcription and translation in chloroplasts. Trends Plant Sci., **2**: 308-315.

5-14　Pol Ⅱの転写速度

Veloso, A. *et al.* (2014) Rate of elongation by RNA polymerase II is associated with specific gene features and epigenetic modifications. Genome Res., **24**: 896-905.

5-15　Pol Ⅰの転写速度

Dundr, M. *et al.* (2002) A kinetic framework for a mammalian RNA polymerase *in vivo*. Science, **298**: 1623-1626.

5-16　mRNAの5′末端キャップ構造

Meyer, K.D., Jaffrey, S.R. (2014) The dynamic epitranscriptome: N^6-methyladenosine and gene expression control. Nat. Rev. Mol. Cell Biol., **15**: 313-326.

5-17　mRNAのポリA付加機構

Colgan, D.F., Manley, J.L. (1997) Mechanism and regulation of mRNA polyadenylation. Genes Dev., **11**: 2755-2766.

5-18　ミトコンドリアmRNAポリ(A)付加

Chang, J.H., Tong, L. (2012) Mitochondrial poly(A) polymerase and polyadenylation. Biochim. Biophys. Acta, **1819**: 992-997.

5-19　mRNA前駆体のスプライシング

Warf, M.B., Berglund, J.A. (2010) Role of RNA structure in regulating pre-mRNA splicing. Trends Biochem. Sci., **35**: 169-178.

5-20　エキソン接合部複合体

Le Hir, H. *et al.* (2016) The exon junction complex as a node of post-transcriptional networks. Nat. Rev. Mol. Cell Biol., **17**: 41-54.

5-21　エキソン内スプライシング促進配列

Reed, R. (2000) Mechanisms of fidelity in pre-mRNA splicing. Curr. Opin. Cell Biol., **12**: 340-345.

5-22　真核生物tRNAの5′末端キャップ構造

Ohira, T., Suzuki, T. (2016) Precursors of tRNAs are stabilized by methylguanosine cap structures. Nat. Chem. Biol., **12**: 648-655.

5-23　ヒトtRNAスプライシング因子

Popow, J. *et al.* (2014) Analysis of orthologous groups reveals archease and DDX1 as tRNA splicing factors. Nature, **511**: 104-107.

5-24　細菌のスプライシング

Edgell, D.R. *et al.* (2000) Barriers to intron promiscuity in bacteria. J. Bacteriol., **182**: 5281-5289.

5-25　動物のヒストンmRNAにはポリ（A）が付加されない

Dávila López,M., Samuelsson,T. (2008) Early evolution of histone mRNA 3' end processing. RNA, **14**: 1-10.

5-26　選択的スプライシング

Lee, Y., Rio, D.C. (2015) Mechanisms and regulation of alternative pre-mRNA splicing. Annu. Rev. Biochem., **84**: 291-323.

5-27　ヒト rRNA 遺伝子数は数百だが個人によって大きく異なる
Wang, M., Lemos, B. (2017) Ribosomal DNA copy number amplification and loss in human cancers is linked to tumor genetic context, nucleolus activity, and proliferation. PLoS Genet., **13**: e1006994.
5-28　ヒト 5S rRNA 遺伝子の数
Sørensen, P.D., Frederiksen, S. (1991) Characterization of human 5S rRNA genes. Nucleic Acids Res., **19**: 4147-4151.
5-29　核小体形成領域
McStay, B. (2016) Nucleolar organizer regions: genomic 'dark matter' requiring illumination. Genes Dev., **30**: 1598-1610.
5-30　mRNA 前駆体結合 hnRNP は mRNA の核外輸送にかかわる
Piñol-Roma, S. (1997) HnRNP proteins and the nuclear export of mRNA. Semin. Cell Dev. Biol., **8**: 57-63.
5-31　スプライシングを調節する SR タンパク質
Jeong, S. (2017) SR Proteins: Binders, regulators, and connectors of RNA. Mol. Cells, **40**: 1-9.
5-32　エキソソーム
Mitchell, P. *et al.* (1997) The exosome: a conserved eukaryotic RNA processing complex containing multiple 3' → 5' exoribonucleases. Cell, **91**: 457-466.
5-33　CBP を介した mRNA 核外輸送
Gebhardt, A. *et al.* (2015) mRNA export through an additional cap-binding complex consisting of NCBP1 and NCBP3. Nat. Commun., **6**: 8192.
5-34　mRNA 核外輸送 TREX 複合体
Katahira, J. (2012) mRNA export and the TREX complex. Biochim. Biophys. Acta, **1819**: 507-513.
5-35　mRNA 核外輸送 AREX 複合体
Yamazaki, T. *et al.* (2010) The closely related RNA helicases, UAP56 and URH49, preferentially form distinct mRNA export machineries and coordinately regulate mitotic progression. Mol. Biol. Cell, **21**: 2953-2965.
5-36　スプライシング不全 mRNA 分解にかかわる EJC
Boehm, V., Gehring, N.H. (2016) Exon junction complexes: Supervising the gene expression assembly line. Trends Genet., **32**: 724-735.

6-1　N 末端メチオニンの除去と修飾
Wingfield, P.T. (2017) N-terminal methionine processing. Curr. Protoc. Protein Sci., **88**: 6.14.1-6.14.3
6-2　ミトコンドリアのコドン
Osawa, S. *et al.* (1989) Evolution of the mitochondrial genetic code. I. Origin of AGR serine and stop codons in metazoan mitochondria. J. Mol. Evol., **29**: 202-207.
6-3　ヒトゲノムの tRNA 遺伝子数
Lander, E.S. *et al.* (2001) Initial sequencing and analysis of the human genome. Nature, **409**: 860-921.
6-4　細菌のアミノアシル tRNA 合成酵素
Woese, C.R. *et al.* (2000) Aminoacyl-tRNA synthetases, the genetic code, and the evolutionary process. Microbiol. Mol. Biol. Rev., **64**: 202-236.
6-5　コザック共通配列
Kozak, M. (1984) Point mutations close to the AUG initiator codon affect the efficiency of translation of rat preproinsulin *in vivo*. Nature, **308**: 241-246.
6-6　真核生物の翻訳開始配列
Kozak, M. (1986) Point mutations define a sequence flanking the AUG initiator codon that modulates translation by eukaryotic ribosomes. Cell, **44**: 283-292.
6-7　脊椎動物の翻訳開始保存配列
Kozak, M. (1987) An analysis of 5'-noncoding sequences from 699 vertebrate messenger RNAs. Nucleic Acids Res., **15**: 8125-8148.
6-8　翻訳開始複合体
Mamane, Y. *et al.* (2006) mTOR, translation initiation and cancer. Oncogene, **25**: 6416-6422.

6-9 大腸菌リボソームのアミノ酸付加速度

Young, R., Bremer, H. (1976) Polypeptide-chain-elongation rate in *Escherichia coli* B/r as a function of growth rate. Biochem. J., **160**: 185-194.

6-10 酵母リボソームのアミノ酸付加速度

Waldron, C. *et al.* (1974) The elongation rate of proteins of different molecular weight classes in yeast. FEBS Lett., **46**: 11-16.

6-11 ナンセンス変異 mRNA 分解機構

Chang, Y.F. *et al.* (2007) The nonsense-mediated decay RNA surveillance pathway. Annu. Rev. Biochem., **76**: 51-74.

7-1 タンパク質の折りたたみ

Englander, S.W., Mayne, L. (2014) The nature of protein folding pathways. Proc. Natl. Acad. Sci. USA, **111**: 15873-15880.

7-2 シグナル配列

Stroud, R.M., Walter, P. (1999) Signal sequence recognition and protein targeting. Curr. Opin. Struct. Biol., **9**: 754-759.

7-3 小胞体シグナルペプチドとシグナルペプチダーゼ

Dev, I.K., Ray, P.H. (1990) Signal peptidases and signal peptide hydrolases. J. Bioenerg. Biomembr., **22**: 271-290.

7-4 小胞体膜タンパク質転送装置

Zimmermann, R. *et al.* (2011) Protein translocation across the ER membrane. Biochim. Biophys. Acta, **1808**: 912-924.

7-5 タンパク質の膜通過機構

Rapoport, T.A. (2007) Protein translocation across the eukaryotic endoplasmic reticulum and bacterial plasma membranes. Nature, **450**: 663-669.

7-6 Sec62, 63, 71, 72 複合体によるポリペプチドの結合

Johnson, N. *et al.* (2013) Post-translational translocation into the endoplasmic reticulum. Biochim. Biophys. Acta, **1833**: 2403-2409.

7-7 BiP によるポリペプチドの小胞体内腔への輸送

Dudek, J. (2015) Protein transport into the human endoplasmic reticulum. J. Mol. Biol., **427**(6 Pt A): 1159-1175.

7-8 細菌の Sec タンパク質輸送体

du Plessis, D.J. *et al.* (2011) The Sec translocase. Biochim. Biophys. Acta, **1808**: 851-865.

7-9 ミトコンドリア外膜の TOM 複合体

Endo, T., Yamano, K. (2010) Transport of proteins across or into the mitochondrial outer membrane. Biochim. Biophys. Acta, **1803**: 706-714.

7-10 ミトコンドリア外膜の TIM 複合体

Shiota, T. *et al.* (2011) *In vivo* protein-interaction mapping of a mitochondrial translocator protein Tom22 at work. Proc. Natl. Acad. Sci. USA., **108**: 15179-15183.

7-11 核膜孔を介した物質輸送

Kabachinski, G., Schwartz, T.U. (2015) The nuclear pore complex--structure and function at a glance. J. Cell Sci., **128**: 423-429.

8-1 プロモーターから 100 万塩基対も離れた *Shh* エンハンサー

Sagai, T. *et al.* (2005) Elimination of a long-range *cis*-regulatory module causes complete loss of limb-specific Shh expression and truncation of the mouse limb. Development, **132**: 797-803.

8-2 エンハンサーとサイレンサー

Wittkopp, P.J., Kalay, G. (2011) *Cis*-regulatory elements: molecular mechanisms and evolutionary processes underlying divergence. Nat. Rev. Genet., **13**: 59-69.

8-3 *LacZ* シスエレメントに結合する CRP

Malan, T.P. *et al.* (1984) Mechanism of CRP-cAMP activation of *lac* operon transcription initiation activation of the P1 promoter. J. Mol. Biol., **180**: 881-909.

8-4 *LacZ* リプレッサー

Lewis, M. (2005) The *lac* repressor. C. R. Biol., **328**: 521-548.

8-5 転写調節因子 DNA 結合ドメインによるシスエレメントへの結合

Wolberger, C. *et al.* (1991) Crystal structure of a MAT alpha 2 homeodomain-operator complex suggests a general model for homeodomain-DNA interactions. Cell, **67**: 517-528.

8-6 転写調節因子とシスエレメントの解離定数

Lin, S., Riggs, A.D. (1975) The general affinity of *lac* repressor for *E. coli* DNA: implications for gene regulation in procaryotes and eucaryotes. Cell, **4**: 107-111.

8-7 転写調節を統合するメディエーター

Yin, J.W., Wang, G. (2014) The Mediator complex: a master coordinator of transcription and cell lineage development. Development, **141**: 977-987.

8-8 クロマチン再構成複合体によるクロマチンリモデリング

Cairns, B.R. *et al.* (1996) RSC, an essential, abundant chromatin-remodeling complex. Cell, **87**: 1249-1260.

8-9 ヒストンシャペロンによるクロマチンリモデリング

Hammond, C.M. (2017) Histone chaperone networks shaping chromatin function. Nat. Rev. Mol. Cell Biol., **18**: 141-158.

8-10 転写活性化因子にリクルートされる RSC

Fry, C.J., Peterson, C.L. (2002) Transcription. Unlocking the gates to gene expression. Science, **295**: 1847-1848.

8-11 ヒストンバリアント

Biterge, B., Schneider, R. (2014) Histone variants: key players of chromatin. Cell Tissue Res., **356**: 457-466.

8-12 ヒストンアセチル化によるクロマチンリモデリング

Grunstein, M. (1997) Histone acetylation in chromatin structure and transcription. Nature, **389**: 349-352.

8-13 ヒストンリン酸化によるクロマチンリモデリング

Rossetto, D. *et al.* (2012) Histone phosphorylation: a chromatin modification involved in diverse nuclear events. Epigenetics, **7**: 1098-1108.

8-14 ヒストンメチル化によるクロマチン凝縮

Harr, J.C. *et al.* (2016) Histones and histone modifications in perinuclear chromatin anchoring: from yeast to man. EMBO Rep., **17**: 139-155.

8-15 ポリコームによるヒストン H2A ユビキチン化は遺伝子発現を抑制する

de Napoles, M. *et al.* (2004) Polycomb group proteins Ring1A/B link ubiquitylation of histone H2A to heritable gene silencing and X inactivation. Dev. Cell, **7**: 663-676.

8-16 ポリコームによる DNA メチル化と遺伝子発現抑制

Viré, E. *et al.* (2006) The Polycomb group protein EZH2 directly controls DNA methylation. Nature, **439**: 871-874.

8-17 インスレーターによるエンハンサー機能の遮断

West, A.G. *et al.* (2002) Insulators: many functions, many mechanisms. Genes Dev., **16**: 271-288.

8-18 インスレーター機構の概念

Valenzuela, L., Kamakaka, R.T. (2006) Chromatin insulators. Annu. Rev. Genet., **40**: 107-138.

8-19 miRNA による翻訳抑制

Ambros, V. (2004) The functions of animal microRNAs. Nature, **431**: 350-355.

8-20 miRNA の生合成

Ha, M., Kim, V.N. (2014) Regulation of microRNA biogenesis. Nat. Rev. Mol. Cell Biol., **15**: 509-524.

8-21 miRNA の作用機構

Carthew, R.W., Sontheimer, E.J. (2009) Origins and mechanisms of miRNAs and siRNAs. Cell, **136**: 642-655.

8-22 前脳発生にかかわる Dlx2 の共活性化因子として機能する lncRNA

Feng, J. *et al.* (2006) The Evf-2 noncoding RNA is transcribed from the Dlx-5/6 ultraconserved region and functions as a Dlx-2 transcriptional coactivator. Genes Dev., **20**: 1470-1484.

8-23 X 染色体の遺伝子量補償

Lucchesi, J.C. *et al.* (2005) Chromatin remodeling in dosage compensation. Annu. Rev. Genet., **39**: 615-651.

8-24 Xist は cohesin を染色体から外すことにより染色体構造変化を引き起こす

Minajigi, A. *et al.* (2015) Chromosomes. A comprehensive Xist interactome reveals cohesin repulsion and an RNA-directed chromosome conformation. Science, **349**(6245). doi: 10.1126/science.aab2276 aab2276. Epub 2015 Jun 18.

8-25 Xist がクロマチンに呼び込んだポリコームにより X 染色体が不活性化される

Almeida, M. *et al.* (2017) PCGF3/5-PRC1 initiates polycomb recruitment in X chromosome inactivation. Science, **356**: 1081-1084.

9-1 自然に起こる DNA 損傷要因

Lindahl, T., Barnes, D.E. (2000) Repair of endogenous DNA damage. Cold Spring Harb. Symp. Quant. Biol., **65**: 127-133.

9-2 細胞 1 日あたりの脱プリン・ピリミジンの数

Loeb, L.A., Preston, B.D. (1986) Mutagenesis by apurinic/apyrimidinic sites. Annu. Rev. Genet., **20**: 201-230.

9-3 抗酸化酵素欠失変異による寿命短縮

Walker, D.W. *et al.* (2006) Hypersensitivity to oxygen and shortened lifespan in a *Drosophila* mitochondrial complex II mutant. Proc. Natl. Acad. Sci. USA, **103**: 16382-16387.

9-4 ヒト SOD の強制発現によるショウジョウバエの寿命延長

Parkes, T.L. *et al.* (1998) Extension of *Drosophila* lifespan by overexpression of human SOD1 in motorneurons. Nat. Genet., **19**: 171-174.

9-5 ミトコンドリアでのカタラーゼの強制発現によるげっ歯類の寿命延長

Schriner, S.E. *et al.* (2005) Extension of murine life span by overexpression of catalase targeted to mitochondria. Science, **308**: 1909-1911.

9-6 イエバエの抗酸化酵素活性と運動との関係

Sohal, R.S. *et al.* (1984) Effect of physical activity on superoxide dismutase, catalase, inorganic peroxides and glutathione in the adult male housefly, *Musca domestica*. Mech. Ageing Dev., **26**: 75-81.

9-7 変異原物質の亜硝酸

Sidorkina, O. *et al.* (1997) Effects of nitrous acid treatment on the survival and mutagenesis of *Escherichia coli* cells lacking base excision repair (hypoxanthine-DNA glycosylase-ALK A protein) and/or nucleotide excision repair. Mutagenesis, **12**: 23-28.

9-8 サイレント変異の非中立的進化

Chamary, J.V. *et al.* (2006) Hearing silence: non-neutral evolution at synonymous sites in mammals. Nat. Rev. Genet., **7**: 98-108.

9-9 同義変異によるスプライシング異常

Wang, G.S., Cooper, T.A. (2007) Splicing in disease: disruption of the splicing code and the decoding machinery. Nat. Rev. Genet., **8**: 749-761.

9-10 同義変異による mRNA 二次構造の変化

Nackley, A.G. *et al.* (2006) Human catechol-*O*-methyltransferase haplotypes modulate protein expression by altering mRNA secondary structure. Science, **314**: 1930-1933.

9-11 コード領域変異と小胞体ストレス

Kim, I. *et al.* (2008) Cell death and endoplasmic reticulum stress: disease relevance and therapeutic opportunities. Nat. Rev. Drug Discov., **7**: 1013-1030.

9-12 AP エンドヌクレアーゼによる塩基除去修復

Doetsch, P.W. *et al.* (1986) Mechanism of action of a mammalian DNA repair endonuclease. Biochemistry, **25**: 2212-2220.

9-13 ヌクレオチド除去修復機構

Schärer, O.D. (2013) Nucleotide excision repair in Eukaryotes. Cold Spring Harb. Perspect. Biol., **5**:

a012609.
9-14　光回復酵素
Mees, A. *et al.* (2004) Crystal structure of a photolyase bound to a CPD-like DNA lesion after *in situ* repair. Science, **306**: 1789-1793.
9-15　相同組換え修復機構
Arai, N. *et al.* (2011) Vital roles of the second DNA-binding site of Rad52 protein in yeast homologous recombination. J. Biol. Chem., **286**: 17607-17617.

10-1　EGF シグナル伝達系による転写調節
Tsutsumi, O. *et al.* (1986) A physiological role of epidermal growth factor in male reproductive function. Science, **233**: 975-977.
10-2　EGF の生合成
Salido, E.C. *et al.* (1991) Expression of epidermal growth factor in the rat kidney. An immunocytochemical and *in situ* hybridization study. Histochemistry, **96**: 65-72.
10-3　Wnt シグナル伝達系による転写調節
Chen, X. *et al.* (2006) The beta-catenin/T-cell factor/lymphocyte enhancer factor signaling pathway is required for normal and stress-induced cardiac hypertrophy. Mol. Cell Biol., **26**: 4462-4473.
10-4　Wnt シグナル伝達系がかかわる家族性大腸がん
Half, E. *et al.* (2009) Familial adenomatous polyposis. Orphanet J. Rare Dis., **4**: 22.
10-5　細胞膜と細胞骨格を結ぶ β カテニン
Brembeck, F.H. *et al.* (2006) Balancing cell adhesion and Wnt signaling, the key role of beta-catenin. Curr. Opin. Genet. Dev., **16**: 51-59.
10-6　Delta-Notch シグナリング
Hori, K. *et al.* (2013) Notch signaling at a glance. J. Cell Sci., **126**(Pt 10): 2135-2140.
10-7　腫瘍細胞の増殖にかかわる Delta-Notch シグナリング
Lim, J.S. *et al.* (2017) Intratumoural heterogeneity generated by Notch signalling promotes small-cell lung cancer. Nature, **545**: 360-364.
10-8　Notch 応答配列
Tang, Z., Kadesch, T. (2001) Identification of a novel activation domain in the Notch-responsive transcription factor CSL. Nucleic Acids Res., **29**: 2284-2291.
10-9　Notch シグナリングによる転写調節
Contreras-Cornejo, H. *et al.* (2016) The CSL proteins, versatile transcription factors and context dependent corepressors of the notch signaling pathway. Cell Div., **11**: 12.
10-10　転写調節ネットワーク
Peter, I.S., Davidson, E.H. (2011) A gene regulatory network controlling the embryonic specification of endoderm. Nature, **474**: 635-639.
10-11　カエルの体軸形成にかかわる β カテニン
Weaver, C., Kimelman, D. (2004) Move it or lose it: axis specification in *Xenopus*. Development, **131**: 3491-3499.
10-12　BMP 濃度勾配によるカエルの背腹軸形成
Dale, L., Jones, C.M. (1999) BMP signalling in early *Xenopus* development. Bioessays, **21**: 751-760.
10-13　ショウジョウバエの前後軸背腹軸形成
van Eeden, F., St Johnston, D. (1999) The polarisation of the anterior-posterior and dorsal-ventral axes during *Drosophila* oogenesis. Curr. Opin. Genet. Dev., **9**: 396-404.
10-14　メチル化 CpG に結合する MBD
Fujita, N. *et al.* (2000) Mechanism of transcriptional regulation by methyl-CpG binding protein MBD1. Mol. Cell Biol., **20**: 5107-5118.
10-15　HDAC と RSC をリクルートする MBD
Job, G. *et al.* (2016) SHREC silences heterochromatin via distinct remodeling and deacetylation modules. Mol. Cell, **62**: 207-221.
10-16　哺乳類の発生過程における CpG アイランドの脱メチル化とメチル化

Chen, Z.X., Riggs, A.D. (2011) DNA methylation and demethylation in mammals. J. Biol. Chem., **286**: 18347-18353.

10-17　CpG アイランド過剰メチル化と発がん

Yoshida, S. *et al.* (2017) Epigenetic inactivation of FAT4 contributes to gastric field cancerization. Gastric Cancer, **20**: 136-145.

10-18　低メチル化 DNA は染色体数の異常を引き起こす

Greenwood, E. (2003) Less is more. Nat. Rev. Cancer, **3**: 392.

10-19　ゲノムインプリンティング

Wilkinson, L.S. *et al.* (2007) Genomic imprinting effects on brain development and function. Nat. Rev. Neurosci., **8**: 832-843.

10-20　TALEN 法によるゲノム編集

Joung, J.K., Sander, J.D. (2013) TALENs: a widely applicable technology for targeted genome editing. Nat. Rev. Mol. Cell Biol., **14**: 49-55.

10-21　CRISPR/Cas9 法によるゲノム編集

Karvelis, T. *et al.* (2013) crRNA and tracrRNA guide Cas9-mediated DNA interference in *Streptococcus thermophilus*. RNA Biol., **10**: 841-851.

10-22　比較ゲノムによる共通祖先の形質の推定

Weiss, M.C. *et al.* (2016) The physiology and habitat of the last universal common ancestor. Nat. Microbiol., **1**: 16116.

10-23　微生物のメタゲノム

Chen, K., Pachter, L. (2005) Bioinformatics for whole-genome shotgun sequencing of microbial communities. PLoS Comput. Biol., **1**: 106-112.

10-24　RNA-Seq による網羅的遺伝子発現解析

Morin, R. *et al.* (2008) Profiling the HeLa S3 transcriptome using randomly primed cDNA and massively parallel short-read sequencing. Biotechniques, **45**: 81-94.

11-1　内部細胞塊と栄養外胚葉の分化にかかわる Oct3/4 と Cdx2

Niwa, H. *et al.* (2005) Interaction between Oct3/4 and Cdx2 determines trophectoderm differentiation. Cell, **123**: 917-929.

11-2　内部細胞塊の多能性にかかわる Oct3/4

Nichols, J. (1998) Formation of pluripotent stem cells in the mammalian embryo depends on the POU transcription factor Oct4. Cell, **95**: 379-391.

11-3　多能性にかかわる Sox2

Avilion, A.A. (2003) Multipotent cell lineages in early mouse development depend on SOX2 function. Genes Dev., **17**: 126-140.

11-4　2i 法による ES 細胞作製

Hackett, J.A., Surani, M.A. (2014) Regulatory principles of pluripotency: from the ground state up. Cell Stem Cell, **15**: 416-430.

11-5　ゲノムインプリンティングを保存した ES 細胞の作製

Yagi, M. *et al.* (2017) Derivation of ground-state female ES cells maintaining gamete-derived DNA methylation. Nature, **548**: 224-227.

11-6　マウス iPS 細胞

Takahashi, K., Yamanaka, S. (2006) Induction of pluripotent stem cells from mouse embryonic and adult fibroblast cultures by defined factors. Cell, **126**: 663-676. Epub 2006 Aug 10.

11-7　ヒト iPS 細胞

Takahashi, K. *et al.* (2007) Induction of pluripotent stem cells from adult human fibroblasts by defined factors. Cell, **131**: 861-872.

11-8　転写因子 Klf4 は腫瘍抑制因子でもあり，がん遺伝子でもある

Rowland, B.D. *et al.* (2005) The KLF4 tumour suppressor is a transcriptional repressor of p53 that acts as a context-dependent oncogene. Nat. Cell Biol., **7**: 1074-1082.

11-9　Klf4 は分化細胞のリプログラミングを促進する

Wei, Z. *et al.* (2009) Klf4 interacts directly with Oct4 and Sox2 to promote reprogramming. Stem Cells, **27**: 2969-2978.

11-10　iPS 細胞を用いた既承認薬スクリーニング

Fujimori, K. *et al.* (2018) Modeling sporadic ALS in iPSC-derived motor neurons identifies a potential therapeutic agent. Nat. Med., **24**: 1579-1589.

11-11　Myc を用いない iPS 細胞の作製

Nakagawa, M. *et al.* (2008) Generation of induced pluripotent stem cells without Myc from mouse and human fibroblasts. Nat. Biotechnol., **26**: 101-106.

11-12　Myc を用いない iPS 細胞の作製

Wernig, M. *et al.* (2008) c-Myc is dispensable for direct reprogramming of mouse fibroblasts. Cell Stem Cell, **2**: 10-12.

11-13　L-Myc を用いた iPS 細胞の作製

Nakagawa, M. *et al.* (2010) Promotion of direct reprogramming by transformation-deficient Myc. Proc. Natl. Acad. Sci. USA, **107**: 14152-14157.

11-14　多能性の獲得と生殖細胞の成熟にかかわる Nanog

Murakami, K. *et al.* (2016) NANOG alone induces germ cells in primed epiblast *in vitro* by activation of enhancers. Nature, **529**: 403-407.

11-15　iPS 誘導による DNA 脱メチル化

Mikkelsen, T.S. *et al.* (2008) Dissecting direct reprogramming through integrative genomic analysis. Nature, **454**: 49-55.

11-16　iPS 誘導による DNA 脱メチル化

Shimamoto, R. (2014) Generation and characterization of induced pluripotent stem cells from Aid-deficient mice. PLoS One, **9**: e94735.

11-17　iPS 誘導による H3K4me2 化とクロマチンリモデリング

Koche, R.P. *et al.* (2011) Reprogramming factor expression initiates widespread targeted chromatin remodeling. Cell Stem Cell, **8**: 96-105.

索　引

章タイトルデザイン提供：bestbrk/Shutterstock.com

著者略歴

赤坂甲治（あかさか こうじ）

1951年　東京都に生まれる
1976年　静岡大学理学部生物学科卒業
1981年　東京大学大学院理学系研究科修了（理博）
1981年　日本学術振興会奨励研究員
1981年　東京大学理学部助手
1989年　広島大学理学部助教授
　この間，1990年～1991年米国カリフォルニア大学バークレー校
　分子細胞生物学部門共同研究員
2002年　広島大学大学院理学研究科教授
2004年　東京大学大学院理学系研究科教授
2017年　東京大学大学院理学系研究科特任研究員・東京大学名誉教授

主な著書・訳書

「ウィルト発生生物学」（東京化学同人，2006，監訳）
「ダーウィンのジレンマを解く」（みすず書房，2008，監訳）
「新版 生物学と人間」（裳華房，2010，編著）
「遺伝子操作の基本原理」（裳華房，2013，共著）
「新しい教養のための生物学」（裳華房，2017）

遺伝子科学 ―ゲノム研究への扉―

2019年 10月 25日　第1版1刷発行

検印省略

定価はカバーに表示してあります.

著作者　赤坂甲治
発行者　吉野和浩
発行所　東京都千代田区四番町 8-1
電話　03-3262-9166（代）
郵便番号 102-0081
株式会社 裳華房
印刷所　株式会社 真興社
製本所　牧製本印刷株式会社

一般社団法人
自然科学書協会会員

ISBN 978-4-7853-5240-0